나를 알고 싶을 때
뇌과학을 공부합니다

뇌가 멈춘 순간, 삶이 시작되었다

Whole

나를 알고 싶을 때
뇌과학을 공부합니다

질 볼트 테일러 지음 ✦ 진영인 옮김

Brain
Living

월북

질 볼트 테일러의 삶은 한없이 존경스럽다. 뇌졸중으로 좌뇌가 손상되었지만 좌절하지 않고 좀 더 자유로워진 우뇌를 활성화해 새 삶을 살아낸 그의 생애에 경의를 표한다. 성실한 피험자이면서 동시에 냉철한 관찰자로서 그가 고백하는 '뇌 손상이 야기한 삶의 변화'는 그 자체로 뇌의 경이로움을 드러낸다. 신경과학자로서 그저 놀라운 따름이다.

그가 또 한 권의 책을 냈다. 좌뇌와 우뇌, 사고형과 감정형의 조합인 네 가지 캐릭터들을 통해 뇌의 각 영역들이 어떤 역할을 수행하는지 조망하고, 그들이 결국 어떻게 통합된 자아를 만들어내는지 보여주는 심층 보고서다. 마치 독립적인 내 안의 자아들인 양 서로 경쟁하고 타협하는 모습들을 보고 있자니, 뇌 속에서 날마다 벌어지는 '서로다른 자아들의 격전장'을 상상케 한다. 좌뇌와 우뇌의 기능 차이를 스스로 극적으로 경험한 학자만이 쓸 수 있는 글이다. (정말로!) 뇌 속엔내가 너무도 많다.

좌뇌와 우뇌의 기능 탐구는 뇌과학 역사에서 가장 극적인 시기 중하나였던 1970~1980년대를 관통해오면서 비약적인 발전을 이뤘다. 인지신경과학 수업 때면 가장 격렬한 토론이 오가는 주제다. 최근 연구의 흐름은 좌뇌와 우뇌의 기능을 구별하기보다는 그들이 어떻게 협력해 하나의 통합된 정신을 만들어내는가에 초점을 맞추고 있다는 점에서, 이 책은 학자들에게도 유용한 통찰을 제공한다.

뇌과학과 심리학을 탐구하는 사람들은 대개 '나를 이해하고 싶어서' 공부를 시작했다고들 말한다. 이 책은 그런 동료들에게 전범이 되는 책이다. 우리는 나를 알고 싶을 때 뇌과학을, 그리고 이 책을 꺼내 들어야 한다.

정재승

뇌과학자, 『과학 콘서트』, 『열두 발자국』 저자

정신분석과 약물치료, 지극히 다른 두 치료법을 사용하는 정신과 진료실에서는 마음과 뇌가 연결되어 있음을 매일 느끼게 된다. 이에 따라오는, 풀리지 않는 의문점들이 있었다. 존재하는 것이 분명한 무의식의 세계는 과학적으로 입증 가능한 걸까? 하나의 뇌에서 비롯되는 마음인데, 왜 항상 서로 부딪히는 여러 가지 목소리들로 평온하지 못할까? 사람의 마음을 극명히 다르게 바라보는 뇌과학과 심리학의 시각들을 통합하여 하나의 그림으로 그려내는 것은 불가능해 보였다. 그런데 뇌졸중에 걸린 뇌과학자가 정신과학계의 오랜 난제를 풀어낸 듯하다. 게다가 이토록 명쾌한 해석이라니! 한 장 한 장 읽을수록 그의 통찰과 해석에 빠져들게 된다.

김지용

정신건강의학과 전문의, <뇌부자들> 진행자, 『어쩌다 정신과 의사』 저자

어머니와 아버지, 플로렌스와 빌, 포피와 댄디가 준 사랑에
한없이 고마운 마음으로

차례

1부 뇌와 마음을 해부하다

2부 네 가지 캐릭터

3부 우리 삶 속 네 가지 캐릭터

일러두기

출처를 제외한 모든 주석은 옮긴이의 주입니다.

평화는 그저 생각의 흐름이다

2008년, 나는 테드TED 강연을 해보지 않겠느냐는 제안을 받았다. 그 무렵 온라인에는 단 여섯 개의 테드 강연이 올라와 있었고 나는 테드가 무엇인지 몰랐다(테크놀러지Technology, 엔터테인먼트Entertainment, 디자인Design을 뜻한다는 것은 나중에 알게 되었다). 캘리포니아주 몬테레이에서 열린 나의 테드 강연 〈뇌졸중으로 얻은 통찰My Stroke of Insight〉은 인터넷에서 널리 퍼져나간 테드의 첫 번째 강연이 되었다. 그 결과 테드와 나 둘 다 동시에 국제적으로 유명해졌다.

강연에서 나는 심한 뇌출혈로 인해 좌측 반구의 기능이 정지하고 우측 반구의 기능이 우세해진 내 사연을 전했다. 뇌 회로와 기능이 작동을 멈추는 것을 과학자의 눈으로 흥미롭게 지켜본 상황을 설명했다. 내 좌뇌가 악화되어간 여정으로 청중들을 안내했다. 그 여정에서 나는 평화로운 희열을 느끼며 우주와 하나가 되는 상태로 옮겨갔는데, 이제껏 알던 그 어떤 것과도 다른 경험이었다.

강연한 지 석 달 만에 나는 2008년《타임Time》이 선정한 '세계에서 가장 영향력 있는 100인' 중 하나가 되었다. 오프라 윈프리 쇼에도 게스트로 초대받았다. 그 후 내 회고록 『나는 내가 죽었다고 생각했습니다My Stroke of Insight』가 펭귄북스에서 출판되었다. 책은 《뉴욕 타임스》 베스트셀러 목록에 63주 동안 올랐다. 12년이 지난 지금도 아마존 도서 뇌졸중 분야에서 1위를 차지하고 있다.

약 18분 분량의 테드 강연이 나의 세계를 단번에 바꾸었다. 나 말고 다른 여러 사람의 인생도 완전히 달라졌다. 지금도 나를 찾아와 그 운명의 오후 강연장에서 몇 번째 줄에 앉아 있었는지 이야기하는 테드스터TEDster(테드 강연 참가자)도 있다. 강연은 2500만 이상의 조회 수를 기록했으며, 지금도 여전히 가장 인기 있는 테드 강연 가운데 하나다. 나는 수년 동안 수십만 통의 이메일을 받았는데, 사람들은 내가 묘사한 그 평화로운 희열에 어떻게 다가갈 수 있는지 물었다. 의심의 여지 없이 나의 테드 강연은 여러모로 놀라운 성공을 거두었다.

하지만 내 마음속에서 그 강연은 내가 바랐던 한 가지를 성취하는 데 실패했다. 나는 인간이라는 존재로서 우리가 전체의 일부로 서로 연결되어 있음을 사람들이 인지하길 원했다. 서로를 더욱 존중하고 친절해지길 바랐다. 반면에 지난 10년 이상의 시간 동안 서로를 대하는 우리의 시민 의식은 확실히 쇠퇴했다. 그리 놀라운 일은 아닐 것이다. 우리는 정치, 인간관계, 삶이 거북한 혼돈에 휘말리는 세상에 살고 있다. 그리고 삶을 제대로 살아갈 안내서를 가지고 이 세상에 온 사람은 아무도 없다. 그렇지만 내가 알게 된 사실은, 잠시 멈추고 습관화된 패턴을 옆으로 밀어낸 다음 더 나은 선택을 할 힘이 우리 안에 있다는 것이다. 우리는 매 순간 우리가 이 세상에서 어떤 모습이 되고 싶은지, 어떻게 그 모습이 될 것인지 선택할 힘이 있다.

그 능력은, 해당 기능을 수행하는 뇌의 세포에 달려 있다. 뇌는 생각, 감정, 경험, 행동을 만들어내는 어마어마한 도구다. 생각과 행동 사이에 어떤 일이 일어나는지 세포 차원에서 이해한다면, 더 이상 감정적 반응성에 묶이지 않아도 된다. 대신 최고의 삶을 최고의 모습으로 살기 위한 힘을 얻을 수 있다. 이제껏 알려진 것 이상으로 우리는 머릿속에서 일어나는 일을 통제할 힘을 많이 가지고 있다.

이 책에서 다루는 내용은, 뇌졸중으로 인해 나의 뇌 기능이 멈추는 것을 지켜본 경험과 뇌세포가 회복하면서 얻게 된 통찰에서 유래한 것들이 많다. 크게 보면 이 책은 인생의 도전을 향해 함께 떠나는 여정으로, 뇌 해부학을 참고하여 우리가 최고의 삶을 살기 위해 어떤 선택을 내려야 하는지 다루고 있다. 이 책으로 당신은 뇌의 여러 부분이 현실 인식을 구성하기 위해 어떻게 함께 작동하는지 이해하는 새로운 패러다임을 접하게 될 것이다. 또한 우리 뇌의 감정적 반응성에 통달할 뿐 아니라, 궁극적으로 전뇌적Whole-Brain 삶을 살기 위해 이용할 수 있는 구체적 도구도 알게 될 것이다.

인간의 뇌는 가장 자유로운 상상도 훌쩍 뛰어넘는 놀라운 존재다. 이 말이 무엇을 의미하는지 이 책이 정확히 알려줄 것이다. 우리 힘을 소유하는 법을 배우고 원하는 삶을 살기 위해 이 도구를 사용하는 법을 배우면, 우리에게 어떤 선택지가 있는지 정확히 알게 될 것이다. 이 책은 평화로 향하는 지도이며, 평화란 실로 '생각의 흐름'이다.

Whole Brain Living

1부
뇌와 마음을
해부하다

Brain Living

1장
뇌가 멈춘 후 알게 된
뇌의 진실

내가 뇌를 연구하게 된 계기는 나보다 18개월 먼저 태어난 오빠가 뇌 기능 장애로 조현병 진단을 받게 되면서부터다. 우리 남매는 어렸을 때 서로 구분이 안 될 만큼 닮은 모습이었다. 그렇지만 일찍부터 나는 오빠와 내가 현실을 경험하는 방식이 무척 다르다는 사실을 깨달았다. 일상에서 우리는 똑같은 경험을 해도 그 일에 대해 아주 다르게 해석했다. 예를 들어, 오빠는 어머니의 어조를 근거로 어머니가 우리에게 화가 났다고 판단하는 반면에, 나는 어머니가 자식들이 상처받을까 봐 겁이 난 나머지 경직된 것이라고 확신했다. 우리 두 사람 중 한 명은 분명히 비정상이었으니, 나는 '정상적'인 것이 무엇인지 알아내는 일에 끌리게 되었다. 내가 아는 한, 우리 남매가 서로 다른 지각과 이해를 보인다는 사실을 오빠는 의식하지 못했다.

온전한 정신 상태로 살아남기 위해, 나는 타인의 신체 언어와 표정을 기반으로 그에게서 무엇을 알아낼 수 있는지 면밀한 관심을 기울이기 시작했다. 해부학에 푹 빠진 나는 인디애나대학에서 학부 전공으로 생리심리학과 인체생물학을 공부했다. 신경해부 실험실에서 연구원으로 2년 동안 지낸 후 석사학위 없이 바로 인디애나 주립대학 생명과학 박사과정을 밟았다.

인디애나대학 의과대학에 몸담는 동안 내 주된 연구 분야는 신경해부학이었으나, 나는 시체를 해부하는 육안해부 실험실에서 진짜 기쁨을 느꼈다. 인간의 신체보다 내게 진실로 더 대단한 것은 없었기에 '육안' 실험실은 대단한 선물과도 같았다. 그렇게 내가 박사과정을 밟던 중 오빠가 서른한 살의 나이에 공식적으로 만성 조현병 진단을 받았다. 짐작하겠지만 내 마음 한구석에서는 안도감이 솟았다. 오빠가 "정상이 아니다"라는 진단을 받았다면 내 뇌는 제 기능을 하고 있을 가능성이 높았다.

인디애나 주립대학에서 박사학위를 받은 뒤 나는 보스턴으로 떠나 하버드대학 신경과학부에서 2년 동안 지냈다. 그다음에는 정신의학부로 옮겨가서 4년 동안 '조현병 연구의 여왕' 프랜신 베네스Francine Benes 박사와 함께 연구했다. 내 연구와 경력이 실로 꽃을 피우기 시작했다. 나는 실험실에 틀어박혀 연구하는 생활을 좋아했고, 현미경으로 관찰한 아름다운 세포에 경외감이 깃든 동지애를 느꼈다.

나는 우리 뇌가 현실 지각을 창조하는 방식에 매료되었다. 내 연구는 뇌가 정상으로 기능한다고 진단받은(즉 내가 설계한 실험에서 통제 그룹이 된다) 집단의 사후 뇌세포와 회로망을, 조현병이나 조현정동장애, 혹은 양극성장애 진단을 받은 사람들의 뇌 조직과 비교하는 것이었다. 주중에는 입이 떡 벌어질 만한 혁신적 연구를 수행하며 시간을 보냈으며, 이 결과는 이후 연구저널에 「조현병 뇌의 전대상 피질 제 II 층 소형 및 대형 신경세포에서 티로신수산화효소 섬유의 차별적 분배」나 「쥐의 내측 전두엽에서 나타나는 글루탐산탈탄산효소와 티로신수산화효소와 세로토닌 면역 반응성의 공존」 같은 제목의 논문으로 나왔다. 이 중 두 번째 연구는 최초의 온라인 전용 과학 저널 《뉴로사이언스넷Neuroscience-Net》에 실린 첫 번째 논문이 된 이후 고전으로 자리 잡았다.

주말이면 나는 기타를 챙겨 들고 다른 곳으로 시선을 돌렸다. 하버드 뇌 은행◆을 위해 '노래하는 과학자'가 되어 여행을 다닌 것이다. 정신장애인의 가족에게 연구용 뇌 조직이 부족한 상황을 설명하고 뇌 기증이 얼마나 가치 있는 일인지 알리기 위해서였다. 나는 서른여섯 살에 전미정신장애연대NAMI, National Alliance on Mental Illness의 최연소 본부 임원으로 뽑혔다. 이 근사한 조직에는 심한 정신장애를 진단받은 환자의 가족들이 10만 명 넘게 회원으로 가입해 있다. NAMI는 어려운 상황에 놓인 가족들에게 국가적으로나 주, 지역 단위에서나 진실로 중요한 자원이다(NAMI.org). 연구도 하고 국가적 차원에서 정신장애인을 지지하는 일도 하면서 나는 대단한 삶의 목표를 품었다. 나는 오빠와 같은 사람들을 도왔고, 그러면서 맥박을 짚듯 연구와 공공 정

◆　하버드대학 뇌 조직 자원 센터Harvard University Brain Tissue Resource Center를 말한다.

책의 흐름을 계속 짚어가고 있었다.

이때가 내 삶의 전성기였다. 건강하고 활발한 모습으로 하버드대학에서 착착 올라가고 있었다. 조현병 연구 분야에서 성공한 신경과학자로서 꿈을 실현해나가는 동시에, 국가적 차원의 지지 활동을 하며 의미도 찾고 있었다. 그러다가 1996년 12월 10일 아침, 서른일곱 살의 나는 왼쪽 안구 뒤쪽에 엄청난 통증을 느끼며 깨어났다.

뇌졸중과 통찰

나중에 안 일이지만 나는 선천적 뇌신경장애를 안고 태어났는데, 문제가 될 때까지 알지 못했던 것이다. 동정맥기형AVM이 뇌의 좌반구에서 터져서 이후 네 시간 동안 나는 뇌 기능이 차례로 정지하는 과정을 지켜봐야 했다. 뇌졸중을 겪은 날 오후 나는 걷지도 말하지도 읽지도 쓰지도 못했고, 심지어 내 인생 자체를 기억할 수 없었다. 임신한 여성의 몸속 아기 같은 존재가 되었다.

짐작하겠지만 내 뇌가 체계적으로 멈추는 과정을 뇌과학자의 눈으로 관찰하는 일은 매혹적이었다. 내 좌반구가 엄청난 손상을 입었으니 예상대로 나는 언어를 말하고 이해하는 능력을 잃었다. 그 외에 좌뇌의 '원숭이처럼 날뛰는 시끄럽고 변덕스러운 마음'도 잠잠해졌다. 내면의 대화 회로가 멈추면서 나는 5주 동안 완벽히 고요한 뇌의 중심에 자리하게 되었다. 심지어 "나는 세상과 분리된 독립적인 존재야. 나는 질 볼트 테일러 박사야"라고 속삭이는 좌뇌 자아의 목소리조차 잃었다. 수다스럽고 직선적으로 사고하는 좌뇌를 잃은 나는 지금 그 순간의 세계, 경외심을 품게 하는 실존적 감각의 세계로 들어갔다. 그곳은 아름다웠다.

나는 언어와 개별성을 잃어버린 데다, 외부에서 들어오는 감각 정보를 처리하는 좌측 두정엽이 손상되어 내 몸이 어디에서 시작하고 어디에서 끝나는지 그 경계를 확인할 수 없었다. 그 결과 나라는 존재를 다르게 지각하게 되었다. 하나의 육체적 존재로 보는 대신, 우주만큼 거대한 에너지 공energy ball으로 경험했다. 우뇌의 의식으로 옮겨가면서 나의 본질은 거대하고 광활하며 내 영혼이 자유롭게 날아오르고 있다고 여기게 되었다. 고요한 황홀의 바다를 미끄러지듯 헤엄치는 큰 고래처럼.

감정적으로 나는 뇌졸중을 겪기 이전에 경험했던 보통의 상태를 벗어나 더할 나위 없이 평화롭고 행복하기만 했다. 이 말은 엄청난 축복처럼 들릴 것이다. 확실히 그랬다. 하지만 폭넓은 감정을 느낄 수 있어야 삶이 훨씬 다양하고 흥미로워진다. 나는 원래 30분 동안 1.5킬로미터를 헤엄치던 사람이었다. 하지만 뇌졸중을 겪은 그 네 시간 동안, 의식은 있되 엄청나게 무거운 납덩어리인 양 움직이지 못하는 몸에 갇혀 병원 침대에 드러누운 사람이 되어버렸다.

내 몸이 완벽하게 회복하여 수상스키를 타게 되기까지는 8년이 걸렸다. 그동안 분노, 죄책감, 당혹감 같은 감정을 담당하는 회로뿐만 아니라 삶을 매혹적으로 만드는 온갖 미묘한 느낌과 감정도 되찾았다.

감정은 부정적인 것일지라도 경험을 풍요롭게 지각하도록 하며 삶에 섬세한 색을 더하고 독특함을 부여한다.

나는 뇌졸중과 회복, 신경가소성에 관한 앎과 기억을 회복하는 뇌의 능력에 대해 다룬 책 『나는 내가 죽었다고 생각했습니다』를 썼다.

이후 나는 뇌의 깊숙한 곳까지 다녀온 경험에서 얻은 소중한 앎을 심도 있게 탐색하기 시작했다. 우리에게는 감정 회로망을 선택해서 끄고 켤 능력이 있다. 무릎 인대를 반사 망치로 두드리면 자동으로 다리가 올라가듯, 신체 신경 반사의 기저를 이루는 원칙이 감정 회로에도 똑같이 작동한다. 그래서 감정 회로가 자극을 받으면 우리는 반사적으로 공포, 분노나 적의로 반응한다.

회로가 활성화되고 우리가 감정적 반응을 촉발할 때, 감정의 화학 성분이 흘러와 혈류에서 완전히 빠져나가기까지 90초도 걸리지 않는다. 물론 우리는 의식적으로나 무의식적으로 그 감정 회로를 촉발한 일에 대해 다시 생각하면서, 90초보다 더 오랫동안 속상하거나 화가 나거나 슬픈 상태로 남아 있는 쪽을 선택할 수 있다. 이런 경우 우리가 신경 차원에서 하는 일이란 감정 회로를 다시 자극하는 것이다. 그러면 회로는 계속 작동한다. 감정 회로를 촉발시키는 일이 반복되지 않는다면, 감정 회로는 화학 성분이 중성화되는 90초가 지나면 작동을 끝내고 멈출 것이다. 나는 이 현상을 '90초 법칙90 Second Rule'이라고 부르는데, 나중에 뒤에서 실례를 살펴볼 것이다.

내 안의 '우리'

내가 강연을 맡은 테드 컨퍼런스는 '중요한 질문들'을 탐구하는 행사로, 회의 첫 세션 강연자들은 '우리는 누구인가?'라는 주제를 다루게 되었다. 나는 우리 각각의 뇌 속 '우리'에 대해 이야기하기로 했다. 좌반구와 우반구로 구성된 '우리' 말이다. 강연자 명단에는 캐나다 고고학자 웨이드 데이비스Wade Davis와 국제적 인류학자 루이스 리키Louise Leakey처럼 세계적으로 유명한 과학자들이 있었다. 그리고 나도 있었다. 인디애나대학를 거쳐 하버드대학에서 연구했으며 심한 뇌졸중에서 살아남아 회복한 사람. 말할 필요도 없이 나는 그 명단에서 가장 덜 유명한 사람이었다.

컨퍼런스 시작 전날, 나는 연단에 올라 테드의 팀원들 및 현장 직원들 앞에서 모의 발표를 했다. 그들은 소리며 조명을 점검하고 계획대로 일을 진행했다. 내가 보존 처리한 뇌를 가지고 왔기 때문에 특별히 신경을 써야 했다. 처음 6분 동안 강연을 진행한 뒤 나는 잠시 중단했고 아예 그만둘 생각도 했다. 그렇지만 테드의 큐레이터 크리스 앤더슨Chris Anderson이 계속 진행하라고 격려해주었다. 앤더슨의 어머니도 뇌졸중을 겪었기에 그는 내가 다루는 주제에 특히 관심이 있었다.

다시 발표를 진행했다. 나는 사람들 앞에서 그날 아침 뇌졸중으로 내 정신이 시시각각 무너지는 상황을 재연해 보였다. 좌반구 의식과 우반구 의식 사이에서 방황하면 어떤 기분인지 전했다. 좌반구가 필사적으로 살아날 계획을 짜는 가운데 우반구가 더할 나위 없는 행복감을 느끼는 상황을 선보이다니 실로 엄청난 일이었다.

나는 기능적 좌뇌와 연결을 유지하면서 구조를 요청하는 전화를 걸려고 얼마나 애를 썼는지 설명했다. 심지어 인식 가능한 언어가 없었는데도 말이다. 몸을 웅크린 채 구급차에 실려 가는 동안 나는 내 영혼이 손을 놓고 있다고 느꼈다. 그렇게 풀려나면서 확실히 어떤 전환 상태에 놓였다. 이 대목을 발표할 때 놀랍게도 강연장에는 기묘한 침묵이 감돌았다. 직원들과 팀원들이 내 강연을 듣기 위해 하던 일을 멈춘 것이었다.

강연의 한 대목을 인용하겠다.

"그날 오후 늦게 깨어났을 때 나는 내가 아직도 살아 있다는 사실에 충격을 받았습니다. 내 영혼이 손을 놓고 있다고 느끼면서, 나는 삶에 작별 인사를 고했습니다. 그런데 내가 아직도 살아 있으며, 일종의 열반 상태를 발견했다는 사실도 알게 되었습니다. 만일 내가 열반 상태를 발견했는데 여전히 살아 있다면, 살아 있는 모든 사람이 열반을 발견할 수 있겠죠. 나는 아름답고 평화로우며 다정하고 사랑하는 사람들로 가득한 세상을 그렸습니다. 좌측 반구에서 우측 반구로 가서 이런 평화를 찾기로 의도적으로 선택할 수 있음을 아는 사람들이지요. 나는 이 경험이 어마어마한 선물이 될 수 있으며, 우리가 삶을 어떻게 살아야 하는지 알려주는 대단한 통찰이 될 수 있음을 깨달았습니다. 이를 계기로 나는 회복하고자 마음먹었습니다."

강연장은 더 이상 조용하지 않았다. 강연을 마치고 나니 코를 훌쩍이는 소리에 심지어 우는 소리까지 들렸다. 크리스는 즉시 계획을 조정해서 내 발표를 그날 오후의 마지막 순서로 옮겼다. 내가 인디애나에서 온 무명의 여성 강연자라고 해도, 크리스는 내 강연이 특별했고 참석자들이 깊이 감동했다는 사실을 잘 알고 있었다. 크리스의 판단이 옳았다.

직원들과 팀원들 반응 덕분에 나는 밤에 잘 잤고 활기찬 상태로 테드 강연장 연단에 섰다. 그리고 '중요한 질문들'에 다음의 말로 답하며 강연을 마무리했다.

우리는 누구인가?

우리는 소근육 운동 기능과 두 종류의 인지적 정신을 지닌 우주의 생명력이다. 우리는 매 순간 이 세상에서 어떤 사람이 되고, 또 어떤 방식으로 그렇게 될지 선택할 힘을 가지고 있다.

바로 여기, 바로 지금, 나는 우뇌 반구의 의식으로 들어갈 수 있다. 우뇌 반구에서 나는 우주의 생명력이다. 내 형상을 구성하는 50조 개의 아름답고 천재적인 분자로 이루어진 우주의 생명력으로, 모든 것과 함께하는 일자-者적 존재다.

또한, 나는 좌뇌 반구의 의식으로 들어갈 수 있다. 좌뇌 반구에서 나는 개별적 인간으로서 단단하고, 우주의 흐름에서 분리되어 있고, 당신과도 분리되어 있다.

이것들이 모여서 내 안의 '우리'가 된다.

당신은 어떤 캐릭터를 선택하겠는가? 그리고 언제 선택하겠는가? 우뇌 반구에 있는 깊은 내면의 평화 회로망을 작동시키는 데 시간을 더 많이 쓸수록, 우리는 세상을 더 많은 평화로 비추고 우리 행성이 더 평화로워진다고 나는 믿는다.

그리고 나는 이 생각이 널리 퍼질 가치가 있다고 생각한다.

이 생각이 당신에게 의미하는 것

앞서 언급했듯이 나의 테드 강연은 아직까지도 엄청난 반향을 얻고 있다. 분명 우리는 이 세상의 혼란에 맞서 균형을 잡기 위해 뇌 우반구의 평화로운 마음가짐을 어떻게 선택할 수 있는지 알려줄 구체적인 지침을 찾고 있다. 많은 사람이 상황에 상관없이 내면의 깊은 평화를 얻기 위해 인식 체계의 대전환을 좇고 있다.

내가 가장 자주 받는 질문은 "내 좌반구의 재잘거림을 어떻게 조용하게 만들 수 있을까요?"다. 자기 자신을 판단하고 스스로를 비판하는 습관을 그만두고 싶은 사람이 정말 많다. 나는 이런 질문도 흔히 받는다. "수년간 명상을 해왔는데 당신이 설명한 희열을 고작 몇 번 느껴보았어요. 그 희열을 느끼려면 어떤 다른 방법을 써야 할까요? 당신은 명상을 하나요? 한다면 어떤 식으로 하나요? 여전히 그 희열을 발견하나요? 내가 그 상태에 도달하려면 어떻게 해야 할까요?" 또 다른 질문은 이렇다. "당신이 뇌졸중에서 얻은 희열을 느끼려면 어떤 약을 먹

1부 뇌와 마음을 해부하다

어야 할까요?" (이 질문은 중요하다. 외상 후 스트레스 장애PTSD 치료의 엑스터시 사용에 대한 최근의 연구를 고려하면 특히 그렇다. 그렇지만 이건 내 지식을 넘어서는 분야다).

명상이나 기도, 혹은 마음챙김을 선택하면 분명 재잘거림을 그치게 하고 감옥 같은 우리 자신의 생각에서 벗어날 수 있다. 그렇지만 확실히 해두자. 이것은 이 책에서 다루는 주제가 아니다. 이 책은 '내 안에 있는 "우리"의 힘'을 다룬다. 뇌 속 다양한 세포 집단, 그것들이 조직되는 방법, 또 서로 다른 신경 회로들을 작동시킬 때의 느낌에 대해 잘 알수록, 우리는 뉴런 연결망을 의도적으로 선택할 수 있는 더 많은 힘을 가지게 된다.

그렇게 되면 외부 환경과는 상관없이, 이 세상에서 매 순간 우리가 어떤 모습이 되고 어떻게 그런 모습이 될지 선택하는 힘이 궁극적으로 생긴다.

이어지는 장에서 나의 아이디어를 설명하기 위해 두 가지 서로 다른 지식 분야를 활용할 것이다. 신경해부학은 뇌의 구조를 연구하는 분야다. 심리학은 마음과 심리 과정을 연구하는 분야다. 이 책이 독특하고 흥미진진한 것은, 여기서 다루는 심리학이 그 기저의 뇌 해부학 및 특정 세포 집단의 기능과 명확히 연관성이 있기 때문이다. 당신이 마음을 열고 이 책의 내용을 받아들인다면, 뇌 좌반구와 우반구의 의식적이고 무의식적인 영역 모두에 관한 대단한 앎을 얻게 될 것이다.

그러면 이 세상에서 어떤 존재가 어떤 식으로 될지 선택하는 힘에 대해 더 잘 인식하게 된다. 우리의 선택이 심리학적인 동시에 생물학적인 것이라는 사실을 알게 될 테니 말이다.

우리의 뇌 속으로 떠나는 여행은 조지프 캠벨Joseph Campbell의 단일 신화 개념을 떠올리게 하는데, 이것은 영웅이 거쳐야 하는 여정을 일컫는다. 뇌의 언어로 설명하자면, 영웅은 자신의 자아가 근거한 좌뇌 의식에서 벗어나 우뇌의 무의식 영역으로 들어가야 한다. 이렇게 하면 영웅은 모든 존재와 연결된 기분을 느끼며, 내면의 깊은 평화에 푹 빠진다. 앞으로 우리는 뇌 속의 네 가지 캐릭터를 만나고 그에 통달할 것이다. 그렇게 무의식적 뇌의 회로망으로 떠나는 우리만의 영웅의 여정에 나서게 될 것이다. 그리고 평화는 진실로 생각의 흐름이라는 사실을 깨닫게 될 것이다.

평화는 언제나 그 자리에 있으며 우리가 언제든 구현할 수 있다.

뇌 좌반구의 세포들이 외상을 입고 기능을 정지했을 때, 나는 세포들과 그에 해당하는 기량만 잃은 것이 아니었다. 나는 '나'라는 사람의 일부를 잃었다. 똑똑하고 규칙과 시간을 잘 지키고 꼼꼼하고 질서정연하고 잘 조직되어 있으며 내 삶에 대해 상세히 아는, 아주 의욕적인 부분을 잃은 것이다. 나의 이 부분은 뇌졸중과 함께 사라져 더는 손이 닿지 않는 캐릭터였다. 적어도 세포가 회복하고 회로망이 다시 활동할 때까지는 그랬다. 또한 나는 모든 도전 의식과 감정, 과거의 고통을 알던 '나'라는 사람의 일부를 잃었다. 그 캐릭터를 이용하지 못하니 경험할 수 있는 것은 현 순간의 평화로운 희열뿐이었다.

내가 이 다친 회로를 모두 재건하고, 기능이 정지한 좌뇌의 두 캐릭터를 되살려내 회복시키기까지는 앞서 말했듯이 8년이 걸렸다. 힘든 과정을 통해 깨달은 사실은, 우리는 각자 서로 구별되는 네 가지 세포 집단을 가지고 있다는 것이다. 이 집단은 뇌 양측 반구에 나누어져 있으며, 네 종류의 일관적이고 예측 가능한 성격을 빚어낸다. 신경해부학적으로 이 네 가지 세포 집단은 고위 대뇌피질의 좌우 '사고' 중추를 구성할 뿐 아니라 아래쪽 변연계의 좌우 '감정' 중추도 구성한다. 나는 이 성격들을 총괄하여 네 명의 캐릭터로 부르겠다. 뇌 속의 네 가지 캐릭터를 알면 자유를 향해 갈 수 있다.

이 책의 내용을 따라가려면 뇌 해부학에 대한 기존 지식의 이론적 전환이 필요할 수도 있다. 적어도 50년 동안 우리 사회는 좌반구가 합리적 사고를 맡은 뇌이고, 우반구가 감정적 뇌라고 배워왔다. 사실 신경해부학적 관점에서 보면 좌뇌의 사고 조직이 의식적, 합리적 정신(나는 이를 '캐릭터 1'이라고 부른다)이 머무는 곳이기는 해도, 좌뇌와 우뇌 반구 모두 감정을 담당하는 변연계의 세포들을('캐릭터 2'와 '캐릭터 3') 똑같이 공유한다. 한편 '캐릭터 4'는 우뇌 고위 피질의 사고 조직에 있다.

네 가지 캐릭터

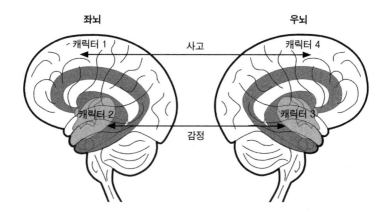

우리는 어떻게 생각하고 느끼는가

어떤 순간이든 우리 뇌에서는 단 세 가지 과정이 일어나고 있다고 봐
도 무방하다. 우리는 생각을 하고, 감정을 느끼고, 생각과 감정에 대해
생리적으로 반응한다. 각각의 활동은 이 기능을 수행하는 세포의 건
강과 안녕에 절대적으로 의존한다.

　우리는 변연계 세포를 통해 감정을 경험한다. 이 세포들은 뇌 양
측 반구에 고르게 반으로 나뉘어 있다. 변연계의 주요 구조는 두 반구
가 서로 거울 역할이라도 하는 양 두 개의 편도체와 두 개의 해마, 두
개의 전측 띠이랑으로 이루어져 있다. 즉 우리에겐 감정을 경험하고
처리하는 두 개의 분리된 모듈이 있다는 뜻이다(캐릭터 2와 캐릭터 3). 정
보가 감각기관을 통해 흘러오면 맨 먼저 편도체에서 멈추는데, 편도

두 감정형 두뇌

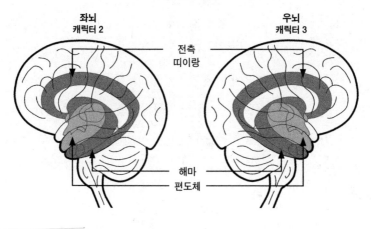

체는 "내가 안전한가?"라는 질문을 던진다. 우리는 흘러든 충분한 양의 감각 자극이 친숙하게 느껴지면 안심한다.

편도체는 뭔가 친숙하게 느껴지지 않으면 그 낯섦에 위험하다는 꼬리표를 붙이는 경향이 있다. 그리고 '투쟁, 도피, 혹은 경직'의 공포 반응을 촉발하여 대응한다. 만일 투쟁이 자연스러운 성향인 사람이라면, 아마도 화를 내고 크게 움직이며 소리치고 공격을 하거나 상대를 쫓아내려 할 것이다. 만일 달아나거나 죽은 척하는 성향이라면, 그런 반응이 최고의 선택일 것이다.

편도체가 활성화되어 공포를 느끼면, 우리는 해마의 배움과 기억 회로망을 작동시킬 수 없다. 정지 버튼을 눌러 잠시 진정하고 다시 안심할 때까지 명확한 사고를 할 수 없는 것이다. 그래서 시험 공포증으로 불안하고 초조한 사람은 얼마나 준비를 잘했는지와는 상관없이 시험을 못 보는 경향이 있다. 변연계의 불안 회로가 작동하면, 우리는 지식이 저장된 고위 피질 사고 중추와 신경해부학적으로 연결이 차단된다.

뇌의 해부학을 이해하면 언제든 우리의 경험과 행동에 대해 잘 알수 있다. 기본적으로 우리 뇌에 감정을 처리하는 세포 집단이 하나밖에 없다고 생각하며 산다면, 복합적 감정을 경험할 때 아주 혼란스러울 수 있다. 신경해부학적 관점에서 볼 때 서로 갈등하는 감정을 경험하는 이유는, 어떤 세포체도 공유하지 않으며 완전히 별개인 두 감정세포 집단이 있어서다.

두 가지 감정 세포 모듈이 외부에서 들어오는 정보를 예측 가능한 서로 다른 방식으로 처리한다는 점 또한 중요하다. 좌뇌는 연속적으로 차례차례 정보를 처리하는데, 좀 더 자세히 살펴보면 좌뇌의 감정 담당 모듈은 현재 정보를 가져온 다음 이를 과거의 감정적 경험과 비교하도록 고안되어 있다. 그 결과, 좌뇌의 감정형 캐릭터 2는 우리에게 상처를 준 과거가 있는 대상이면 무엇이든 막는다. 따라서 캐릭터 2는 "싫어"라고 말하고 이것저것 치워버리는 경향이 강하다.

우뇌의 감정형 캐릭터 3은 이와 정확히 반대로, 현재의 경험을 지금 이 순간 처리한다. 감정형 캐릭터 3은 언제나 지금 여기에 존재하며 과거를 회상하지 않는다. 이것저것 치워버리는 대신 조금이라도 매력 있고 아드레날린이 막 분출할 것 같은 경험이면 해보려고 열정적으로 움직인다.

포유류의 신경 체계에서 새로운 종은 기존의 잘 조직된 세포 기반에 새로운 뇌세포들을 추가하면서 탄생하기도 한다. 이런 경우 새로운 세포 조직은 원래 있던 조직의 능력을 개선하고 발전시키도록 고안된다. 인간 뇌는 포유류로서 개나 원숭이와 마찬가지로 깊숙한 곳에 감정을 다루는 변연계 조직 세포가 있지만, 새롭게 추가된 고위 피질 세포들이 양측 반구를 사고하는 뇌로 만들어준 덕분에 독특하다.

외부 세계에서 오는 정보는 감각 체계를 통해 흘러들어 먼저 변연계의 감정 세포에서 처리된 다음 고위 사고 중추에서 정제된다. 그래서 순수하게 생물학적 관점에서 보면 우리 인간은 감정을 느끼는 사고형 생명체가 아니라, 생각하는 감정형 생명체다. 신경해부학적으로 당신과 나는 감정을 느끼도록 만들어져 있다.

> 감정을 건너뛰거나 무시하려 할 경우 가장 근본적인 차원에서 우리
> 정신 건강이 제 궤도에서 벗어날지도 모른다.

진화적 관점에서 인간의 뇌는 진실로 놀라운 신경학적 성취를 거두었다. 그렇지만 우리 존재가 완성품과는 거리가 멀다는 사실을 기억해야 한다. 그보다 인류는 여전히 진화가 진행되고 있다. 먼저 우리는 새롭게 추가된 조직인 좌측 사고형 뇌(캐릭터 1)를 그 기저를 이루는 좌측 감정형 뇌(캐릭터 2)의 조직과 능동적으로 통합하고 있다. 두 번째로는 새롭게 추가된 조직인 우측 사고형 뇌(캐릭터 4)를 그 기저를 이루는 우측 감정형 뇌(캐릭터 3)의 조직과 통합하고 있다. 세 번째로 좌측 감정형 뇌 조직(캐릭터 2)을 우측 감정형 뇌 조직(캐릭터3)과 연결하고 있다. 마지막으로, 우리는 좌측 사고형 뇌 조직(캐릭터 1)을 우측 사

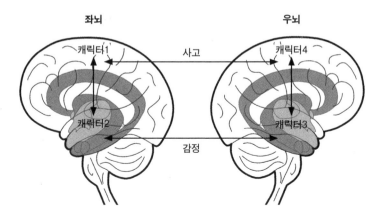

전뇌적 의사소통

좌뇌　　　　　　　　　　　우뇌

캐릭터1　　　사고　　　캐릭터4

캐릭터2　　　감정　　　캐릭터3

고형 뇌 조직(캐릭터4)와 통합하고 있다. 이 과제를 완수하면 우리는 뇌 전체를 활용해서 살아가는 전뇌적 생명체로 진화할 것이다.

인간의 뇌가 계속 진화 중인 걸작품이긴 하지만 좌반구와 우반구 가 각각 무엇을 중시하며(3장에서 자세히 살펴볼 것이다), 그 차이가 우리 삶과 사회에서 어떤 상황을 만들어내는지는 쉽게 알 수 있다. 미국은 양당의 정치적 대립으로 사회가 매우 불안하다. 게다가 통계상 성인 다섯 명 중 한 명이 삶의 어느 시점에 심한 정신장애를 진단받는다. 하 나의 종種으로서 인간이 진화하는 쪽을 선택한다면 개인이나 공동체 가, 궁극적으로는 전 세계가 평화를 찾는 일에 도움이 될 것이다.

책의 내용을 따라가며 당신이 마음과 정신을 열고 자신만의 강점 과 약점에 완전히 솔직해졌으면 한다. 존재보다는 행위에 대한 보상 이 따르는 사회에 사는 한, 우리는 과소평가된 기분을 느끼고 성취감 도 얻지 못할 것이다. 우리 중 다수가 자기 자신의 제멋대로인 부분,

매력 없는 부분, 혹은 상처받기 쉬운 부분을 '제거'하거나 '수정'하는 것을 인생 목표로 세워왔다. 그렇지만 우리 모든 캐릭터를 수용하고 관심을 가지고 잘 보살피는 쪽을 선택한다면, 우리는 멋진 모습으로 성숙하고 성장하고 진화할 것이다. 반려견이 생각하는 주인의 모습처럼.

확실히 해두자면, 이 책은 예측할 수 있고 쉽게 확인할 수 있는 네 가지 캐릭터에 대해 살핀다. 우리 모두 가지고 있고, 뇌의 해부학에 근거한 캐릭터들이다. 우리 모든 능력은 해당 능력을 만들어내는 기저의 뇌세포에 완벽히 의지하고 있다. 네 종류의 서로 다른 세포 집단이 서로 다른 네 가지 기술을 만들어내기 때문에 이 네 가지 캐릭터가 밖으로 표현되는 것이다. 많은 책과 강연에서 '진정한 자아'를 언급하는데, 이 네 가지 캐릭터 중 어떤 캐릭터를 이야기하는 것인지 궁금할 것이다. 사실 '진정한 자아'에 대한 이들의 설명을 보면, 분명 캐릭터 4를 지칭하고 있다. 그렇지만 네 가지 캐릭터 중 어떤 것도 다른 캐릭터보다 '더 진짜'라고 할 수 없다. 각 캐릭터는 모두 세포 차원에서 우리 진정한 일부를 표현하고 있으며, 제대로 존중받고 소중히 여겨져야 한다.

뇌졸중 이후, 뇌 전체가 다시 활동하고 네 가지 캐릭터가 모두 완전히 기능하게 되자 나는 깨달음을 얻었다. 어떤 회로망(캐릭터)이 작동하고 있는지 인식할 능력뿐만 아니라, 그 회로망을 계속 작동시킬지 아니면 다른 회로망으로 바꿀지 선택할 능력이 내 안에 있음을 알게 된 것이다.

이 낯선 여정을 통해 나는 자신뿐만 아니라 우리 모두에게, 어떤 모습이 되고 어떻게 그 모습이 될지 결정할 엄청난 힘이 있음을 알게 되었다. 나의 간절한 바람은, 우리가 이 네 가지 캐릭터에 통달하여, 자신의 힘을 완전히 소유하고 최고의 삶을 사는 것이다.

앞으로 뇌의 양측 반구 및 네 가지 캐릭터의 해부 구조와 심리를 자세히 살펴볼 것이다(가능한 한 재미있고 간단하게 설명할 테니 걱정하지 않아도 된다). 나아가 네 가지 캐릭터의 특화된 기술을 살펴보고, 이 캐릭터들이 우리 안에서 어떻게 느껴지는지에 따라 우리가 어떤 캐릭터 상태인지 언제든 알 수 있도록 할 것이다.

그다음에는 좌뇌와 우뇌의 사고형 캐릭터인 1과 4, 감정형 캐릭터인 2와 3도 자세히 살펴볼 것이다. 또 네 가지 캐릭터가 우리를 위해 어떻게 상호작용을 하고 힘을 합치는지도 알아볼 것이다.

이 네 가지 캐릭터, 그들의 관계, 그들이 우리 안에서 지닌 집단적 힘을 잘 알고 이해하고 보살핀다면, 우리 자신의 인지적, 감정적, 육체적, 영적 안녕을 증진할 수 있다. 이것이 바로 '전뇌적 삶Whole-Brain Living'이다. 이것은 인류의 궁극적 목표이며 우리는 차근차근 그 목표를 향해 가고 있다고 나는 진심으로 믿고 있다.

뇌 장애에 대하여

이 책에서 다루는 내용은 조현병이나 다중인격장애와는 관계가 없다. 두 장애 모두 심각한 신경정신의학 장애다. 조현병의 또 다른 표현은 정신분열증인데, 여기서 '분열'은 개인의 뇌와 주변 사회의 일반적 규범 사이의 균열을 의미한다.

누군가를 뇌 장애인 조현병으로 진단하는 기준은 망상적 사고 체계에 의한 감각적 망상의 경험 여부이다. 다른 사람이 경험하지 않는 것들을 보거나 냄새 맡거나 들으며 뇌가 비정상적 감각 지각을 제공한다면, 그런 감각 요소는 세상을 정상적으로 인지하는 용도로 쓰일 수가 없다. 예상할 수 있겠지만, 이런 경우 뇌는 변형된 입력 정보에 맞는 망상적 사고 체계를 창조할 것이다. 조현병인 사람의 뇌는 정상적 지각을 통해 입력되는 자료를 제대로 처리하지 못할 뿐 아니라, 그 정보를 처리하는 내부 배선에도 변형이 생긴다. 그래서 조현병에 걸린 사람의 뇌는 세포 차원의 정상적 정보 처리와 멀어진다. 그 결과로 생겨난 망상적 사고 체계는 뇌의 비정상적 신경 배선 오류의 부작용이다.

다중인격장애MPD는 조현병과는 완전히 다른 뇌 장애다. 이 장애와 관련해, 뇌가 여러 인격을 만들어낼 수 있는 이유와 방법은 알려진 바가 별로 없다. 인격들은 서로를 아예 모르기도 하고 서로 갈등하는 상태로 존재할 수도 있다. MPD는 유년 시절에 겪은 외상에 대처하기 위한 도구로서 발현될 수 있는 병리적 상태다. MPD의 의식 분열은 뇌 내부에서 일어나는 반면에, 조현병은 뇌의 의식과 외부 현실의 자각 사이에서 분열이 일어난다.

2장
뇌와 마음의 메커니즘

나의 아버지 헬 테일러는 목사였다. 내가 어렸을 때는 성공회 목사로 활동했고 이후 내가 청소년이 되었을 때는 상담심리학 박사학위를 받아 상담가로 활동했다. 아버지는 다양한 계층의 사람들에게 관심이 있었고, 협동조합과 비영리조직이 조직협동 기술을 키우도록 지원하는 일을 했다. 그 기술이 있으면 조직은 관리와 운영을 더 잘할 수 있었다. 아버지는 일하면서 성격 및 기질 유형 분석을 활용했다.

아버지는 자조自助에 관심을 쏟았다. 조직의 회장이든, 심각한 정신장애가 있는 환자든, 감옥에 갇힌 죄수든, 스스로 자신을 돕도록 지원하고자 했다. 아버지는 고결한 마음씨를 지녔는데, 내가 볼 때 아버지가 평생 지향한 단 하나의 목표는 사람들이 자신의 강점을 더 잘 이해하여 풍요롭게 살도록 돕는 일이었다. 성격 유형 분석은 이런 일에 좋은 도구가 되었다. 아버지가 쓴 주된 도구는 마이어스 브릭스 유형지표Myers-Briggs Type Indicator, 바로 MBTI였다. 이 지표는 1970년대부터

1990년대까지 아주 인기가 좋았으며, 지금도 한 해에 백만 명 넘는 사람들이 이용하고 있다.

아버지가 처음으로 내게 마이어스 브릭스 검사지를 주었을 때, 나는 열여덟 살이었고 대학 생활을 막 시작하고 있었다. 검사란 어쨌든 답을 선택해야 하고, 많이들 그러듯 나도 그런 강제성에 거부감을 느꼈다. 내가 마음속으로 떠올리는 나의 모습에 절대적으로 의지해서 답을 골라야 했기 때문이다. 처음에 나는 INTJ라는 결과를 얻었다. 내향형, 직관형, 사고형, 판단형이라는 뜻이었다. 심리학자이자 기질 유형 전문가인 과학자 데이비드 커시David Keirsey의 분류에 따르면, 분명이 유형은 내 안의 어떤 캐릭터를 묘사하고 있었다. 그렇지만 내가 언제나 그 캐릭터인 것은 아니었다. 친구들과 같이 지낼 때의 나는 ESFP 연기자 유형이었다. 즉 외향형, 감각형, 감정형, 지각형 인물인 것이다. 나는 고등학교 시절 반에서 제일 웃기는 사람으로 뽑혔을 정도였다.

마이어스 브릭스 검사는 삶의 다양한 상황을 다 수용하지 못했다. 검사가 '나'라는 사람을 하나의 단일한 성격으로 규정했기에, 나는 평가의 정확성에 의문을 품게 되었다. 그리고 평생에 걸쳐 해부학적으로 더 정확한 심리 유형 체계를 찾아내는 일에 호기심을 품고 매달리게 되었다. 아버지의 발자취를 따라가며 심리학과 뇌에 매혹되었으며, 우리의 마음과 뇌, 몸, 행동 사이의 관계에도 푹 빠졌다. 나는 인간을 연구하는 생물학이면 무엇이든 좋아했다.

1부 뇌와 마음을 해부하다

분리 뇌 실험

운 좋게도 나는 1970년대 후반에 대학생이었는데, 그 시절 뇌과학 분야는 주류가 되었으며 유명한 분리 뇌 실험이 대중의 관심을 사로잡았다. 나는 로저 스페리Roger Sperry 박사의 작업에 완전히 푹 빠졌다. 스페리 박사는 자신이 맡은 몇몇 간질 환자의 대뇌반구를 수술로 분리했다.

스페리 박사는 뇌량을 절단했는데, 뇌량이란 두 반구를 연결하는 3억 개가량의 축삭 섬유 다발이다. 이 수술을 뇌량절제술이라고 한다. 그렇게 두 반구를 분리하여 한쪽 반구에서 위험한 발작이 활성화되어도 다른 반구로 퍼지는 상황을 막는 데 성공했다. 이점이 하나 더 있었다. 이 수술을 받은 환자군을 대상으로 마이클 가자니가Michael Gazzaniga 박사가 심리 실험을 시행했는데, 이를 통해 분리된 두 반구가 기능적으로 어떻게 다른지 잘 알게 되었던 것이다.

나는 새내기 과학자로서 이 실험이 보여주는 '지킬 박사와 하이드' 같은 이야기에 특히 매혹되었다. 실험에 따르면 뇌 양측 반구는 심리적 역량 및 기저의 해부학적 역량이 극적으로 달랐다. 두 반구가 분리되면 환자는 완전히 반대되는 행동을 하는 두 명의 독특한 캐릭터인 양 행동했다.

우뇌를 '점령한' 캐릭터가 좌뇌를 '점령한' 캐릭터의 의도며 행동에 대놓고 반대하는 경우도 있었다. 예를 들어, 한 남성은 왼손으로(우뇌) 아내를 철썩 때리려 하면서, 동시에 오른손으로(좌뇌) 아내를 보호했다. 이 환자는 한 손으로 바지를 잡아 내리면서 다른 손으로는 다시 끌어올리는, 서로 명백히 맞서는 모습을 보여준 적도 있었다.

어느 어린이 환자는 뇌의 두 반구가 각각 제 말을 했다. 인생의 목표가 무엇이냐는 질문에 우뇌 캐릭터는 자라서 레이서가 되고 싶다고 했는데, 좌뇌 캐릭터는 제도사에 관심이 있다고 했다. 뇌량절제술을 받은 또 다른 환자는 아침에 옷을 고를 때마다 자기 자신과 다툰다고 말했다. 두 손이 자석의 양극이 서로 밀어내듯 굴면서 완전히 다른 스타일의 옷을 고른다는 것이다. 식료품점에서 음식을 살 때도 똑같은 일이 일어났다. 두 반구의 캐릭터는 서로 완전히 다른 음식에 관심을 보였다. 뇌량절제술을 받은 뒤 이런 현상이 1년 이상 계속되었지만 결국 환자는 뜻을 하나로 잘 모으게 되었고, 제 의견을 고집하는 두 반구 캐릭터 사이의 내적 다툼을 금지할 수 있게 되었다.

이때 이 수술을 받은 환자와 보통 사람 간의 해부 구조상 차이는 하나뿐이다. 보통 사람의 대뇌반구는 뇌량으로 연결되어 서로 의사소통을 하고 있다는 것이다. 과학자들은 신경해부학적으로 다수의 교련 섬유가 억제적 본성을 가지고 있으며, 이 섬유들이 한쪽 반구에 있는 일련의 세포들로부터 이에 맞먹는 반대쪽 반구의 세포들을 연결한다는 사실을 파악하고 있다. 언제든 대뇌반구 양쪽에는 활성화된 세포가 있으며, 서로 대립하는 반구의 세포 집단들은 우세와 억제 사이를 오가며 활동한다.

이런 식으로 뇌 한쪽 반구는 특정 세포 집단의 기능이 우세하도록 하면서, 그에 맞먹는 다른 쪽 반구의 세포 기능을 억제한다. 예를 들어, 어떤 말을 듣고 단어 구성과 의미에(좌뇌) 관심을 기울인다면, 어조와 감정적 내용은(우뇌) 흘려보내는 경향이 있다. 반대로 누군가 고함을 질러 깜짝 놀란 상태라면 우리는 상대가 무슨 말을 하는지 완전히 놓치게 된다.

1970년대와 1980년대를 돌이켜보면 사회는 분리 뇌 연구에 너무나 열광했다. '좌뇌'와 '우뇌'에 근거한 온갖 종류의 프로그램이 등장했다. 심지어 학교들도 여럿 뛰어들어 한쪽, 혹은 양쪽 반구의 자극을 돕는 교육 과정을 만들었다. 전형적인 좌뇌형, 우뇌형 인간이 주류로 등장하기도 했다. 좌뇌형은 더 조직적이고 정확하며 세세한 부분을 잘 챙기는 반면에, 우뇌형은 창조적이고 혁신적이며 운동을 잘한다고 여겨졌다.

좌뇌와 우뇌 이론이 크게 유행하자 여러 부모는 자녀가 앞서가도록 전략을 채택했다. 불행히도 그 전략이란, 자녀들이 뇌의 타고난 우세함에 근거해 짠 학습 계획에 따르도록 하는 것이었다. 물론 이해는 간다. 부모는 아이가 잘하는 분야에서 보상받기를 원한다. 그렇지만 부모의 목표가 더 균형 잡힌 전뇌적 아이를 키우는 것이라면, 아이들이 성과를 잘 내지 못하는 분야에서 활동하도록 북돋우는 쪽이 더 좋은 계획일 수 있다. 예를 들어, 과학과 수학을 잘하는 좌뇌 우세형 아이들에게 숲속을 탐색하고 자료를 모을 수 있는 야외 활동을 권하는 것이다. 만약 아이가 몸을 잘 쓰고 예술적인 유형이라면 공연 형식이 어울릴 만한 과학 전람회를 창의적으로 기획하도록 유도할 수 있다.

부모들이 타고난 유형에 따른 전략을 선택한 이후 40년이 넘도록 우리는 양극단을 향해 빗나간 방향으로 능력을 키워왔다. 우세하지 않은 쪽을 개발하도록 특별히 고안된 저술이나 교습도 있기는 했다. 미술 교육자이자 심리학자인 베티 에드워즈Betty Edwards의 『오른쪽 두뇌로 그림 그리기』 같은 책이 그러한데, 이 책은 오늘날에도 많이들 찾는 고전이다. 아무튼 마케팅 담당자들도 우뇌, 혹은 좌뇌 편향성에 맞춰 광고 전략을 다져왔다. 심지어 컴퓨터 제품들도 이런 경향에 딱 맞아 떨어진다. 애플의 제품은 우뇌 지향의 창조적인 것으로 여겨지는 한편, 윈도우즈 제품은 무엇이든 좌뇌 지향에 분석적인 것을 강조한다. 블랙베리는? 그 제품은 내 우뇌가 투덜거리게 만들곤 했다.

뇌 양측 반구의 기능

대중 과학은 두 대뇌반구의 진부한 차이를 이용해온 반면에, 사실 기반의 진지한 과학책들은 이제 우리 뇌를 절반씩 차지하는 두 반구가 해부학적 구조나 기능에서 어떻게 다른지 명쾌하게 알려주고 있다. 지난 50년 동안 양측 반구의 차이에 대해 알아낸 지식을 크게 조망하면서 세세히 알고 싶은 사람에게는 영국의 정신과 의사 이언 맥길크리스트Iain McGilchrist가 쓴 『주인과 심부름꾼The Master and His Emissary』을 권한다. 매혹적인 책으로 최신 정보를 담고 있다.

그 외에 하버드대학 정신과 의사가 정신장애 환자들의 회복을 돕기 위해 좌반구 캐릭터와 우반구 캐릭터를 가지고 어떤 연구를 하는지 궁금한 독자라면, 프레드릭 시퍼Fredric Schiffer 박사가 쓴 『두 정신에 대하여『Of Two Minds』를 읽어보기 바란다. 아마 눈이 휘둥그레질 것이다. 이 책은 두 반구의 캐릭터가 너무나 다른 나머지, 각 캐릭터는 상대 캐릭터가 인지하지 못하거나 드러내지 않는 고유한 아픔과 고통을 표현할 수 있다고 설명한다.

나아가 정신 건강 문제를 다룰 대안적 도구를 찾고 있는 독자라면 리처드 슈워츠Richard Schwartz 박사의 '내면가족체계Internal Family System' 모델을 활용해볼 것을 권한다. 이 모델은 개인의 성격을 구성하는 서로 다른 부분들을 인식하고, 성격의 각 부분들이 건강한 해결책을 찾도록 힘을 모으게 한다. 뇌를 더 알고 싶은 사람에게 이런 책이나 도구는 매혹적이다.

대뇌반구는 양쪽 모두 매 순간의 경험 전체에 끊임없이 기여한다. 좌뇌, 혹은 우뇌 어느 한쪽이 따로 떨어져서 기능한다는 뜻이 아니다. 현대 과학은 양측 반구가 어떤 순간이든 신경 체계의 입력과 경험과 출력에 모두 기여한다는 것을 확실히 밝혀냈다. 그렇지만 앞서 말했듯이 뇌세포들은 보통 그에 상응하는 다른 뇌세포들을 지배하고 억제한다. 그래서 뇌는 죽은 상태를 제외하면 어떤 상황에서도 다 켜지거나 다 꺼진 상태가 아니다.

뇌의 활동을 생각하면 자연스럽게 이런 질문을 던지게 된다. "뇌세포 집단 하나가 힘을 합쳐 성격 하나를 창조하는 일이 어떻게 가능한가?" 이 질문을 처음으로 던진 사람은 내가 아니다. 또 뇌에 외상을 입어 성격이 달라졌다가 다친 세포가 나은 후 예전 신경망, 과거의 기술, 잃어버린 기질 등을 되찾은 사람도 내가 처음이 아니다. 그렇지만 나는 특별한 여정을 겪은 최초의 신경해부학자일 수 있다. 나는 뇌의 신경 및 심리 작용을 알기 위해 깊이 파고들었으며, 뇌의 네 가지 캐릭터에 대한 고유한 통찰을 얻었다.

뇌세포들은 모양도 크기도 아주 다양한 아름답고 작은 생명체로, 그 생김새는 특화된 기능을 수행하게끔 고안되었다. 예를 들어, 감각 뉴런은 뇌 양측 반구의 일차 청각 피질에 위치하며, 그 독특한 생김새는 소리 정보를 처리하는 능력을 뒷받침한다. 뇌의 서로 다른 구역을 연결하는 기능을 하는 뉴런도 그 활동에 적절한 생김새다. 운동신경의 세포들 역시 그렇다.

신경해부학적으로 볼 때 뇌의 뉴런 및 뉴런의 연결 방식은 우리 모두 본질적으로 같다. 해부 구조상 모든 사람은 가장 바깥쪽 대뇌피질의 고랑과 이랑이 사실상 같기 때문에, 뇌의 특정 부위를 똑같이 다친 두 사람은 똑같은 기능을 잃게 된다. 운동 피질을 예로 들면, 당신과 내가 같은 반구의 같은 세포 집단에 손상을 입는다면 우리는 신체의 똑같은 부분에 마비가 올 가능성이 크다.

양측 반구가 기능이 다른 것은, 뉴런들이 그만의 고유한 방식으로 정보를 처리해서이다. 좌뇌의 뉴런은 직선적으로 기능한다. 생각 하나를 떠올리면 다음 생각과 비교를 하고, 그에 따라 떠오른 생각을 그다음 생각과 비교한다. 그러므로 좌뇌는 연속적으로 사고하는 능력이 있다. 이를테면, 우리는 차의 기어를 움직이기 전에 시동을 걸어야 한다는 사실을 안다. 좌반구는 놀라운 연속적 처리기로 1+1 = 2 같은 추상적 선형성을 창조할 뿐 아니라 시간성, 즉 직선적 시간 감각도 분명히 표현한다. 그래서 우리는 과거와 현재와 미래를 구분할 수 있다.

우뇌의 세포들은 직선적 질서 창조와는 전혀 상관이 없다. 대신 우반구는 병렬적 처리기처럼 기능하여, 특정 순간에 겪는 경험의 복잡성을 단번에 보여주는 여러 자료들을 끌어온다. 우뇌는 기억의 창조에 깊이를 더하여 지금 여기, 현 순간을 풍부하게 구성해낸다. 이는 대뇌반구 양측 모두에 영향을 받는다.

많은 뇌세포는 언어 이해, 혹은 시야 확보 같은 명백한 일을 책임지긴 하지만, 생각이나 감정을 창조하는 기능을 맡은 뉴런도 있다. 뉴런 집단이 하나의 집합체로서 함께 기능하기 위해 서로 맞물리는 방식을 '모듈'이라고 한다. 뇌의 네 가지 캐릭터는 그만의 특수하고 독특한 뉴런 단위, 즉 모듈이 뒷받침한다.

내가 좌뇌 대출혈을 겪었을 때 세포 대부분은 그저 두개골 안의 염증과 붓기, 압력 증가 때문에 작동을 멈춘 것이었다. 외상을 입자 뇌량을 통해 내 우뇌를 지배하던 좌뇌 세포들은 더 이상 우뇌 해당 세포를 억제하지 않게 되었다. 분리 뇌 실험 환자들의 경우처럼 말이다. 그렇게 되니 좌뇌 사고형 캐릭터와 좌뇌 감정형 캐릭터가 힘이 빠진 반면에, 그에 상응하는 우뇌의 사고형과 감정형 캐릭터들이 풀려나 어떤 규제도 없이 새롭게 우세해져 멋대로 날뛰었다.

뇌졸중을 겪은 아침에 좌뇌가 멈추었는데도 어떻게 내가 그때 일어난 사건들을 기억하는지 궁금할 것이다. 나는 좌뇌의 회로망이 외상으로 정지했지만 그렇다고 죽지는 않았으며 의식을 잃지도 않았다. 게다가 뇌졸중이 더 심해지지는 않았고 거기까지였다. 좌반구의 혈관이 터지고 난 뒤 네 시간 동안 피가 천천히 좌뇌 조직으로 스며들면서 회로를 계속 차단했다. 뇌졸중은 즉각적인 정전이라기보다는 배관에서 뭔가 느리게 새어나가는 상태와 비슷한 경험이었다. 그 결과 내 우뇌는 뇌졸중을 겪은 아침의 기억을 영상물처럼 재생하는 능력을 유지했다.

내 좌뇌가 마침내 완전히 정지한 무렵 나는 우뇌의 평화로운 의식 속을 떠다녔다.

그곳에서 위기감을 다 잃어버렸다. 잠시나마 내 우뇌는 그 순간 단독으로 존재했으며, 과거의 후회도 현재의 공포도 미래의 기대도 없었다. 이후 8년의 회복 기간 동안 내 우뇌 회로망의 일이란 지금 여기, 현재의 경험을 처리하는 것임이 확실해졌다.

반면에 내 좌반구는 '시간을 가로지르는 다리'처럼 기능했다. 현재를 과거의 순간과 잇고 미래의 순간과 잇는 책임을 맡고 있었다. 어떻게 된 것인지, 내 좌뇌 세포들은 예전처럼 직선적 사고가 가능한 방식으로 조직되었다. 내 좌뇌가 내가 신발을 신기 전에 양말을 신어야 한다는 사실을 이해했으니, 이것은 기적과도 같은 일이었다.

분명 우리가 양측 반구를 가지고 있는 데는 이유가 있다. 좌반구가 없으면 우리는 외부 세계에서 그 어떤 기능도 수행하지 못한다. 과거나 미래가 없고, 직선적 사고도 못하고, 언어도 모르며, 우리 몸이 어디서 시작해서 어디서 끝이 나는지 경계에 대한 감각도 없어진다. 좌뇌는 개별성을 제공한다. 반면에 우뇌는 우리를 인류 집단 전체의 의식과 연결해줄 뿐만 아니라 광활히 팽창하는 우주의 의식과도 연결해준다.

　머릿속에 함께 작동하는 두 반구가 있기에 우리는 타고난 이중성을 경험한다. 그 결과 자연스럽게 현재 진행형인 내적 갈등을 품고 산다. 좌뇌와 우뇌가 각자 고유한 자율적인 관점을 가지고 있기 때문이다. 이를테면, 좌뇌는 숙제에 얼른 달려들어 해치우고 싶어 하는데 우뇌는 방금 하던 숙제를 내버려두고 밖에 나가서 놀고 싶어 하는 식이다.

우리 뇌의 네 가지 캐릭터

뇌 양측 반구의 차이는 단순히 그 기저에 있는 해부 구조의 차이나 생리학적 차이, 이로 인해 생겨난 기술의 차이보다 훨씬 크다. 좌뇌를 잃었다가 8년에 걸쳐 되살린 경험으로 나는 양측 반구 각각이 서로 대조적인 능력을 발휘하고 다른 현실들을 구축할 뿐 아니라, 아주 구체적이고 예측 가능한 캐릭터들을 만들어낸다는 것을 알게 되었다.

　더 구체적으로 말하면 나는 뇌졸중 회복 과정에서 좌뇌의 사고 담당 모듈(캐릭터 1)의 기능을 되살렸는데, 그렇게 하니 목적 지향적이고 조직적이며 체계적이고 통제를 잘하는 캐릭터가 돌아왔다. 뇌졸중 이전에 내 삶을 지배한 캐릭터다. 그는 굳건하고 강력하며 유능하고 조작에 능숙하며, 시간 관리를 잘하는 완벽한 판단형 인물이다. 이 캐릭터는 되살아난 후 다시 내 뇌의 주인이 되고자 했다.

이 좌뇌 사고형 캐릭터 1이 직선적으로 정보를 처리하는 능력과 더불어 상황의 옳고 그름, 혹은 좋고 나쁨을 판단하는 능력까지 되찾으면서, 나는 다른 시공간의 기억에 근거한 '감정'을 경험하는 능력까지 회복하게 되었다. 예를 들어, 우리는 이미 지나간 일에 대한 반응으로 죄책감이나 수치심을 느끼는 능력이 있다. 과거의 일에 대해 오랜 시간 분한 마음을 쌓아 올리거나 복수를 꾀할 수도 있다. 좌뇌의 감정 담당 모듈이 다시 활동할 만큼 회복하게 되니 이런 종류의 감정을 다시 경험할 수 있었다. 그런데 엄격하고 생산적인 캐릭터 1이 좌뇌의 사고형 조직과 함께 다시 활동하자마자, 상처받아 조심스러운 캐릭터 2도 좌뇌의 감정형 세포 연결망과 함께 돌아왔다.

사실 나는 좌뇌의 감정 담당 모듈로 과거의 고통을 더는 느끼지 못하게 된 것을 진심으로 기뻐했다. 유년 시절의 가슴 아픈 감정 회로들을 아쉬워하지도 않았다. 그렇긴 해도 진한 감정들이 풍부하지 않은 삶이란 살아가기에 밋밋한 것이다. 좌뇌 감정형 캐릭터 2는 과거의 고통을 느끼고 안다. 우리를 잠재적 성장의 한계까지 밀어 올려 한계를 넘게 하거나, 혹은 익숙한 안전함으로 도로 데려오는 존재다. 내 안전의 경계가 어디인지 정의하려면 무엇이 안전하고 무엇이 안전하지 않은지 알아야 한다. 내게 무엇이 안 맞는지 알기 위해서는 내게 무엇이 맞는지 알아야 한다.

밝음이나 즐거움을 인지하기 위해서는 어둠이나 슬픔을 알아야 한다.

1부 뇌와 마음을 해부하다

우리에게 상처를 주거나 위험하거나, 혹은 불공평하다고 지각되는 모든 부당함에 반하여 소리를 지르고 울부짖고 화를 내는 존재가 바로 좌뇌의 감정형 캐릭터 2다. 이 캐릭터는 뭔가가 공포를 촉발하면 우리를 저지하거나 달아나게 하고, 혹은 꼼짝 못 하게 한다. 미래에 대비하기 위하여 과거의 고통을 기억에 담아두는 일을 이 연약하고 상처받기 쉬운 캐릭터가 오랫동안 맡아왔다. 만일 최고의 모습으로 진화하여 최고의 삶을 살기를 원한다면 좌뇌 캐릭터 2와 건강한 관계를 만들어야 한다. 고통 한가운데에 서서 고통이 전하는 뜻에 귀를 기울일 만큼 용감해지면 성장하고 번영한다.

뇌졸중에서 회복하는 동안 내 뇌에서 새롭게 우세해진 우뇌 사고형 캐릭터 4는 열린 마음과 포용력을 가진, 우주만큼 거대한 존재다. 이 캐릭터는 스트레스에 내몰려 움직이는 좌뇌 사고형 캐릭터 1이 회복 후 다시 돌아와 내 의식을 지배하려고 하자 이를 별로 좋아하지 않았다. 캐릭터 1의 뉴런 연결망이 다시 활동하여 나는 무척 짜릿하긴 했다. 누가 말을 걸면 나도 대답할 수 있고 이해도 할 수 있으며 내 신체의 경계를 다시 알게 되었으니 말이다. 그렇지만 나는 캐릭터 4의 열린 마음으로 무한히 평화롭고 감사하는 태도를 구현하는 쪽이 더 좋았다. 그래서 의식적으로 우뇌 우세를 '선택'했다.

내가 원하는 회로망을 마음대로 선택하듯, 당신도 그렇게 할 수 있다.

이 책을 읽어나가며 네 가지 캐릭터 각각에 대해서 배우고, 이들이 우리 안에서 어떻게 느껴지는지 알게 될 것이다. 그리고 언제든 자신이 원하는 모습을 선택할 수 있고, 그 모습이 되는 방법도 선택할 수 있음을 알게 될 것이다.

3장
뇌 안의 네 가지 자아

앞선 장에서 설명한 분리 뇌 실험에는 알려지지 않은 장점이 있는데, 네 가지 캐릭터의 존재를 신경해부학적 증거로 뒷받침한다는 것이다. 수술을 통해 분리된 좌뇌와 우뇌는 전체를 해부학적으로 반 나눈 존재에 그치지 않음을 과학이 증명한다. 두 반구에는 완전히 서로 다른 특징의 캐릭터들이 존재하며, 이들은 각기 독특한 바람과 꿈, 흥미, 욕망을 드러낸다(가자니가 박사가 교량절제술을 받은 환자들의 반구 각각을 대상으로 마이어스 브릭스 검사를 했다면 어떤 소중한 정보를 얻었을지 상상해보라).

그 확실한 원인은 모르겠지만, 현대 과학은 1970년대의 분리 뇌 실험에서 많은 지식을 얻었는데도 후퇴했다. 특히 뇌 반구 각각에 있는, 서로 다르고 가끔은 갈등하는 캐릭터들에 대한 앎에서 물러났다. 아마도 과학자들이 과장된 대중 광고를 억누르려고 달려들면서 캐릭터들에 대한 발상 또한 부수적으로 사그라진 게 아닐까 싶다. 아니, 어쩌면 일반인이나 과학자를 막론하고, 제 성격의 다양함을 인식한 사람이 그만큼 적었던 것일지도 모른다. 그 결과 이 흥미로운 지식의 씨앗은 미래의 성장에 필요한 물을 구할 수 없었다.

나는 테드 강연 <뇌졸중으로 얻은 통찰>에서 일부러 위험을 감수하고 말했다. "우리의 두 대뇌반구는 서로 다른 것들을 생각하고 서로 다른 것들에 관심을 기울입니다. 감히 말하는데, 그들은 성격이 아주 다릅니다." 이것이 대중적인 발상이든 아니든, 나는 이 중요한 대화를 되살릴 물을 끌어오고 있다.

네 가지 캐릭터가 생각하고 느끼는 방식

다음은 우리 뇌 가운데 좌뇌 사고형 캐릭터 1과 우뇌 사고형 캐릭터 4가 보여주는 특성을 간략히 소개한 것이다. 이 두 사고형 캐릭터가 정보를 지각하고 처리하는 방식이 사실상 반대라는 점에 주목하자.

좌뇌 사고형 캐릭터 1 (연속적 처리기)	우뇌 사고형 캐릭터 4 (병렬적 처리기)
언어적	비언어적
언어로 사고	그림으로 사고
직선적으로 사고	경험적으로 사고
과거/미래에 기반	현재에 기반
분석적	운동 감각적/신체적
세밀한 부분에 집중	전체적으로 크게 살펴봄
차이에 관심	공통점에 관심

1부 뇌와 마음을 해부하다

판단 지향	공감 지향
시간 엄수	시간 감각 없음
개인적	집단적
간결/정확	유연/탄력
고정된	가능성에 열려 있는
나 자신에게 집중	우리에게 집중
바쁜	여유 있는
의식적	무의식적
구조/질서	유동/흐름

다음은 우리 뇌의 좌뇌 감정형 캐릭터 2와 우뇌 감정형 캐릭터 3의 특성을 나열한 것이다. 이 두 감정형 캐릭터들 또한 감정을 경험할 때 사실상 상반된 느낌을 갖는다는 점에 주목하자.

좌뇌 감정형 캐릭터 2	우뇌 감정형 캐릭터 3
위축되는	포용력 있는
융통성 없는	열린
조심스러운	위험을 감수하는
공포에 기반	겁 없는
완고한	우호적
조건적 사랑	무조건적 사랑
의심	믿음
괴롭힘	지지
정당한	감사하는
조작적	흐름에 몸을 맡기는
믿을 만한	창조적/혁신적
독립적	집단 중심적
자기중심적	공유하는
비판적	친절한
우세/열등	평등
옳음/그름, 좋음/나쁨	맥락에 의존

이 책의 2부에서는 네 가지 캐릭터의 능력과 성격에 대해 더 깊이 다룰 것이다. 우리 내면의 각 캐릭터를 알아볼 뿐 아니라, 이 캐릭터들이 뇌에서 건강한 한 팀을 이루기 위해 어떻게 힘을 모을 수 있는지 살펴보자. 3부에서는 네 가지 캐릭터가 실제로 일상에서 활동하는 모습을 들여다볼 것이다. 먼저 네 가지 캐릭터가 우리 몸과의 관계를 어떻게 보고 있는지 알아본 다음, 이들이 연애 관계에서 예측 가능한 방식으로 상호작용하는 모습을 살펴볼 것이다. 궁극적 목표는 우리 내부에, 또 우리와 타인 사이에 더 많은 연결이 생겨서 더 건강해지는 것이다. 그러므로 중독이 네 가지 캐릭터에 얼마나 파괴적일 수 있는지도 알아볼 것이다. 여기서 어떤 사람은 중독에서 효과적으로 회복하지만 어떤 사람은 그렇게 못 하는 이유도 알게 될 것이다. 그다음에는 지난 100년 동안 네 가지 캐릭터가 이룬 진화와 함께 새로운 기술이 여러 세대에 끼친 심오한 영향에 대해서 알아볼 것이다.

2부에서는 이해를 돕기 위해 내가 나의 네 가지 캐릭터에 붙여준 이름을 알려주겠다. 캐릭터의 특성에 따라 붙인 이름들이다. 당신이 내면의 특정 캐릭터를 더 잘 이해하고 확인했으면 한다. 우리가 자신의 네 가지 캐릭터의 주인이 되는 일은 중요하다. 그래서 캐릭터 1, 2, 3, 4 말고 다른 일반적인 명칭은 붙이지 않았다. 당신에게 의미 있는 네 가지 캐릭터 각각에 어떤 이름을 지어줄지 약간의 시간을 들여 생각해야 한다고 본다.

잘 다듬은 적절한 이름이든 완전히 말도 안 되는 이름이든, 원하는 대로 마음껏 명명해보라. 부모나 친구의 이름을 고르는 사람도 있고 신화나 소설 속 명칭을 붙이는 사람도 있었다. 본인의 이름을 이용하거나 아니면 완전히 새로운 이름을 만들어도 좋다. 핵심은 해당 캐릭터를 마음 맨 앞으로 힘있게 불러올 수 있는 이름이어야 한다는 것이다.

해부 구조상 우리는 모두 전뇌를 소유하고 있으며 각각 네 가지 캐릭터를 가지고 있다. 그렇지만 네 가지 캐릭터 중 하나가 우세하거나 어떤 캐릭터는 모습을 거의 드러내지 않을 수도 있다. 스스로 어떤 캐릭터도 전혀 확인할 수 없다면, 배우자나 믿을 만한 친구에게 물어보는 방법도 있다. 우리는 그리 자랑스럽지 않은 생각과 감정, 행동을 드러내기도 하지만, 네 가지 캐릭터 중 누구도 나쁘거나 그릇된 존재는 아니며 사랑과 존경을 받을 가치가 없는 것도 아니다. 또 자신을 보는 우리의 관점이 우리를 보는 타인의 관점과 다른 것도 이상하지 않다. 어떤 통찰을 얻든, 당신의 개인적 성장에 중요한 도구가 되길 바란다.

우리 뇌의 팀과 선택하는 힘

앞서 살펴보았듯 네 가지 캐릭터는 대뇌반구의 세포와 신경 회로, 사고와 감정 기능을 담당하는 모듈에서 비롯된 자연스러운 산물이다. 이 사실이 일상에서 무엇을 의미하는지 생각해보자. 우리가 내면의 갈등을 경험하지 않는 날이 있을까? 양측 반구가 중시하는 것은 서로 완전히 다르다. 그러므로 마음은 이렇게 말하는데 머리는 저렇게 말하는 상황이란, 그저 뇌를 구성하는 부분들 사이에서 일어난 다툼일 뿐이다. 우뇌 사고형 캐릭터와 좌뇌 사고형 캐릭터의 갈등은 이렇다. "돈을 더 많이 받고 승진도 확실한, 새로운 도시의 직장에 갈까?(좌뇌 사고형 가치)"와 "지금 직장을 유지하면 아이들은 익숙한 학교에 계속 다닐 것이고, 친구들 및 그 가족들과 계속 관계를 맺을 수 있겠지?(우뇌 사고형 가치)"가 대립하는 것이다.

비슷하게 우뇌와 좌뇌의 감정형 캐릭터들도 이런 식으로 다툰다. "저 사람은 내게 심한 상처를 주었으니 저 사람을 훨씬 아프게 해주고 싶어(좌뇌 감정형 가치)"와 "나는 그냥 멀리서 저 사람에게 사랑을 전할 거야. 그리고 필요한 만큼 오랫동안 거리를 두고 싶어. 그럼 내 마음은 치유될 것이고 나는 축복을 받으며 전진할 수 있을 거야(우뇌 감정형 가치)"가 갈등하면서 말이다.

각각의 예에서 어떤 캐릭터가 어떤 문장을 말하고 있는지, 그들의 동기부여 요인이 무엇인지 알면 우리가 어떤 모습이 되고, 또 어떤 방법으로 그렇게 될지 의식적으로 선택할 수 있다.

네 가지 캐릭터를 알아보고 각 캐릭터가 삶에서 펼치는 기량을 인정하며 소중히 여기는 법을 배우게 되면, 보다 의식적이고 계획적으로 선택을 내릴 수 있다. 우리가 네 가지 캐릭터를 아는 것만으로는 충분하지 않다. 궁극적인 목적은 네 가지 캐릭터가 서로를 아주 잘 알게 되어 건강한 관계를 창조하는 것이다. 이렇게 되면 네 가지 캐릭터는 재능과 타고난 능력으로 무장한 건강한 한 팀으로서 함께 움직일 것이다.

스포츠나 회사의 팀원들처럼 뇌의 이 팀원들은 우리 상황을 평가하고 행동 전략을 짜기 위해 서둘러 '회담'를 소집할 것이다. 네 가지 캐릭터로 구성된 두뇌 팀은 삶에서 일어나는 일을 분석하고, 그다음 상황에서 우리가 어떤 모습을 어떻게 보여줄지 함께 결정을 내리기 위해 언제라도 회담을 진행할 수 있다.

이어지는 2부에서는 네 가지 캐릭터를 자세히 살펴보고, 내가 '두뇌 회담Brain Huddle'이라고 부르는 다섯 단계의 과정을 설명할 것이다. 두뇌 회담에서는 일단 의식적으로 잠시 멈추고 네 가지 캐릭터를 하나씩 불러낸 후 이들이 하나의 팀으로서 최상의 다음 행동을 심사숙고하게 한다. 두뇌 회담을 연습한다면 중요한 결정을 신속하고 능숙하게 내리도록 뇌를 훈련할 수 있다. 일상이 무리 없이 흐르는 때에 뇌의 네 가지 캐릭터가 하나의 팀으로 기능하도록 하는 연습을 해놓으면, 압박이 심한 시기에도 그 기술을 사용할 수 있을 것이다.

이제 두뇌 회담에서 수행할 단계들을 간단히 살펴보겠다.

- 호흡하며Breathe 숨에 집중한다. 그러면 정지 버튼을 누를 수 있고, 감정적 반응성에 개입할 수 있으며, 지금 이 순간 나 자신에게 집중하게 된다.
- 지금 이 순간 네 가지 캐릭터의 회로망 가운데 어떤 회로망이 작동하고 있는지 인식한다Recognize.
- 내가 전시하고 있는 캐릭터가 어떤 캐릭터든 감사하는Appreciate

마음을 보이고, 네 가지 캐릭터 가운데 어떤 캐릭터라도 언제든
지 활용할 수 있음에 감사한다.

- 질문하고Inquire 네 가지 캐릭터를 모두 마음속 회담 자리로 부
  르면 이들은 다 같이 의식적으로 다음 행동 전략을 짤 수 있다.
- 최선의 전략을 짜는 네 가지 캐릭터와 함께 새로운 현실을 통과
  한다Navigate.

두뇌 회담의 다섯 단계 머리글자를 따면 'B-R-A-I-N'이 된다. 이
렇게 머리글자를 딴 이름은 재미도 있지만, 현실적 목적도 있다. 압박
이 있고 캐릭터 2의 스트레스 회로망이 마구 작동하고 있을 때 두뇌 회
담 각 단계를 빨리 기억해내는 데 도움이 된다는 뜻이다. 이런 상황에
서는 생각 자체를 하기가 거의 힘든데, 불안이나 공포 관련 화학 물질
이 혈류를 통해 흘러 회로망을 압도하기 때문이다. 그때 'B-R-A-I-N'
이 네온 불빛처럼 반짝이며 두뇌 회담을 상기하게 할 것이고, 그러면
우리는 우뇌의 평화로 돌아가는 길을 찾을 수 있다.

두뇌 회담은 의식적으로 네 가지 캐릭터를 모두 불러내 대화를 나
누도록 하는 일로, 이 과정은 아주 강력하면서도 우리에게 힘을 실어준
다. 우리는 감정의 반응에 해당하는 자동 회로망에 개입할 수 있으며,
어느 때든 네 가지 캐릭터 가운데 우세해지기를 바라는 캐릭터를 의식
적으로 선택할 수 있다. 네 가지 캐릭터에 대해 알고 그 특징을 인식하
면 좀 더 확실하게 전뇌적 방식으로 상호작용할 수 있다. 우리에게는
타인과 건강하고 힘이 되는 관계를 뜻대로 구축할 힘이 있다.

1부 뇌와 마음을 해부하다

평화로 향하는 영웅의 여정

1장에서 언급했듯이 네 가지 캐릭터를 알고 이들을 두뇌의 한 팀으로 통합하는 법을 배우기 위해 떠날 여정은 조지프 캠벨의 단일 신화 속 영웅의 여정과 판박이다. 게다가 네 가지 캐릭터는 카를 융Carl Jung이 제시한 무의식의 네 가지 원형과 아주 비슷하다. 캐릭터 1은 '페르소나Persona', 캐릭터 2는 '그림자Shadow', 캐릭터 3은 '아니무스/아니마Animus/Anima', 캐릭터 4는 '진정한 자기True Self'에 해당한다.

고전적 영웅의 여정에서 영웅은 현실의 외부 세계를 받아들이는 이성적이고 자아 중심적인 의식을 뒤로하고 떠나라는 부름에 귀를 기울인다. 네 가지 캐릭터식으로 말한다면 영웅은 좌뇌 사고형 뇌의 캐릭터 1이라는 자아 중심적 의식에서 벗어나, 우뇌의 무의식 영역으로 들어가야 한다. 이 여정을 떠나기 위해 영웅은 자신의 소유물과 상식을 기꺼이 내려놓고 자아가 품은 개별성의 죽음을 받아들여야 한다. 아인슈타인이 한 말로 바꾸어 표현하면, 미래의 존재가 되기 위해 현재의 자신을 기꺼이 포기해야 하는 것이다.

짐작하겠지만, 이 일은 영웅이 수행할 엄청난 임무다. 물론 그렇기에 영웅적으로 묘사된다. 영웅은 이제껏 획득한 것들과 현재의 모습을 모두 밀쳐내야 한다(부처의 여정과도 비슷하다. 부처도 현실의 진짜 본질을 알고 깨달음을 얻기 위하여 자신의 지위며 재산을 모두 버린 것으로 유명하다). 이성적이고 자아 중심적인 좌뇌의 개별성을 버리기로 결심하면, 영웅은 우뇌의 무의식 영역으로 들어가게 된다. 그리고 이곳에서 아니마/아니무스, 즉 영혼의 양성적 특성과 마주하게 된다. 영웅은 개인적 자아와 집단적 자아를 동시에 드러낼 수는 없다. 공감을 잘하는 우뇌의 자비로운 캐릭터(캐릭터 3과 4)를 구현하려면, 정당성을 따져서 판단을 내리는 우세한 좌뇌 캐릭터(캐릭터 1과 2)를 내려놓아야 한다.

인간은 막 태어난 상태에서는 개별성에 대한 감각이 없다. 뇌 양측 반구는 구조적으로 유사하며 중요시하는 것들 또한 비슷하다. 그렇지만 시간이 흐르면 좌뇌의 세포는 신체의 시작과 끝이 어디인지 그 경계를 정의하는 능력을 키운다. 그리고 자아 정체성이 생기면서 자기 자신을 전체에서 구분된 개인으로서 지각하는 능력을 얻는다. 좌뇌의 개인 의식이라는 작은 물방울이, 자신이 기원한 우주적 의식의 바다와 분리되는 순간이다. 영웅은 좌뇌 자아 세포들이 개인으로서 자신에 대한 지각을 키우기 전에는 우뇌의 무의식적 정신에 있는 집단적 지식을 소유했다. 시간이 흐르며 좌뇌의 개별성이 발달하면, 우뇌 정신의 지식을 지배하고 억제하게 된다. 그 결과 우뇌의 우주적 의식은 배경으로 밀려나며 무의식적 직감이 된다.

좌뇌의 올바름과 자아로 구성된 칼을 내려놓는 순간, 영웅은 좌뇌의 개별성에서 해방되어 맨 처음 기원했던 세계의 우주적 의식으로 녹아든다. 물방울이 바다로 돌아가듯 태어나기 전에 그 영혼이 알고 있던, 무한한 사랑이 가득한 더없이 행복한 희열 속에 바로 푹 빠져든다. 한때 자신이 고래였음을 잊고 있던 거대한 고래처럼, 영혼은 모든 것이 공존하는 고요한 희열의 바다로 돌아가 미끄러지듯 헤엄친다.

한때 영웅은 죽음에 대한 공포를 비롯하여 일상에서 집착했던 좌뇌의 괴물과 싸웠지만, 이제는 희열 가득한 우뇌의 지혜에 둘러싸여 여행이 준 앎을 자유롭게 얻는다. 그렇지만 이 시점에서 영웅은 고향으로 돌아가 힘들게 얻은 전뇌적 지식을 널리 나눌지, 아니면 자신이 얻은 교훈을 그냥 혼자 알고 있을지 선택해야 한다. 고향으로 돌아가는 영웅은 달라졌다. 이제 의식적 캐릭터와 무의식적 캐릭터 및 그들이 갈등하는 가치들을 다 인식하면서 세상 속에서 어떻게 균형 잡힌 삶을 살아갈지 알아내는 것이 영웅의 과제다.

　네 가지 캐릭터는 내가 대략 묘사한 대로, 오랜 시간에 걸쳐 확인된 융의 네 가지 원형에 대한 신경해부학적 지도를 제공한다. 아래위층에 각각 방이 두 개씩 있는 집처럼 우리의 뇌는 네 가지 캐릭터가 자리한 집이다. 약간의 노력만 기울이면 마음속 네 가지 캐릭터를 알아보는 연습을 할 수 있고, 의식적으로 캐릭터들의 건강한 관계를 만들 수 있으며, 하나의 두뇌 팀으로서 집단적으로 삶을 평화롭게 이끌도록 할 수 있다.

　잠시 숨을 돌리고 뇌 속에서 어떤 일이 일어나고 있는지 알고자 한다면, 서로 다른 환경 속에서 우리가 자신을 어떻게 표현하는지 관찰할 뜻이 있다면, 현재의 생각과 감정 패턴을 바로 그 순간을 바탕으로 인식할 준비가 되어 있다면, 우리는 제 뜻으로 선택하는 삶을 걸어갈 수 있을 것이다.

　당신이 전뇌의 의식 및 무의식 속 네 가지 캐릭터를 탐색하며 자신만의 영웅의 여정에 오르기를 바란다. 평화는 진실로 생각의 흐름이다.

네 가지 캐릭터에 대한 메모

이 책을 통해 나는 당신의 네 가지 캐릭터에 다음과 같이 말할 것이다.

좌뇌 사고형 캐릭터 1

· **캐릭터 1에 보내는 나의 메시지**

호흡하라. 마음을 열어라. 숨을 내쉬어라. 이 책을 끝까지 읽어보라. 내용을 세세히 따져보아도 괜찮으나 부디 열린 마음으로 임하라. 너는 오타, 혹은 의미상의 오류를 찾는 데 초점을 맞출 것이다. 이런 사소한 부분들 너머를 본다면, 너의 세계에 더 많은 질서를 만들 때 쓸 수 있는 도구들을 얻게 될 것이고, 주변과의 관계가 더 튼튼해진다는 느낌을 받을 것이다.

· **캐릭터 1이 이 책에 붙일 만한 제목**

『뇌를 알고 힘을 소유하라』

『뇌를 통제하라: 최고의 삶을 살기 위하여』

『성공은 뇌에서 시작한다』

『감정 지능의 수수께끼』

· **캐릭터 1이 이 책을 읽고 난 뒤 할 말**

"좌뇌, 우뇌, 호흡."

"내 안의 다른 부분도 사실 가치가 있다니 너무 놀랍다."

좌뇌 감정형 캐릭터 2

• 캐릭터 2에 보내는 나의 메시지

너는 이 책이 마음에 들지 않을 텐데, 그래도 괜찮다. 네 말에 귀를 기울이고 있다. 너는 소중하다. 너는 우리 모두를 보호하는 경고의 목소리이며, 그렇기에 너는 전체의 중요한 부분이다. 이 책은 다른 캐릭터들이 너를 더 잘 이해하고 안전하게 지켜주고 소중히 여겨주도록 할 것이다. 너는 필수적인 존재로, 우리 성장의 맨 끝에 있다. 너의 지도가 없다면 우리는 안전하게 있을 수 없고, 최고의 모습으로 진화할 수도 없으며, 최고의 삶을 살 수도 없다.

• 캐릭터 2가 이 책에 붙일 만한 제목

『느낌은 소중하다』

『너의 감정은 유효하다』

『고통 다스리기』

『우리는 생각하는 감정형 생명체다』

• 캐릭터 2가 이 책을 읽고 난 뒤 할 말

"내가 내 감정을 느끼는 것은 괜찮다."

"나는 행복해질 수 있다. 나는 수용할 수 있다. 왜 이런 식의 느낌이 드는지 나는 알고 있다. 나는 중요하다. 나는 괜찮다. 힘을 얻은 기분이다. 나는 최고의 삶을 살기 위한 핵심적 존재다."

우뇌 감정형 캐릭터 3

· 캐릭터 3에 보내는 나의 메시지

이 책을 소리 내어 읽어도 좋다. 몸을 움직이면서 즐겨도 된다. 당장
진짜 신나는 일을 하고 싶겠지만, 책의 내용을 이해하고 그 앎을 네
삶에 기꺼이 통합한다면 다른 캐릭터들도 네 중요성을 알게 될 것
이다. 그리고 놀이와 혁신에 쏟을 시간을 네게 더 많이 줄 것이다.

· 캐릭터 3이 이 책에 붙일 만한 제목

《내 뇌는 완전 최고야》

《내 안의 우리는 진짜 록스타》

《네 명의 그룹》

《우리의 뇌: 정말 엔칠라다 같아》

· 캐릭터 3이 이 책을 읽고 난 뒤 할 말

"삶은 정말 내 생각보다 훨씬 멋지다."

"나는 우리 모두와 연결된 상태를 사랑한다."

우뇌 사고형 캐릭터 4

· 캐릭터 4에 보내는 나의 메시지

너를 이 삶에 갇힌 작은 존재로 만든 모든 것들을 드러낼 열쇠가 여
기에 있다. 너는 우리와 '보다 위대한 힘'이 맺은 관계다. 서로 사랑
하는 것이 우리 최고의 일이라는 사실을 네가 확실히 보여준다. 사

랑의 대상에는 우리 밖의 존재뿐만 아니라 마음속 여러 캐릭터도 포함된다. 이 책은 너의 좌뇌 캐릭터들이 행동과 존재 사이에서 균형을 잡도록 도울 것이다. 너는 평화다. 그리고 평화는 실로 생각의 흐름이다.

• 캐릭터 4가 이 책에 붙일 만한 제목

　《마음껏 너 자신이 되어라》

　《우리는 생명력이다》

　《뇌와 친해지기》

　《평화는 실로 생각의 흐름이다》

• 캐릭터 4가 이 책을 읽고 난 뒤 할 말

　"우리는 하나다."

　"계속 읽어라. 젤리가 도넛의 가운데에 있는 데는 이유가 있다."

whole

2부
네 가지 캐릭터

Brain
Living

4장
캐릭터 1: 좌뇌 사고형

뇌의 좌반구는 우리가 외부 세계와 상호작용하기 위해 사용하는 일차적 도구다. 내가 뇌졸중을 겪은 아침, 좌뇌 사고형 캐릭터 1의 연결망을 구성하는 세포들은 피 웅덩이 속을 헤엄치고 있었고 기능이 완전히 정지했다. 이 뇌세포의 작동에 의지하던 일련의 기술을 잃어버린 것 말고도, 좌뇌 사고형 연결망이 정지하자 내 성격의 특정 부분 또한 사라졌다. 수십 년 동안 나의 자아라고 알고 있던 캐릭터가 없어진 것이다.

내 캐릭터 1인 좌뇌 사고형 세포 연결망이 제 역할을 할 수 없게 되자, 내 신체가 어디에서 시작하고 어디에서 끝이 나는지 경계를 확인할 수 없었다. 나는 신경해부학자인데도 내 뇌에 그런 일을 맡은 세포 집단이 있다는 사실을 전혀 배우지 못했다. 이 세포들이 정지하자 나는 자신을 우주의 에너지들과 액체처럼 뒤섞인 거대한 에너지 공으로 인식하게 되었다. 그 탁 트인 느낌에 다시는 이 작은 몸속으로 나라는 엄청난 존재를 꽉 눌러 담을 수 없을 것 같았다. 짐작하겠지만 내 일부는 이 변화를 놀라울 만큼 통찰력 있고 신나는 과정이라고 생각했다. 한편 캐릭터 1은 이런 '자아'의 상실이 수준이 떨어지는 과정이라고 판단했을 것이다. 이런 생각을 할 만큼 기능이 남았다면 말이다.

내 좌뇌는 몸이 어디에서 시작하고 어디에서 끝나는지 지각할 수 없게 되었을 뿐 아니라, 외부 세계에 있는 그 어떤 사물의 테두리나 경계도 확인할 수 없게 되었다. 그 결과 나 자신이 주위 모든 것들의 에너지와 함께 흐르는 액체처럼 느껴졌다. 이런 지각의 변화가 가능한 이유는 좌뇌가 특정 사물들이 서로 다르고 구별되는 존재임을 지각하도록 고안되어 있는 반면에, 그 사물들을 구성하는 원자보다 더 작은 아원자 입자의 수준에서는 차이를 모르기 때문이다. 이 입자적 차원이 바로 우리가 무의식이라고 부르는 영역, 즉 우뇌의 구역이다.

숲과 나무

뇌졸중을 겪은 날 오후 나는 모든 덩어리의 에너지 흐름이 아주 느리게 움직이기에 좌뇌로는 이를 감지할 수 없다는 사실을 알게 되었다. 좌뇌가 단단한 물체에 집중하여 서로 다른 사물들을 구별하기 위해 세부적인 부분을 살피는 일에 매달리는 한, 그것들을 구성하는 최소 단위 요소에 관심을 기울일 수는 없는 것이다. 즉 좌뇌는 물체들(숲

속 나무)을 구별하기 위해 자세히 살피는 일을 맡는 한편, 우뇌는 그 특성들이 잘 구분되지 않으며 우주적 흐름의 일부로서 하나로 움직이는 최소 단위(숲 그 자체)를 살핀다.

뇌 양측 반구가 반대되는 방식으로 정보를 처리하기 때문에 세상을 전체적으로 지각할 때는 큰 그림(우뇌 담당)과 세부적인 부분(좌뇌 담당)을 연합하여 받아들인다. 하늘 높이 날아오르는 독수리처럼 우리 뇌는 아래의 광대한 풍경을 살피면서도 1킬로미터 거리의 공격하기 쉬운(그리고 맛있어 보이는) 프레리도그를 알아볼 수 있다.

좌뇌의 기능이 정지하자 나는 더 이상 사물 차원의 정보를 알아낼 수 없었다. 내가 독수리라면 자연 풍경 속에서 프레리도그를 알아보는 능력을 잃은 것이다. 그저 전체 공간을 구성하면서 우주적 흐름으로 존재하는 아주 작은 입자들을 지각할 수 있을 뿐이었다. 그 결과 뇌졸중을 겪은 아침에 샤워를 하며 서 있을 때 나는 벽을 구성하는 입자들과 내 팔을 구성하는 입자들을 구별할 수 없었다. 감지할 수 있는 것은 나의 에너지뿐이었고, 그 에너지는 주변 공간을 구성하는 에너지들과 뒤섞여 있었다. 나 자신에 대한 지각이 모든 사물의 경계를 뛰어넘어서 나는 말 그대로 우주처럼 거대한 존재가 되었다.

좌뇌의 사고 담당 캐릭터 1에 있는 언어 중추가 침묵하자, 나는 타인과 의사소통할 능력을 잃었고 심지어 나 자신과도 말이 통하지 않았다. 다른 사람들이 말을 걸어도 대꾸를 할 수 없었고 이해도 할 수 없었다. 그뿐만 아니라 문자나 숫자가 의미를 지닌 상징임을 알아보지 못했다. 뇌졸중 전에는 내가 누구인지 알았는데, 그것은 질 볼트 테일러로서의 내 정체성을 만들어낸 좌뇌의 세포 집단이 있었기 때문이었다. 좌뇌의 '자아 중추ego-center'를 구성한 이 세포들은 내가 누구인지, 어디에서 사는지, 또한 어떤 색을 좋아하는지 등의 세세한 정보들을 아주 많이 알고 있었다. 이 자아 중추의 세포들은 흥미로운 소식이며 사소한 정보, 기억, 좋아하는 것과 싫어하는 것같이 정체성을 구성하는 모든 것들을 잘 알아두기 위해 날이면 날마다 일했다. 나 '질 볼트 테일러'는 "내가 존재한다"라고 좌뇌의 자아 중추가 말해주었기 때문에 존재했다.

좌뇌의 자아 중추 세포들이 정지하고 우뇌의 무의식 상태로 이동하니, 나는 내가 누구인지 몰랐고 뇌졸중 이전의 삶에 대해 아무것도 기억할 수 없었다. 딱 꼬집어 말할 수 없는 어떤 기억 한 토막을 잃어버린 상황이 아니었다. 기억(그리고 나 자신)이 애초에 전혀 존재한 적이 없는 것과 비슷했다.

우리의 정체성이 순전히 좌뇌의 작은 세포 집단에 의해 만들어지는 것이며, 언제라도 우리 자신을 잃을 수 있다고 생각하면 조금 당혹스럽다. 하지만 바로 그런 까닭에 자아 정체성은 쉽게 부서질 수 있다.

2부 네 가지 캐릭터

캐릭터 1의 상실과 회복

좌뇌가 정지하자 나는 중요한 능력이며 기능을 모두 잃었을 뿐 아니라 좌뇌 사고형 및 감정형 세포 연결망의 특징 또한 잃었다. 가스레인지에서 왼쪽 버너 두 개가 멈춘 것처럼, 좌뇌 세포 대부분은 여전히 물리적으로는 존재하긴 했으나 기능할 수 없었다. 시간이 과거에서 미래로 흐르는 것으로 여기도록 좌뇌가 효과적으로 처리해왔는데, 이제 그러지 못하니 내겐 방대한 현 순간만 있을 뿐이었다. 좌뇌 자아라는 칼을 기꺼이 내려놓고 여정을 떠나는 영웅과는 달리, 나는 자신도 모르게 칼을 빼앗겼다. 부지불식간에 우뇌의 무의식 영역으로 이동하면서, 기능적인 좌뇌가 부재한 가운데 나는 아기처럼 미숙한 존재가 되었다.

좌뇌의 감정형 캐릭터 2를 잃으면서 생긴 가장 멋진 일은 다음 장에서 설명할 텐데, 분노와 공포가 완전히 사라졌다는 것이었다. 우뇌의 현재 경험을 제압하는 좌뇌의 과거 기억이 없어지자 나는 더없이 행복한 희열의 상태로 옮겨갔다. 물론 이 경험은 그만큼 나를 애태우게 했다. 좌뇌 캐릭터 1이 없는 나는 말 그대로 반쯤 얼빠진 사람이 되었고 현실 세계에서 제대로 살 수가 없었기 때문이다(그런데 이렇게 생활에 서투른 상태로 지내면서도 나는 조금도 불안하지 않았다).

8년이라는 시간 동안 좌뇌의 회로망이 기능을 되찾고 힘을 얻으면서 좌뇌 캐릭터들도 결국에는 회복되어 살아났다. 좌뇌 사고형 캐릭터 1은 앞서 언급했듯이 다시 나를 지배하고 내 머릿속에서 우두머리 노릇을 하고 싶어 했다. 뇌졸중 이전의 인생에서 캐릭터 1이 유능하고 멋진 부분을 맡았으며 그 지도력 덕분에 내가 큰 성공을 거두긴 했지만, 나는 이제 캐릭터 1이 중시하는 돈과 특권 같은 외부적 요소를 동기 삼아 움직이지 않게 되었다.

물론 내가 다시 돈을 벌어야 한다는 사실은 알고 있었지만, 내 우뇌 캐릭터들은 더 평화롭게 느린 속도로 살면서 가족들, 친구들과 깊고 의미 있는 관계를 맺는 쪽을 중시했다. 뇌졸중 이후 나를 돌본 어머니는 막 일흔 살이 되었고 아버지는 여든 살이 좀 넘었다. 나는 부모님이 살아 계실 때 함께 있으려고 인디애나주로 이주하게 되었다. 나는 삶이 얼마나 무너지기 쉬운지 배웠다. 그래서 진실하고 의미 있는 관계의 소중함을 아는 사람이 되고 싶었다.

뇌졸중 전의 나는 하버드대학 신경해부학자라는 경력을 이어나가며 많은 소득을 얻기 위해 고향이며 사랑하는 사람들과 일부러 거리를 두었다. 좌뇌 캐릭터 1의 어마어마하고 중요한 기능들을 되찾게 되어 정말로 고마웠지만, 뇌졸중을 겪은 후 나는 쳇바퀴를 달리듯 일만 하는 삶을 더는 이어갈 생각이 없었다. 뇌졸중 이전, 좌뇌 캐릭터 1은 외부 세계에서 보상을 받는 것이 성공이라고 정의했다. 하지만 뇌졸중 이후 내 우뇌 캐릭터들은 사랑하기와 사랑받기, 타인을 위하기 같은 내적 기준을 근거로 의미를 찾았다.

나는 회복된 좌뇌 사고형 캐릭터 1에 '헬렌Helen'이라는 이름을 붙였는데, 그것은 헬렌이 아주 힘겹게 애쓰며 일을 해내기 때문이다.◆ 내가 외부 세계에서 제대로 기능하는 인간으로 존재할 때는 헬렌에게 완벽히 의지한다는 사실을 알게 되었다. 헬렌은 왕위를 되찾아 내 뇌에서 다시 우세 캐릭터가 되고 싶겠지만 상황이 그렇게 되지는 않을 터였다.

헬렌은 분명 환상적인 캐릭터다. 헬렌이 돌아온 덕분에 내가 다시 유능한 사람이 될 수 있으니 고마움을 느낀다. 그렇지만 헬렌은 나의 가장 친절한 자아가 아니며 최고의 자아도 아니다. 그래서 친구들은 내게 전화를 걸었을 때 헬렌 캐릭터가 나타난 상황임을 알게 되면 "안녕, 헬렌"이라고 인사를 건네며 나중에 다시 전화를 걸어줄 수 있는지 다정하게 묻는다.

좌뇌의 의식

좌뇌는 무작위적인 우주적 흐름에서 질서를 창조하도록 고안되었다. 독수리가 프레리도그에 시선을 집중하듯, 우리 좌뇌는 서로 다른 두 사물의 차이를 확인하여 둘이 별도의 존재임을 알아볼 수 있다. 좌뇌는 두 사물이 서로 다르다고 확인한 다음, 세부적 특징을 기반으로 정리하고 분류한다.

우리는 당나귀와 배를 구분할 수 있다. 둘은 공통점이 거의 없고 아주 다른 존재이기 때문이다. 우리 좌뇌는 약간의 구별 과정을 거쳐

◆ 저자는 Hellen이라는 이름을 'hell on wheels'라는 표현에서 따왔다. 이 표현은 '굉장히 혹독한 것', '매우 고된 것' 등을 의미한다.

당나귀와 원숭이가 서로 다르다는 사실도 파악할 수 있다. 둘은 몸통에서 뭔가 뻗어 나와 있고 머리가 있다는 점이 비슷하긴 하지만 여전히 차이점이 많다. 좌뇌에는 더 정확하고 세밀하게 따져볼 수 있는 능력이 있기에 더 수준 높은 구별 과정을 거치면 당나귀와 말도 구분할 수 있다. 둘은 구조적으로 비슷하긴 하지만 우리는 작은 차이를 알아볼 수 있고 적절하게 분류할 수 있다.

대상의 차이를 알아보는 능력 외에도 좌뇌에는 정체성과 의식 둘 다를 표현하는 기능이 있다. 우리 목적을 위해 나는 좌뇌의 의식을 이렇게 정의하겠다. '좌뇌의 의식은 자신에 대한 인식 그리고 자신과 외부 세계와의 관계에 대한 인식이다.'

물리적 세계의 주된 구성 요소는 사물이다. 앞서 언급했듯이 우리 좌뇌는 배경의 우주적 흐름과 사물을 분리해서 지각하는 능숙한 도구다. 좌뇌는 우주적 흐름 속 입자들의 구조 및 표면에 있는 아주 작은 차이들을 비교하고 분석하고 구별하는 방식으로 지각하여 개별 사물들을 확인한다. 완전히 사물들에 집중하면서, 좌뇌는 새로운 수준의 의식을 창조한다.

기억할지 모르겠지만 1990년대에는 '매직 아이' 입체 이미지가 유행했다. 두 이미지가 하나로 합쳐진 그림으로, 우리가 어디에 초점을 두는가에 따라 뻔한 2차원적 이미지가 보이기도 하고 속에 숨겨진 3차원적 이미지가 보이기도 한다. 좌뇌 지각을 특징짓는 초점의 이동은 정확히 같지는 않아도 매직 아이 이미지를 볼 때 일어나는 원리와 비교할 수 있다.

외부 세계를 사물의 차원에서 보는 일 말고도, 좌뇌는 구별 및 고차원적 구분 과정을 통해 개별적 존재로서 우리의 시작과 끝이 어디인지 '경계'를 정의한다. 자신의 이미지를 홀로그램 입체 영상으로 만들어냄으로써 우리는 자기 내부와 외부를 그려낼 수 있다. 이럴 경우 좌뇌는 물리적 세계는 분리되어 있다고 지각하며 외부 현실과 내적 현실이 존재한다고 결론을 내린다.

우리는 전체 세계에서 분리되어 존재하기 때문에 외부 세계 및 그 세계와 자신의 관계에 관심을 쏟는다. 이는 우리가 더는 안전하지 않다는 뜻이다. 우주적 흐름과 분리된 삶이란, 우리가 뭔가를 잃을 수 있다는 위협과 함께한다. 그 뭔가는 생명 그 자체일뿐만 아니라 우주의 중심인 '나-자기me-self'다. 우리는 자기 자신이라는 우주의 중심이 되었기에, 좌뇌의 자아 세포가 활동하고 나라는 개별적 존재 주변의 외부 세계에 있는 모든 것을 조직화하기 시작한다.

이렇게 우리와 분리된 존재인 외부 세계와 우리가 맺는 관계로 초점이 이동하게 되면, 끝없는 우주적 흐름에 대한 의식은 여전히 남아 있긴 하지만 배경으로 밀려난다. 프레리도그에게 집중하면서 우리의 의식적 좌뇌는 그 뒤의 풍경을 무시한다. 우뇌 지각이 맡은 전체적 영역은 옆으로 치워진다.

사물을 인지하고 또 바깥의 존재로서 사물과 우리의 관계를 인지함으로써 좌뇌가 새로운 차원의 의식을 생성하면, 우리는 고차원적 질서를 만들어내게 된다. 그렇게 궁극적으로 지적으로 더 진일보한다. 좌뇌의 사고형 캐릭터 1의 세포들은 형태를 잡고 분류하고 따져보고 목록을 만들어, 결국에는 모든 것에 이름을 붙인다. 타인과의 의사소통을 위해 구조를 짜둔 언어로 명명하는 것이다.

1부에서 살펴보았듯이 고위 대뇌피질의 사고 조직이 더해져서 우리는 새로운 세포와 회로를 얻었을 뿐 아니라 기능적 의식도 가지게 되었다. 이 의식 덕분에 인간은 먹이사슬의 맨 위에 자리하고 있다. 우리는 합리적으로 사고하는 능력을 획득한 까닭에 예측 가능한 틀을 만들고, 그 구조를 바탕으로 이런저런 사물을 기계적으로 맞추게 되었다. 인간의 현실 기반 의식 및 높은 지위 둘 다 좌뇌의 질서 창조적 세포로 설명이 된다.

이 시점에 이르면 좌뇌의 다양한 기술이 잘 발달하게 된다. 그리고 캐릭터 1은 패권을 행사할 요량으로 덤벼든다. 캐릭터 1은 이 세상을 살아가는 우리의 힘이며 우리가 드러내는 얼굴이기도 하다. 2장에서 살펴보았듯 캐릭터 1은 페르소나의 원형에 상응하는데, 융은 페르소나에 대해 "타인에게 확실한 인상을 심어주기 위해 (…) 마련된 일종의 가면"◆이라고 정의했다. 캐릭터 1은 '우두머리적 자기alpha self'로서 어려운 상황에 놓이면 맞설 것이고 자신의 믿음을 위해 싸울 것이다. 이것과 저것을 구별하는 능력을 사용하여 무엇이 옳고 그른지, 또 무엇이 좋고 나쁜지 정의할 것이다. 이런 식으로 좌뇌의 사고 조직은 세계관 및 신념 체계를 세워주며 그 안에서 우리는 결정을 내리고 삶을

◆ 카를 융, 「분석 심리학에 대한 두 에세이Two Essays on Analytical Psychology」, London: Routledge, p.192.

진화시킨다.

사고형 좌뇌는 차례대로 체계적인 형식으로 자료를 처리하는 동시에 신선한 자극에 반응하여 새로운 뉴런 연결을 마련한다. 인생에는 사건이 계속 일어나며 우리가 더 많이 배울수록 좌뇌는 더 많이 배우고 싶어 한다. 신경가소성neuroplasticity은 우리 뇌세포가 다른 세포와 의사소통을 하는 연결 상태를 바꿀 수 있는 능력으로, 이 능력 덕분에 우리는 새로운 내용을 배울 수 있다.

우리 뇌는 천성과 교육의 결과이므로 우리에겐 생각과 감정의 기저에 있는 세포 구조를 자발적으로 바꿀 힘이 있다. 인류는 스스로를 더 고차원적 의사소통을 위해 진화하도록 이끌 힘을 가지고 있는데, 이것은 우리가 아는 한 이 행성 생명체의 역사상 처음 있는 일이다.

우리 뇌의 서로 다른 부분을 잘 이해하자. 생각 기저에 있는 해부학적 구조를 바꾸기 위해 우리가 사용할 힘에 대해 알아야 한다. 명상과 마음챙김을 통해 당연히 해낼 수 있는 일이다. 그리고 두뇌 회담을 이용하여 우리는 네 가지 캐릭터 사이의 관계를 강화할 수 있다. 뇌 속에서 열린 자세로 서로 소통하는 일을 규범으로 삼는 것이다.

세상을 살아가는 캐릭터 1의 모습

좌뇌 사고형 캐릭터 1은 철두철미할 뿐 아니라 목적과 의도에 의해 움직이는 능력이 있다. 반복적이고 예측 가능한 일정에 따라 일을 나누어서, 좌뇌는 친숙한 물리적 세계를 구성할 수 있다. 그래서 우리가 세계와 분리되어 있긴 하지만 그 안에서 안전함을 느낄 수 있는 것이다. 개별적 의식을 갖추면서 좌뇌는 비어 있는 곳에 이것저것 짜 넣는 진정한 달인이 된다. 우리는 무엇이 더 중요한지 판단을 내리면서 위계를 세우고, 시간을 다루면서 시간을 잘 지키는 사람이 되며, 계획을 세우면서 시간에 따라 행동을 조직한다.

캐릭터 1은 아침에 일어나면 그날 하루를 해치워야 할 대상으로 본다. 이들은 일찍 일어나는 열정적인 비버 같은 존재로, 정해진 일상을 좋아하고 해야 할 일 목록을 잘 해치운다. 직업 분야에서 캐릭터 1은 유능한 지도자로 사람, 공간, 사물을 잘 다룬다. 이들은 아주 세밀한 부분에 집중하며 생산성이 아주 높다. 본인의 성과를 아주 잘 따져보며 끊임없이 타인과 비교한다. 이들은 하루하루를 기술을 갈고닦을 기회로 생각하며, 가장 효율적인 자신의 모습을 선보이는 일을 중요시한다.

캐릭터 1은 본성에 맞게 주변 공간에 질서를 창조해야 하며, 외관을 중요하게 여겨 단정함을 높이 평가한다. 모든 일을 계획적으로 진행하는데, 어떤 일이 해야 할 가치가 있다면 잘 해낼 가치가 있기 때문이다. 시간은 소중한 것이므로 시간을 잘 지킬 뿐 아니라 약속 장소에 몇 분 일찍 도착할 때도 있다. 먼저 도착하면 캐릭터 1은 분명 상대가 늦었는지 아닌지 알아볼 것이다.

캐릭터 1은 물질적인 것을 중시하고, 질 좋은 제품을 사며, 자신의 물건을 잘 챙긴다. 우리가 스테이플러를 썼다가 제자리에 가져다두지 않으면 기분 나쁜 표정을 지을 것이다. 우리의 캐릭터 1은 돈을 잘 벌고 잘 챙겨놓았다가 투자도 잘하며, 자기 홍보와 자기 분석에도 능숙하다.

캐릭터 1은 현실을 잘 다루는 타고난 합리적 사고형 인간이다. 그래서 최고의 결정을 내리기 위해 제 방식으로 판단한다. 무엇을 왜 생각하는지 숙고할 시간을 가졌기에 이들은 자기 행동에 책임진다. 우리 뇌 속에 완벽주의자가 있다면 그건 캐릭터 1이라고 확신해도 좋다.

인간의 뇌가 캐릭터 1의 기술을 갖추도록 진화했다는 것은 다행스러운 일이다. 캐릭터 1이 정부며 학술계, 각종 사업 분야에서 발휘한 조직화 기술 덕분에 우리는 질서정연한 사회 속에서 살아간다. 이들의 타고난 능력의 결과, 우리는 집단적 종으로서 아이디어를 내는 뉴런을 가지고 있다. 캐릭터 1은 일을 처리하고 엉망진창 상태를 정리하는 동시에 촘촘한 시간표를 따라 잘도 움직인다. 이 외에도 권위를 존중하고 규칙에 따를 줄 안다. 그렇기에 우리가 정말 멍청한 짓을 저지르지 않도록 해준다.

일할 때와 놀 때의 캐릭터 1

캐릭터 1이 실제 상황에서 어떤 모습으로 나타나는 경향이 있는지 살펴보자. 나중에 3부에서 우리 삶의 여러 영역에서 네 가지 캐릭터가 어떻게 움직이는지 탐색하면서 캐릭터 1의 움직임을 더 자세히 살펴볼 것이다. 여기서는 간략히 보기로 한다.

실제 상황에서 캐릭터 1을 관찰하면 '경직된 캐릭터 1'과 '부드러운 캐릭터 1'을 구분하게 될 때가 있다. '부드러운 캐릭터 1'은 캐릭터 1의 감정 부분이 부재할 때 나타나며, '경직된 캐릭터 1'은 좌뇌 깊은 곳에 있는 캐릭터 2의 감정 조직이 경보음을 울릴 때 그에 대한 반응으로 나타난다. 명칭이 암시하듯 '부드러운 캐릭터 1'은 혼자 존재할 때는 친절하고 사려 깊으며 상대적으로 여유가 있고 팀 관리를 잘한다. 반면에 '경직된 캐릭터 1'은 캐릭터 2가 감정적으로 자극을 받으면 그에 대한 반응으로 등장한다. 따라서 '경직된 캐릭터 1'은 긴급 상황을 통제하는 듯한 느낌으로 활동한다. 긴급 상황이 그저 자기 마음속에서만 존재한다 해도 그렇게 움직인다.

운 좋게도 나와 소통하는 캐릭터 1은 대부분 '부드러운 캐릭터 1'로, 체계적이고 능력 있고 효율적이며 또한 친절하다. 감정적 경보음이 주기적으로 촉발되는 환경에서 자란 경우 캐릭터 1은 '경직된 캐릭터 1'이 되도록 길들여지기도 한다. 캐릭터 1의 기저에 있는 동기를 마음먹고 탐색해보자. 우리는 '부드러운 캐릭터 1'에 해당할 수 있다. 그렇지만 캐릭터 1이 캐릭터 2의 스트레스와 불안 회로망에서 자랐다면, 캐릭터 1은 팀의 지도자가 아니라 총사령관에 가까운 존재일 수 있다.

뇌졸중 이전에 나의 좌뇌 감정형 캐릭터 2는 일종의 경보 태세에서 존재했기에, 뇌졸중 전의 헬렌은 분명 '경직된 캐릭터 1'이었다. 예전에 회의를 할 때면 정말 화가 치솟곤 했는데, 모든 일이 너무나 오래

걸렸기 때문이었다. 누군가 안건에서 좀 벗어나는 말을 할 때마다 나는 가혹하게 비판하고 싶은 마음이 들었고, 심하게 불안한 나머지 말 그대로 몸이 아팠다. 내 캐릭터 2는 언제나 흥분한 상태였는데, 그것은 유년 시절의 트라우마 때문이었다. 마음을 내려놓는 것은 내가 받아들일 수 있는 이야기가 아니었다. 그렇지만 뇌졸중을 겪자 그 어린 캐릭터 2의 회로망이 망가졌고 절박함과 긴박함도 더는 느끼지 않았다. 뇌졸중 이후 좌뇌가 다시 활동하게 되자 헬렌은 '부드러운 캐릭터 1'로서 훨씬 유쾌한 모습을 보였다. 더 이상 유년 시절의 숨 막히는 불안에 휘둘리지 않았기 때문이었다.

일할 때의 캐릭터 1

캐릭터 1 유형의 팀장은 직선적으로 사고하고 적절한 때에 프로젝트를 개시한다. 직장 내 캐릭터 1 팀장을 이해하기 위해서는 먼저 '경직된 캐릭터 1'과 '부드러운 캐릭터 1'이 보이는 지도력의 차이를 구별해야 한다. '경직된 캐릭터 1'은 소떼 주변을 도는 카우보이처럼 집단을 이끌며 뒤에서 팀원들을 찔러대며 몰아붙일 것이다. 이들은 팀의 우두머리이지 팀의 일부가 아니다. '부드러운 캐릭터 1'은 반대로 무리 사이를 돌아다니며 가축이 잘 이동하도록 돕는 양치기처럼 팀을 이끈다.

'경직된 캐릭터 1' 유형의 팀장은 점검된 아이디어 및 자료에 근거하여 팀을 이끄는 힘 있고 비판적인 사색가 유형이다. 이들은 팀을 사람들의 모임으로 여기는 대신 하나의 노동력으로 본다. 이들에게 성공과 실패는 정말 중요하다. 이들은 이성을 중시하고 감정은 일터에 끼어들어서는 안 된다고 믿는다. '경직된 캐릭터 1'은 자신에게나 타인에게나 감정이 공격받기 쉬운 약점이라고 여긴다. 이들은 일에 집중할 수 있는 제 능력을 자랑스럽게 여기며 자신이 부하 직원보다 먹이사슬 위쪽에 위치하고 있다고 본다. '경직된 캐릭터 1'은 "나도 그래" 같은 말을 절대 하지 않고 마음속 약한 부분을 드러내는 일도 하지 않으면서 팀원과 자신의 차이를 강화한다.

'경직된 캐릭터 1' 팀장은 무리의 대장으로서 팀원들과 일하면서 맺는 관계 이상으로 친해지는 일에 관심이 없다. 이들은 혼란스럽고 불확실한 상황에서도 담담한 모습을 보인다. 그래서 팀은 전체 프로젝트가 놓인 진짜 상황에 현실적으로 관여할 수가 없다. '경직된 캐릭터 1'이 위에서 권위적으로 프로젝트를 끌고 나가면서 전체 그림을 보지 못하게 하므로, 팀원들은 기죽은 상태로 일하게 된다. 이렇게 '경직된 캐릭터 1'은 권위를 유지한다. 어떤 팀원이든 프로젝트가 실제로 어떻게 진행되고 있는지 모르는 상황에서 팀장의 타당성에 정보를 가지고 도전하는 일은 사실상 불가능하기 때문이다.

'경직된 캐릭터 1'은 달성하고 싶은 목표에 대해 미리 정해진 기준이 있으며, 팀 전체가 순서대로 거쳐야 하는 단계가 아닌 결과에 집중한다. 그리고 일의 순서에 따라 단편적으로 움직이므로 근본적인 문제에 대한 전체 해결책을 때맞춰 제시하지 못할 수 있다. 팀원들에게 달성 목표에 대한 조감도가 없고 성공적 수행을 위한 지침이 없으므로, 팀은 사소하거나 중대한 위험을 예견할 수 없고 위험이 발생해도

2부 네 가지 캐릭터

대응할 수 없다.

앞서 언급했듯이 '경직된 캐릭터 1' 유형의 팀장은 좌뇌의 감정형 캐릭터 2에서 우러나는 불안에 의해 행동한다. '경직된 캐릭터 1'의 회로망은 반복되는 공포에 사로잡혀 있는 캐릭터 2를 보호하기 위해 활성화되는 것이다. '경직된 캐릭터 1'이 멈추거나 작동에 실패하면 캐릭터 2를 바짝 뒤쫓고 있는 괴물에게서 달아날 수 없을 것이다. 그러니 휴식이나 위험 부담은 이 유형의 팀장에게 힘든 일이다. 이들은 경쟁자를 이기기 위해 매일같이 새벽 4시 15분에 일어나는 사람이다.

'경직된 캐릭터 1' 팀장은 매섭게 자기비판을 하는데, 성과를 거두면 자신이 잘해서 그런 것이라고 받아들인다. 하지만 프로젝트의 최고 위치에 홀로 서 있으면서 외롭고 공허한 기분을 느낀다. 이들은 만족할 수 없고 긴장을 풀지 못하며 마음을 편히 먹지도 못하는데, 매번 성과를 내면 올라야 할 산과 벗어나야 할 괴물이 또 나타나기 때문이다. 성공 너머에 도사리고 있는 것은 '그다음엔 뭐지?'라는 불길한 감각이다. '경직된 캐릭터 1'은 실패하면 아주 크게 실패한다.

'경직된 캐릭터 1' 유형의 직원은 같은 유형의 팀장처럼 고도로 조직화된 환경에서는 일을 잘한다. 이들은 성공이 어떤 것인지 명확한 정의를 내려야 하는데, 실패할지도 모른다는 공포를 기반으로 움직이기 때문이다. '경직된 캐릭터 1' 직원은 일을 처리하며 거두는 작은 성공을 축하하는 대신 막판에 얻는 큰 성공에 집중한다.

'경직된 캐릭터 1' 유형의 직원은 최고의 성과를 낼 수 있으나 요구받는 일만 할 뿐 그 이상은 하지 않는다. 스스로 몰두해야 구할 수 있는 통찰도 없으며, 프로젝트에 특별한 재주나 통찰력을 발휘할 일도 없다. '경직된 캐릭터 1' 팀장은 타인을 자신의 우월한 지위에 대한 위협으로 여겨서, 일에 관해 생각할 때 누군가를 끌어들이지 않는다. 그 결과 '경직된 캐릭터 1' 팀장은 '경직된 캐릭터 1' 직원과 잘 맞는 경향이 있다. '경직된 캐릭터 1' 직원은 지도력을 발휘하는 지위를 탐내지 않기 때문이다.

업무에 변화를 줄 때 '경직된 캐릭터 1'은 그 변화가 자신의 이익을 증진하는 일에 도움이 되지 않으면 완고하게 나온다. 경쟁에 유리하다고 생각하면 소프트웨어나 하드웨어를 바꾸는 신기술은 수용한다. 하지만 자신이 변화를 요구하면서도 실제로 변화를 주는 과정에 도움이 되지는 않을 것이다. 그리고 변화가 결과적으로 자신의 경쟁력에 도움을 주는 한도 내에서 변화로 인한 불편함을 용인할 것이다.

'경직된 캐릭터 1' 팀장과 비슷하게, '부드러운 캐릭터 1' 유형의 팀장 또한 생각 많은 사색가 유형이다. 하지만 이들은 팀원들 또한 생각이 있고 감정을 느끼는 사람이라는 점을 잘 알고 있다. '부드러운 캐릭터 1' 유형은 공감력을 가지고 팀원들을 이끌며, 실수란 팀원이 무능해서가 아니라 잘 몰라서 일어난다고 본다. '부드러운 캐릭터 1' 팀장은 모두가 최고의 성과를 내고 있다고 확신하고, 그 성과는 팀원들이 최고의 생각을 해내기에 가능하다고 본다. 그러므로 프로젝트 진행 중에 문제가 발생하면 '부드러운 캐릭터 1' 팀장은 팀원들이 다시 정상 궤도로 돌아오도록 생각의 방향을 약간 틀어주기만 한다. 이들은 팀원들과 어우러지며 팀과 분리된 존재가 아니라 내부의 핵심이 된다. "나도 그래"라고 말하기를 주저하지 않는다. 직원들은 상사를 위해서 일하는 기분이 아니라 상사와 함께 일한다는 기분을 느낀다.

'부드러운 캐릭터 1' 유형의 팀장은 팀원에게 전체 그림을 보여주고 지침을 제공한다. 이에 따라 팀원 각각은 프로젝트에서 자신이 맡은 역할을 이해한다. '부드러운 캐릭터 1' 팀장은 시작 단계에서부터 성공과 실패가 어떤 모습인지 정의한다. 팀 구성원은 모두 제 일에 대해 확실히 알고, 팀장이 자신들로부터 무엇을 기대하는지 알기에 안심한다.

'부드러운 캐릭터 1' 팀장은 직접 움직이는 편이지만 사소한 것까지 다 챙기지는 않는다. 이런 상황 속에서 팀원들은 단계마다 지지받으며 소중히 여겨지는 기분을 느낀다. 그래서 '부드러운 캐릭터 1' 팀장의 관리 아래 팀원들은 제 노력에 자부심을 가지며, 업무에 임할 때는 그냥 하는 것이 아니라 감정을 담아 일하게 된다. 팀원들은 다 함께 목표 달성에 성공하길 바라며 애쓴다. 그렇게 같이 달려간다.

'부드러운 캐릭터 1' 유형은 맡은 바 최선을 다해야 하고, 세상을 더 좋은 곳으로 만들어야 하기 때문에 움직인다. 팀장으로서 '부드러운 캐릭터 1'은 팀 전체에서 활동적인 참여자 역할을 한다. 이들은 부서의 모든 일이 계속 잘 진행되는지 챙기면서 팀이 앞으로 나아가도록 인도한다. 업무에 변화를 주는 문제의 경우 '부드러운 캐릭터 1'은 신기술 등을 잘 받아들이며, 그것이 팀 전체의 성공에 기여하고 궁극적으로는 회사에도 기여할 것이라고 믿는다.

'부드러운 캐릭터 1'이 노력해서 성과를 얻는 경우 이는 팀을 위한 성과다. 이들은 일하며 얻는 작은 성과를 축하하면서 마음을 바르게 유지한다. '부드러운 캐릭터 1'은 상황이 복잡해져도 이를 실패 대신 기회로 간주하며, 그렇게 팀원 각각이 질 위험 부담을 최소화한다. 그 결과 직원 각각은 다음 단계로 나아가도 안심하고, 다 함께 그릇된 상황을 수정하고, 작은 성과를 또 얻기 위해 전진한다. 성과를 낼 때마다 '부드러운 캐릭터 1'은 "우리가 성공했어요"라고 말한다. "내가 성공했어"라고 말하는 '경직된 캐릭터 1'과는 대조적이다.

'부드러운 캐릭터 1' 유형의 지도력은 팀원이 모두 자기만의 전문 지식을 키워 일하기 좋은 근무 환경을 조성한다.

미국 국세청에서 세무 감사를 나오면 회사 구성원 누구든 불안해질 수 있다. 잘 모르지만 회사 재정에 영향을 끼칠 수 있기 때문이다. 사실 세무 감사는 회사 체계가 정확히 돌아가는지 공짜로 전문적으로 확인할 대단한 기회이기도 하다. 국세청에서 잘못된 것을 찾아내지 못한다면 다 괜찮다.

설사 문제가 있다고 해도 세무 감사는 재정 문제를 정확히 하기 위해 회사 조직이 초기화 버튼을 누를 기회가 된다. '경직된 캐릭터 1'은 세무 감사를 강행하긴 할 테지만, 캐릭터 2가 품은 공포에 떠밀려서 그렇게 한다. 지금 캐릭터 2가 국세청이라는 괴물에 쫓기게 되었기 때문이다. 반면에 '부드러운 캐릭터 1'은 세무 감사를 팀과 함께 탐색할 기회로 간주한다. "누가 이런 종류의 프로젝트를 해보았을까? 어떻게 하면 가장 잘 준비할 수 있을까?" '부드러운 캐릭터 1'은 책임질 부분들을 분류한 다음, 각자 제 몫을 처리할 기한을 잡으라고 할 것이다.

이들은 협력의 힘을 활용하며 팀원 모두가 주인 의식을 가지고 일하게 한다.

'부드러운 캐릭터 1' 유형의 직원은 사람들이 제 일에 책임을 지고, 작업 기한이 정해져 있으며, 일하면서 얻는 작은 성과를 축하하는 환경 속에서 업무를 잘 해낸다. 이런 환경에서는 직원들이 프로젝트를 어떻게 끌고 가야 하는지, 또 상사와 어떻게 지내야 하는지 알아서 마음 놓고 일한다. 그런 까닭에 '부드러운 캐릭터 1' 유형의 직원들은 계속 변화해야 하고, 또 변화가 요구되는 환경보다는 변화를 천천히 통제할 수 있는 환경에서 안심하는 편이다. 정부나 대기업, 학술기관 같은 거대 조직은 천천히 경로에 변화를 주면서 여러 번에 걸쳐 조금씩 방향을 트는 거대한 배와도 같다. 적절한 환경 속에서 '부드러운 캐릭터 1' 직원은 일을 잘 해낼 것이고, 심지어 팀을 위해 주어진 직무 이상의 일도 과감히 할 것이다.

해변의 캐릭터 1

캐릭터 1은 좀 쉬고 책도 읽고 햇볕도 쬐자는 생각으로 해변으로 갈 것이다. 해변에서 필요할 온갖 좋은 물건들을 가방에 잘 챙겨갈 것이다. 가방 안에는 수건(그리고 수건을 의자에 묶어둘 작고 귀여운 고리), 컵홀더, 책이나 전자책 단말기, 전화기, 걸칠 옷가지, 선크림, 온라인 안경점 와비 파커에서 산 선글라스가 들어 있을 것이다. 이들은 아마도 이름난 브랜드의 샌들을 신고 비싸고 멋진 운동복을 입을 것이다.

캐릭터 1은 해변에 작은 공간을 꾸밀 것이다. 이 공간은 완벽한 질서 속에 돌아가는 기능적 사무실처럼 보일 것이다. 해변에 도착하면 햇볕에 얼마나 오랫동안 몸을 앞뒤로 노출할지 일정을 짤 것이다. 도착 시간이 낮 몇 시인지, 빛은 얼마나 센지 따진다. 그 전에 선크림의 유효기간도 확인할 것이다. 캐릭터 1은 햇볕에 최대로 노출되도록 태양의 방향에 따라 의자를 해시계처럼 움직일 것이다. 햇볕 노출을 끝내기 전에 책을 얼마나 많이 읽을 수 있을지도 잘 알고 있을 것이다. 캐릭터 1은 주변 상황이 어떤지 인식하고 있으며, 뒤에서 놀고 있던 아이들이 무심코 다가오는 상황에 대비하여 전자 제품이며 소지품을 보호하기 위해 적절히 대비한다.

캐릭터 1은 천성적으로 세세한 부분에 신경을 쓰기에 쓰레기 옆에 앉을 일이 없다. 캐릭터 1의 잘 짜인 사무실은 바로 여기 해변이거나, 집이거나, 여행가는 길의 차 안일 수 있다. 이들은 체계를 잘 잡으며 소지품에 신경 쓴다. 어디에 가든지 자기 물건들이 든 가방을 가지고 다닐 사람들이다. 만일 배구 시합을 하기로 결정했다면 캐릭터 1은 이기려들 것이고 승리할 것이다.

캐릭터 1이 여러 사람과 함께 시간을 보낼 때는 단체로 움직인다는 사실이 중요하다. 그래서 해변에서 맞춤 모자를 같이 쓸 수도 있고, 색은 달라도 종류는 같은 모래 장난감을 가지고 놀 수도 있다. 캐릭터 1은 혼자 튀는 것을 원치 않기 때문에 같이 식사를 하고 같이 놀고 같이 씻으러 갈 수 있도록 일정을 짤 것이다. 누구든 멋대로 놀면서 헤나 타투라도 받으면 이들은 그런 모습도 따를 것이다.

캐릭터 1은 해변에 머물면서 사고형 좌뇌로서 차이점을 자동으로 찾아낸다. 여러 조개껍데기가 서로 다르다는 사실을 확인하고 그 동네에 있는 새의 생김새에 주목한다. 지역 물고기와 식물에 대한 작은 안내 책자를 챙겨올 수도 있다. 상어의 이빨처럼 수집하고 싶은 특별한 것을 찾는다면 집중해서 모래밭을 샅샅이 뒤져본다. 돌고래를 보게 되면 신이 날 텐데, 돌고래를 본 이야기며 그 경험을 동료들과 공유할 수 있기 때문이다.

캐릭터 1에 대한 간략한 묘사

- **모든 것을 정리한다**: 심지어 향신료 수납 선반까지도 알파벳 순서에 따라 정리한다. 스테이플러와 가위는 원래 자리에 있어야 한다.
- **분류를 잘한다**: 옷장의 옷은 계절별로 분류되어야 하며 창고 서랍과 선반에는 라벨이 붙어 있어야 한다.
- **기계 조작에 태생적으로 능숙하다**: 이케아 가구 조립이나 아이들의 크리스마스 선물 조립에 능숙하다. 잘 만들어진 안내서를 알아보며, 명확하게 쓰인 설명서를 보면 신이 난다.
- **단정하다**: 겉모습이 중요하므로 차에서 내리기 전이나 줌Zoom 화상 회의를 시작하기 전에 옷차림, 머리 모양, 화장 등을 확인한다.
- **계획을 잘 짠다**: 일정이 가득한 시간표에 따라 움직인다. 예상하지 못한 일에 대비하여 시간을 남겨두기에 정확히 시간을 맞출 수 있다. 물건의 수량에 신경을 쓰므로 장롱이나 저장고에 언제나 예비 물품이 있다.
- **권위를 존중한다**: 자신이 위계 사다리의 어디에 위치하는지 잘 알고

있다. 윗사람을 존중하며 아랫사람들을 무시하거나 책임질 수 있다.

- **옳고 그름, 좋고 나쁨의 문제에 까다롭다**: 도덕적으로 행동하기 위해 애쓴다. 올바름은 중요하다.

- **세부 사항에 신경 쓴다**: 작은 부분까지 잘 다루며, 숫자를 정확하게 따지고, 매사에 전체적으로 완벽주의자다.

- **모든 것을 센다**: 계단의 개수, 지갑 속 돈의 액수, 혹은 누군가 실패한 횟수까지 다 계산해서 기억해둔다.

- **방어적이다**: 사람들을 '우리'와 '그들'로 나눈다. 그들에 맞서 우리를 보호한다. 우리가 올바르고 그들은 잘못되었으며, 우리는 그들보다 더 나은 존재이고 우리의 요구가 더 중요하다고 생각한다.

당신의 캐릭터 1을 알아보자

이제 자신의 캐릭터 1에 대해 파악할 때다. 다음 질문은 자신의 뇌 속 캐릭터 1을 알아보도록 고안되었다. 캐릭터 1에 더 익숙해질수록 캐릭터 1이 나타날 때 인식하기 쉬워지고, 또 선택에 따라 이 캐릭터로 옮겨가기가 쉬워진다. 지금은 이 부분을 건너뛰고 싶다면 그렇게 해도 좋다.

1. 당신은 캐릭터 1을 인식하고 있는가? 잠시 생각을 멈추고 질서를 부여하면서, 캐릭터 1의 업무를 수행하는 자기 모습을 상상해보자. 사무실에서의 모습이나 행사를 계획하는 모습, 혹은 집에서 물건을 정리하는 모습을 그려보자.

내 캐릭터 1은 내 뇌에서 아주 전문적인 부분을 맡고 있으며, 여러 프로젝트를 한꺼번에 맡는 어려운 상황에서 일을 잘 해낸다. 청구서를 챙기고, 세세한 부분을 따지며, 세금이 제대로 부과되었는지 확인하는 것을 좋아한다. 그렇지만 내 캐릭터 1 헬렌은 늘 급하고, 너무 열중하는 모습을 보이며, 그리 잘 참지 못한다. 헬렌은 타인과 나 자신 모두에게 능숙하고 효율적인 모습을 요구한다. 헬렌은 방으로 들어가며 누구와 대화를 해야 하는지, 누구에게 영향력을 발휘해야 하는지, 혹은 누구에게 영향을 받아야 하는지 재빠르게 판단을 내린다.

2. 캐릭터 1은 당신의 몸속에서 어떻게 느껴지는가? 당신은 세세한 부분에 몰두할 때 마음이 편안한가, 아니면 흥분되는가? 자세가 달라지거나 목소리가 바뀌는가? 가슴이나 배 속, 혹은 턱에서 긴장을 느끼는가?

나의 캐릭터 1은 강하지만 주된 캐릭터는 아니다. 그래서 좌측 사고형 뇌의 회로망이 작동할 때면 신체가 좀 불편하다. 캐릭터 1 헬렌이 좀 긴장하는 유형이다 보니 무표정이 헬렌의 '단서'가 된다. 이마에 눈에 띄는 주름이 생기기도 한다. 또 헬렌은 '이 악물기'도 고집한다. 누구든 내 캐릭터 1을 알아보긴 쉬운데, 헬렌이 평소 나에 비해 확실히 단조로운, 혹은 캐묻는 듯한 투로 말하기 때문이다. 그 외에도 헬렌은 비교적 완고한 편으로, 이 일 저 일 해치우려 애쓰기 때문에 나는 할 일을 끝낼 수 있다.

3. 당신이 이런 자신의 모습을 인식하지 못한다면 어떻게 해야 할까?

캐릭터 1을 하나도 확인할 수 없다 해도 괜찮다. 그렇지만 각 캐릭터는 그 기저에 뇌의 회로망이 있으므로, 당신에게 해당 배선이 있을 가능성은 크다. 신경해부학적으로 말하자면, 세포를 파괴하거나 회로에 접근할 능력을 차단하는 신경 경색이나 발달 장애는 어떤 종류든 간에 이런 캐릭터를 경험하는 능력에 훼방을 놓을 수 있다. 내가 뇌졸중을 겪었을 때 정확히 내 캐릭터 1에 이런 일이 생겼다. 운 좋게도 헬렌은 회복했고 다시 활동하게 되었지만 말이다.

뇌에 큰 외상을 입은 적이 없는데 여전히 캐릭터 1을 확인하기 힘들다면, 과거 누군가가 당신의 캐릭터 1에 해당하는 부분을 좌절시켰을 뿐 아니라 비난하고 부끄럽게 하거나 폄하한 일은 없었는지 살펴보라. 유년 시절에는 주위의 판단에 아주 취약하다. 우리가 의존하는 긍정적인 평가와 부정적인 평가 모두 우리 성장에 오랫동안 영향을 미친다. 집단 속에서 살아남고 나아가 잘 성장하기 위해, 주변의 적절한 요구에 맞추려고 우리 행동을 바꾸는 일은 자연스럽다. 특정 방식으로 자신을 드러내는 일이 위험하다면, 우리는 그 일을 하지 않게 된다.

인생에서 캐릭터 1이 언제 어떻게 그 기량을 발휘하는지 알게 되었다면, 캐릭터 1이 되면 신체 내부에서 어떻게 느껴지는지 관심을 가져 보자. 캐릭터 1은 활발하고 용감한 모습으로 나타날 수 있다. 외향적이고 다른 사람들을 자연스럽게 밀어붙이는 모습일 수 있다. 혹은 수줍음을 타는 근면한 모습으로 어떤 관심도 끌고 싶어 하지 않을 수도 있다. 이것은 맞다, 틀리다의 문제가 아니다. 당신에게 이 부분이 존재하는지 인식하는가의 문제다. 캐릭터 1을 더 많이 알고 인정하고 승인할수록, 그에 해당하는 회로망이 더 강하게 발달할 것이다. 결국 캐릭터 1이 당신 내부에서 어떤 느낌인지 잘 알수록 이 캐릭터 안으로 들어갈지 밖으로 나갈지 선택할 힘을 더 많이 가지게 된다.

캐릭터 1의 기술에 대해 더 많이 알고 싶다면 이 질문에 답해보라. 당신은 언제 권위를 과시하는가? 자신을 위해, 혹은 타인을 위해 언제 결정을 내리는가? 자신이 쓸 시간, 먹을거리, 혹은 옷차림을 어떻게 계획하는가? 무엇에 책임을 지는가? 아마도 반려동물, 혹은 식료품점 쇼핑? 당신은 어떤 동기로 시간을 엄수하거나 상황에 적절한 옷을 챙겨 입는가? 서랍이나 보관함은 잘 정리되어 있는가? 돈을 어떻게 쓰는가? 우정을 어떻게 가꾸는가?

아직도 좌뇌 사고형 캐릭터 1을 확인할 수 없거나, 이 부분을 받아들일 수 없는 기분이 들고 당혹스럽다면 과거를 철저히 살펴보라. 선생님이나 부모, 형제자매, 혹은 친구 중에 당신의 의견을 소중히 여기지 않거나, 당신이 제 목소리를 내는 일을 수용하지 않는 사람이 있었는지 모른다. 당신에게 권위적으로 굴었던 사람이 있는가? 혹은 당신을 금전적으로 통제하려고 한 사람이 있는가? 당신이 서투르니 당신의 삶을 세세히 관리해야 한다고 주장한 사람이 있는가? 아니면, 당신의 실패를 확인하면서 당신의 무능함을 상기시키던 사람이 있는가? 우리가 남들과 함께 추는 춤이 언제나 건전하지는 않다. 캐릭터 1의 능력은 성공적인 삶에 매우 유용하긴 해도, 누군가의 캐릭터 1이 혹독한 평가나 은밀한 조종을 통해 다른 캐릭터 1을 억압하는 것 또한 가능한 일이다.

모든 시도가 실패로 돌아간다면, 친구나 배우자나 동료 등에게 당신의 이런 모습에 대해 어떻게 생각하는지 물어보자. 그들은 당신의 캐릭터 1에 대해 당신보다 더 잘 알고 있을 수 있다. 당신의 차나 서랍의 상태를 잘 파악할 수 있고, 당신에게서 이런 면모가 잘 보이지 않는다고 입 모아 이야기할 수도 있다. 사실 혼란 속에서도 잘 사는 사람들이 있고, 질서를 중시하는 세상이라 해도 강력한 캐릭터 1 없이 어떻게든 그럭저럭 사는 사람들이 있기도 하다.

4. 좌뇌 사고형 캐릭터 1이 당신의 삶을 차지하는 시간은 얼마나 되는가? 그리고 어떤 상황에서 그렇게 되는가?

앞서 언급했듯이 나는 헬렌과 그 능력을 대단히 존경한다. 헬렌은 맡은 일을 끝내주게 잘 해내면서 삶이 문제없이 굴러가도록 해준다. 그렇지만 나는 대부분의 시간 동안 다른 캐릭터가 내 주된 캐릭터였으면 한다.

솔직히 말해서 네 가지 캐릭터 가운데 어떤 캐릭터가 우리 안에서 우세하든 간에, 우리는 모두 독특하다. 우리의 다양성이 우리의 힘이다. 좌뇌 사고형 캐릭터 1이 삶을 가장 잘 이끌 수 있겠지만, 나는 헬렌이 편안하게 받아들이는 시간 이상으로 더 많은 시간을 노는 일에 쓰고 싶다. 그렇기에 나의 네 가지 캐릭터는 서로 협상한 끝에 짠 시간표를 헬렌에게 주었다. 당신은 나와 반대일 수 있고 일하는 시간을 기본으로 잡아놓은 다음, 노는 시간을 조절하는 쪽을 선택할 수 있다. 이것 역시 옳고 그름의 문제는 아니다. 네 가지 캐릭터가 똑같이 목소리를 내고 동의하는 한, 내면의 평화를 위해 네 가지 캐릭터의 목소리 모두 존중받고 인정받아야 한다.

나의 캐릭터 1 헬렌은 할 일 목록을 짜서 질서 있는 삶을 유지한다. 그렇지만 나는 헬렌 뜻대로만 목록을 다 만들지는 않는다. 대신 협력하기 위해 네 가지 캐릭터를 모두 불러 모은다. 어떤 캐릭터든 뭔가 신경 쓸 일이 있다는 사실을 알면, 그들은 그 일을 목록에 추가한다. 그 결과 나의 네 가지 캐릭터 모두 헬렌이 최고의 모습이 되도록 도우며 움직인다. 그러면 헬렌은 자신이 존중받고 있다고 느끼기에 의지가 강해진다. 앞서 언급한 두뇌 회담은 8장에서 자세히 다룰 텐데, 네 가지 캐릭터는 두뇌 회담을 진행하여 만장일치의 강력한 목소리를 낸다. 이때는 다른 유혹에 넘어가거나 일정을 질질 끌 틈이 없다.

캐릭터 1이 당신의 주된 캐릭터라면 당신이 캐릭터 1의 특성을 정말로 좋아하고 잘 알기를 바란다. 캐릭터 1은 현실 세계에서 살아간다. 이들은 세세한 부분을 통제할 수 있고 우리의 삶 및 주변 사람들의 삶에서 질서를 만들어나갈 수 있을 때 성공한다. 그렇지만 미리 말해두자면, 우리 스트레스 회로를 작동시키는 경향이 있는 존재는 바로 캐릭터 1이다. 그러니 다른 캐릭터들이 우리가 건강하고 균형 잡힌 상태를 유지하게 하는 일이 중요하다.

5. 좌뇌 사고형 캐릭터 1을 생각할 때 적절한 이름을 떠올릴 수 있는가?

헬렌은 내 성격 가운데 '지독한' 면을 맡고 있다. 헬렌은 해야 할 일 목록을 완전히 신나게 해치운다. 헬렌 덕분에 나는 내 몸이 어디에서 시작해서 어디에서 끝나는지 안다. 헬렌은 내 자아와 정체성이 깃든 곳이다. 헬렌이 워낙 세세한 부분을 잘 살피기 때문에 나는 내가 누구인지 알고, 과거를 기억하며, 실수에서 배움을 구하고, 집으로 가는 길도 알 수 있다.

당신은 어떤가? 캐릭터 1을 부르면 느낌이 괜찮은가? 당신의 이 부분에 대해 특별히 좋아하는 세 가지는 무엇인가?

6. 긍정적인 방향이든 부정적인 방향이든 인생을 살면서 당신에게 영향을 끼친 사람들 가운데 캐릭터 1은 누구인가? 당신의 캐릭터 1은 그들의 캐릭터 1에서 힘을 얻는가, 아니면 위축되는가?

당신의 삶에 영향력을 끼친 캐릭터 1을 확인하는 일은 어렵지 않을 것이다. 내가 어렸을 때 나의 어머니는 친구들로부터 '최고의 파티 주최자'라고 불렸다. 어머니는 집안일을 계획대로 정확하게 처리할 뿐 아니라, 대학 교실의 학생들이며 300가구쯤 되는 아버지 교회의 신도들까지 챙겼다. 목표 초과 달성자 캐릭터 1로서 어머니는 큰 성과를 거두었다.

유년 시절 어머니 덕분에 나는 질서 있는 삶을 살았고 어머니는 내게 무척 도움이 되었다. 하지만 내가 언제나 그런 상태를 좋아했다고 말할 수는 없다. 어머니는 자식들이 강한 캐릭터 1을 가지도록 길러내는 일에 헌신했다. 내 부모님의 결혼생활은 알고 보니 힘겨운 싸움이었다. 아버지에게는 캐릭터 1의 면모가 조금도 없었기 때문이었다. 강한 캐릭터 1의 모범인 어머니와 혼란을 대표하는 아버지의 조합 덕분에, 나는 어머니가 심어주려고 한 선물을 소중히 여기게 되었다. 질서는 아름다운 것으로 세상이 더 매끈하게 돌아가게끔 해준다.

인생에서 만난 또 한 명의 진실로 강력한 캐릭터 1은 영어 선생님 발레리 오레리로 심화 작문 수업 담당이었다. 나는 오레리가 정말 무서웠지만 어떤 이유로 오레리 밑에서 더 좋은 성과를 냈다. 그 전에도 그 이후에도 그만한 선생님이 없었다. 오레리는 생각 많은 사색가 유형이자 풍부한 경험을 갖춘 '깐깐이'였다. 학생들에게 최선을 다했으며 학생들 또한 그러기를 기대했다. 오레리 때문에 겁에 질리긴 했지만 그래도 나는 수업에 집중했고 배움을 얻었다. 지금의 나를 보라. 나는 글을 쓰고 있다. 오레리는 아마도 저세상에서 내가 틀린 문법이며 엉뚱한 전치사로 끝낸 문장들에 대해 투덜거리고 있을 것이다.

둔감한 모습의 캐릭터 1도 몇몇 생각나는데, 내 삶에 있으나 없으나 상관없는 존재였다. 그들이 소중한 삶의 교훈을 주었을지 몰라도 말이다. 하버드대학에 처음 왔을 때 동료 대부분은 활기 넘치고 친절한 중서부적 열정을 지닌 내 모습에 신선함을 느꼈다. 그렇지만 캐릭터 1인 선배 가운데 한 명은 내가 너무 즐거운 모습이라 진지한 과학자가 될 수 없다고 딱 잘라 말했다. 학과에서 가장 중요한 연구 대회에서 상을 받아야겠다고 결심하게 된 데는, 학자로서의 내 경력에 그리 도움 되지 않은 그 선배의 말 또한 영향을 끼쳤다. 그 선배는 우리의 대화를 잊었을지 모르지만, 나는 상을 받아서 두 배로 만족했다. 참고로, 캐릭터 1이 자신의 적대적 판단이 타인에게 부정적인 영향을 미칠 수도 있다는 사실을 의식하는 일은 정말로 중요하다.

당신은 어떤가? 인생에서 만난 강력한 캐릭터 1은 누구였나? 당신의 캐릭터 1이나 다른 캐릭터는 그들에게 어떻게 대응했나?

7. 인생에서 당신의 캐릭터 1을 인정하고, 보살피고, 알아봐주면서, 같이 시간을 보내고 싶어 하는 사람은 누구인가? 그 사람과의 관계는 어떤가?

캐릭터 1은 직업적으로나 사교적으로나 캐릭터 1끼리 모인 집단을 선호하는 경향이 있다. 그들은 같은 종류의 대상에 관심을 기울이며 생각이 비슷한 동료들을 정말로 소중히 여긴다. 나는 헬렌이 독특한 친구라는 사실을 알게 되었는데, 모든 사람이 헬렌 곁에 있고 싶어 하는 것은 아니다. 강한 캐릭터 1인 내 친구 몇몇은 기꺼이 서로 협력해서 함께 프로젝트를 진행한다. 서로를 좋아하고 존중하는 캐릭터 1 집단보다 더 생산적인 것은 없기 때문이다.

헬렌은 내 담당 회계사, 은행원, 행정 직원 등과 잘 어울린다. 그렇지만 헬렌은 내가 업무를 수행하기 위해 쓰는 도구이므로, 내가 직장에 있지 않을 때면 배경으로 빠져준다. 당신이 주로 캐릭터 1로 산다면, 당신과 나는 아주 다른 모습의 삶을 살고 있을 것이다. 그렇긴 해도 당신이 세상을 돌아가게 해주어 고맙다.

8. 당신의 캐릭터 1과 잘 지내지 못하는 주변 사람은 누구인가?

여든 살이 된 나의 아버지는 전국을 여행하던 중 타고 있던 미아타 컨버터블 자동차가 뒤집혀 빙빙 도는 사고를 당했다. 그 운명의 날 이후 나는 16년 동안 아버지의 일차 간병인 노릇을 했다. 사고가 있기 전 아버지와 나는 축복받은 환상적인 관계였다. 우리는 친구였고 공통점이 많았는데, 둘 다 기본적으로 활기 넘치고 창조적인 캐릭터 3 유형이기 때문이었다. 그렇지만 사고가 난 뒤로 우리 사이는 완전히 변했다. 딸이자 친구 대신, 나는 아버지 인생에 권위적인 여성으로 존재하게 되었다. 어머니와 비슷한 모습이 된 것이다.

사고 때문에 나는 아버지의 재정 문제며 의학적 상황 외에 간병인이 맡아야 하는 다른 모든 문제를 살피기 위해 개입해야 했다. 내가 요구한 일은 아니었다. 하지만 나는 그 일을 맡을 수 있는 유일한 자식이었다. 가장 힘든 부분은 헬렌이 모든 책임을 지긴 했어도, 헬렌에게는 아버지가 사람들에게 이용당하지 않도록 보호할 실제적이고 충분한 힘이 없었다. 전체적으로 아버지는 내가 자신을 통제하는 상황에 분노하게 되었고, 내 캐릭터 1의 권위에 반발했다. 내가 원하는 일은 그저 그가 안전하게 지내는 것뿐이었는데 말이다. 아버지가 더 많이 저항할수록 헬렌이 더 엄격하게 규칙을 정할 수밖에 없었다는 사실을 분명 아버지는 몰랐을 것이다. 우리 모두에게 무척 불편한 경험이었다.

　　당신의 캐릭터 1도 가족 구성원이나 친구, 혹은 직장 동료와 꽤 어려운 관계를 맺고 있을지 모른다. 캐릭터 1이 누군가를 대신해서 일해주어도, 도움 받은 이가 캐릭터 1이 도와준 방식을 칭찬하기 어려워할 때가 있다. 누군가 실제로 고맙다고 표현해주면 힘이 나지 않는가? 하지만 사실 호의를 베풀다가 쉽게 선을 넘게 될 수도 있다. 내 생각에는 캐릭터 1은 대체로 정말 도움을 주고 싶어 할 뿐이라는 사실을 기억하는 것이 중요하다.

9. 당신의 캐릭터 1은 어떤 유형의 부모, 파트너, 혹은 친구인가?

　　몇 년 전 나는 어느 친구에게 친구의 네 가지 캐릭터를 알려주었다. 친구는 자신이 두 자식을 완전히 다르게 키웠다는 사실을 깨달았다. 아들에게는 창조적인 캐릭터 3의 모습을 보였고 치어리더처럼 응원하면서 아들이 부탁할 때만 조언을 건넸다. 반대로 딸의 경우 캐릭터 1의 마음으로 키웠다. 어머니로서 의견을 내며 선의의 비판자 노릇을 계속했다. 친구는 아들과의 관계는 건강하고 별다른 걱정이 없으나, 딸과의 관계는 힘이 들고 종종 말다툼도 한다는 사실을 깨닫게 되었다. 친구는 캐릭터 1 말고 다른 캐릭터가 되어 딸을 양육하기로 결정했다. 그러자 그들의 관계는 즉시 좋아졌다.

　　좌뇌 사고형 캐릭터 1을 더 자세히 들여다보면 우리 뇌의 이 부분이 좀 차갑고 로봇처럼 기계적이거나, 감정 없는 모습으로 나타날 수 있음을 쉽게 알 수 있다. 뇌의 이 부분은 우리 주변 세계의 무질서에서 질서를 만들도록 특별히 고안되었기 때문이다. 순전히 형태만 봐도 캐릭터 1은 감정을 표현하도록 만들어진 것이 아니다. 그보다도 1부에서 논의했듯이 좌뇌 사고형 조직 캐릭터 1은 좌뇌의 감정형 조직 위에 추가되었다. 잠재적 불만을 품고 있는 캐릭터 2를 개선하고 누그러뜨리기 위해서다. 그 결과 캐릭터 1이 캐릭터 2를 자식처럼 키우고 지지해주거나 심지어 훈육하는 모습도 종종 보게 된다.

10. 캐릭터 1과 그 밖의 캐릭터들은 당신의 머릿속에서 얼마나 우호적인 관계를 맺고 있는가?

이 질문에 답하려면 내용을 좀 건너뛰어 설명하게 될 것 같다. 우리는 아직 네 가지 캐릭터를 다 자세히 살펴보진 않았다. 그렇지만 캐릭터 각각이 우리 삶에서 어떤 모습으로 나타나는지 감을 잡았을 것이다. 우리에게 가장 중요한 관계는 자신의 머릿속에서 이루어지는 관계라고 나는 진심으로 믿는다. 그러니 캐릭터 1이 다른 캐릭터들을 어떻게 보고 어떻게 소통하는지 헤아리는 일은 정말 중요하다.

초등학교 시절 나는 줄무늬 셔츠에 체크무늬 바지를 입고 왔다는 이유로 집으로 돌아가야 했던 적이 있다. 분명 다른 캐릭터 1 소녀들은 내 어울리지 않는 옷차림에 부아가 났고, 선생님은 아이들이 나를 깔보고 있으니 옷을 갈아입는 게 현명하다고 생각했다. 나의 어린 캐릭터 3은 문제가 무엇인지 이해하지 못했고, 그저 좋아하는 상의에 좋아하는 하의를 입어서 만족스러웠다. 나의 직관적 우뇌는 아직 어려서 이 옷차림이 시각적 공해 수준이라거나 문제의 소지가 있을 수 있다는 생각을 할 수 없었다.

대학에 가니 비로소 헬렌이 제힘을 완전히 발휘했다. 처음으로 집을 나와서 생활한 데다, 어머니가 더는 내 생활에 질서를 잡아주기 어려운 상황이 되어서였다. 솔직히 말해서, 완전한 게으름뱅이로 살 생각이 없다면 스스로 이것저것 챙겨야 했다. 해부학 공부와 사랑에 빠지고 나서야 비로소 그렇게 되었다고 인정한다. 학계에서 성공하려면 생활에 고도의 질서가 필요했다.

예상할 수 있겠지만, 더 체계적이고 구조적인 모습이 될수록 나는 더 많이 공부할 수 있었고 더 좋은 학점을 얻었다. 그렇지만 실망스럽게도 내 좌뇌 캐릭터 1이 별안간 펜싱과 테니스 치기는 완전히 시간 낭비라고 판단을 내렸다. 헬렌은 힘이 세지면서 다른 느긋한 캐릭터들이 제멋대로라거나 무례하다고 여기게 되었다. 누구나 어떤 때가 되면 일과 놀이에 쓰는 시간의 분배를 놓고 정중히 협상하는 법을 배워야 한다. 우리 다수에게 일과 놀이의 균형을 찾는 일은 가장 힘들고 끝이 없는 개인적 도전이다.

당신의 캐릭터 1을 알아보자

1. 당신은 캐릭터 1을 인식하고 있는가? 잠시 생각을 멈추고 질서를 부여하면서, 캐릭터 1의 업무를 수행하는 자기 모습을 상상해보자. 사무실에서의 모습이나 행사를 계획하는 모습, 혹은 집에서 물건을 정리하는 모습을 그려보자.

_____

_____

2. 캐릭터 1은 당신의 몸속에서 어떻게 느껴지는가? 당신은 세세한 부분에 몰두할 때 마음이 편안한가, 아니면 흥분되는가? 자세가 달라지거나 목소리가 바뀌는가? 가슴이나 배 속, 혹은 턱에서 긴장을 느끼는가?

_____

_____

3. 당신이 이런 자신의 모습을 인식하지 못한다면 어떻게 해야 할까?

_____

_____

4. 좌뇌 사고형 캐릭터 1이 당신의 삶을 차지하는 시간은 얼마나 되는가? 그리고 어떤 상황에서 그렇게 되는가?

_____

_____

5. 좌뇌 사고형 캐릭터 1을 생각할 때 적절한 이름을 떠올릴 수 있는가?

_____

_____

6. 긍정적인 방향이든 부정적인 방향이든 인생을 살면서 당신에게 영향을 끼친 사람들 가운데 캐릭터 1은 누구인가? 당신의 캐릭터 1은 그들의 캐릭터 1에서 힘을 얻는가, 아니면 위축되는가?

_____

_____

7. 인생에서 당신의 캐릭터 1을 인정하고, 보살피고, 알아봐주면서, 같이 시간을 보내고 싶어 하는 사람은 누구인가? 그 사람과의 관계는 어떤가?

_____

_____

8. 당신의 캐릭터 1과 잘 지내지 못하는 주변 사람은 누구인가?

_____

_____

9. 당신의 캐릭터 1은 어떤 유형의 부모, 파트너, 혹은 친구인가?

_____

_____

10. 캐릭터 1과 그 밖의 캐릭터들은 당신의 머릿속에서 얼마나 우호적인 관계를 맺고 있는가?

_____

_____

5장
캐릭터 2: 좌뇌 감정형

뇌졸중이 닥친 날 아침, 나의 좌뇌 캐릭터 1과 2의 세포들은 심각한 외상을 입었고 기능이 완전히 정지되었다. 이후 17일 동안 외과 의사들은 골프공 크기만 한 혈전 제거에 착수했다. 흘러나온 피가 내 좌뇌 조직을 짓누르면서 세포들 대신 들어섰고 세포들 간 의사소통도 막았다.

수학 연산법을 아는 내 좌뇌 사고형 캐릭터 1의 일부 세포는 외상으로 인해 죽었다. 그렇지만 수술을 받은 후 한 달 만에 캐릭터 1의 많은 세포가 회복하여 다시 소통이 가능해졌다. 나의 캐릭터 1이 옛 모습 그대로 제 기능을 완전히 발휘하기까지는 앞서 여러 차례 말했듯이 8년이라는 시간이 걸렸다. 연산의 경우, 나는 공식 몇 가지를 다시 습득하긴 했지만 더 이상 복잡한 증명이나 방정식 계산은 할 수 없다. 한편 내 좌뇌의 감정형 캐릭터 2는 컴퓨터의 마더보드가 손상된 것처럼 완전히 쓸려 나갔으며 다시는 회복되지 않았다. 뇌졸중으로 외상을 입은 결과 나는 과거의 감정적 면모를 완전히 잃게 되었다.

1부에서 언급했듯이 엄청난 경험이나 외상적 경험을 실제로 회상하면 사고적 기억이 감정적 기억과 연결되는 경우가 흔하다. 예를 들어, 내가 네 살 때 존 F. 케네디John F.Kennedy가 사망했다. 그때 나는 이웃집에서 놀고 있었는데, 암살 소식이 전해지고 집으로 돌아가야 했다. 너무 어린 나머지 대통령이 누구인지 암살이 무엇인지 이해할 수 없었지만, 집으로 걸어가면서 죽음에 대한 기묘한 감각을 느낀 것은 기억난다. 어머니가 우는 모습을 그 전에 본 적이 있는지는 확신할 수 없지만 혼란스럽고 무서운 기분이 들었던 것도 기억하고 있다.

뇌졸중을 겪기 이전 시점에 그날을 기억할 때는 죽음에 대한 그 감정들과 혼합된 인지적 기억을 되살릴 수 있었다. 그렇지만 뇌졸중을 겪은 뒤로는 내 캐릭터 1이 그날의 사고 기억을 떠올려도, 캐릭터 2는 그 기억에 덧붙일 감정이 하나도 없다. 내가 어떤 식으로 감정을 느꼈는지는 기억이 나도, 그 감정을 더는 되찾을 수 없다. 예를 하나 더 들면 내 인생에서 가장 중요한 날들 가운데 하루는 박사학위를 따고 졸업한 날이었다. 그날 어마어마하게 자랑스러웠다는 사실은 기억나지만, 그 행사를 회상해도 감정적 내용은 비어 있다.

앞서 지적했듯 인간의 뇌와 여타 포유류의 뇌를 구분하는 주된 차이는, 우리 좌뇌 캐릭터 1과 우뇌 캐릭터 4의 사고 조직이 추가되어 있다는 점이다. 이런 사고형 캐릭터가 각각 기저에 있는 좌뇌 캐릭터 2와 우뇌 캐릭터 3에 해당하는 감정형 변연계 조직을 직접 수정하고 다듬는다는 사실도 이미 말한 바 있다.

그렇지만 감정형 캐릭터들을 제대로 이해하기 위해서는 이들이 그 기저에 있는 '파충류 뇌'를 다듬고 수정하며 진화해왔다는 사실을 이해해야 한다. 사실 파충류와 포유류의 신경해부학적 차이란 이 감정 조직의 추가 여부다. 인간과 여타 포유류 사이의 차이가 캐릭터 1과 캐릭터 4에 해당하는 사고 조직 모듈의 추가 여부이듯 말이다.

파충류 뇌

우리 안의 파충류 뇌인 뇌간의 기능을 알면 그 고도로 자동화된 상태에 고마운 마음이 들 것이다. 심장에게 뛰라고 말할 필요도 없고 위험 앞에서 더 빨리 움직이라고 재촉할 필요도 없다. 자기 자신에게 숨을 쉬라고 매번 의식적으로 환기해야 한다면 얼마나 진이 빠질지 생각해보라. 파충류의 유산은 이런 기본적인 활동에 특화되어 있다. 체온을 조절하고 균형을 잡고 짝짓기 욕구를 유도하는 일도 마찬가지다.

심리학적 관점에서 보면, 파충류적 구조는 우리 본능적 생존에 대한 모든 것을 담당한다. 이들 회로의 다수는 스위치를 껐다 켰다 하는 식으로 작동한다. 이 기능들은 생존에 필수적이기 때문에, 뇌의 파충류적 부분은 경직되어 있고 강박적이다. 회로가 한번 켜지면 충분히 만족하거나 기운이 다 빠질 때까지 계속 작동한다. 우리는 배가 부를 때까지 배고픔을 느낀다. 목마름이 해소될 때까지 갈증을 느낀다. 정말 놀랍게도, 뇌의 이 부분이 물 마시는 것을 그만두라고 말하지 않으면 죽을 때까지 물을 마시게 된다.

뇌간 세포들 덕분에, 우리는 뇌가 경계하는 반응을 멈추고 졸리게 하는 신경화학 물질을 흘려보내야 비로소 피곤을 느낀다. 잠에서 깨어나는 일은 각성을 위해 특별히 고안된 놀라운 세포 집합이 있어서 가능해진다. 이 세포들에 일이 생겨 기능이 멈춘다면, 우리는 혼수상태에 빠진 것처럼 계속 잠을 잘 수 있다. 아마 실제로 혼수상태에 빠질 테니까 말이다.

가장 기본적인 정보 처리 수준에서 호흡을 살펴보자. 파충류적 뇌간의 세포 집단이 호흡을 맡은 횡격막 근육에 수축하라고 말하고, 그다음 그에 대한 반응으로 이완하라고 말한다. 그래서 공기가 우리 폐로 빨려 들어간다. 뇌간 세포들이 파괴될 경우 우리는 호흡을 돕는 산소호흡기를 착용하지 않으면 죽을 것이다.

뇌간의 세포들은 자극이 오면 고정된 행동 패턴을 촉발하는 식으로 반응한다. 동시에 뇌간 세포의 특정 집단은 상대에 이끌릴지 아니면 상대를 밀어낼지 결정하게 된다. 최근에 뭔가 피부에 기어오르는 느낌이 들었을 때 어떻게 반응했는지 생각해보라. 당신의 반사적 반응은 파충류적 뇌와 척수 연결의 부산물로, 소름 끼치게 기어오르는 그것을 당장 치우는 일이었을 것이다. 거의 동시에 어떤 거부 반응이 번개처럼 스치고 지나가는 기분도 느꼈을 것이다. 서로 다른 두 회로 집단이 연속해서 '원투 펀치'를 날린 것이다. 먼저 뇌간이 무의식적이고 자동적인 반응을 보이고, 의식에 스며든 감정이 바로 뒤따른 경우다.

척수는 잘 조직된 구조물로, 아주 구체적 형식의 감각을 뇌간으로 올려 보내고 또 운동 동작을 뇌간에서 내려보내는 다중차선 도로처럼 기능한다. 여러 차선은 그만의 형식을 갖춘 감각들을 신체에서 뇌간 복합체로 보내 처리되게 한다. 감각들 가운데 일부는 급성 통증을 빠르게 전달하는 통증 섬유를 통해 처리되기도 한다. 급성 통증은 포식 동물에게 물렸을 때의 반응 같은 것이다. 이름이 암시하듯 극심한 통증은 상처 부위에서 뇌간까지 어마어마한 속도로 전해지며 예상 가능한 반응 집합을 자동으로 촉발한다. 소리를 지르면서 반격하는 차원에서 공격적 반응을 보이거나 밀어내기 등과 같은 행동을 하게 만드는 것이다. 이와 비교하여 전달 속도가 느린 통증 섬유는 둔한 통증이나 저릿한 통증(만성적 근육 문제로 겪는 통증 유형)을 뇌간 중추의 다른 집단에 전달하여, 고통 완화를 위해 몸을 펴거나 손발을 쭉 뻗는 등의 적절한 반응을 촉발한다.

사고하는 감정형 생명체

여러 신경과학 연구자들은 뇌간 세포와 고위 뇌 조직의 연결망 지도를 그리려고 노력해왔다. 동시에 뇌간 세포와 그 위에 새로 추가된 감정 조직인 포유류적 변연계가 접합된 부분에서 정확히 어떤 일이 일어나는지 전체 상황을 파악하고자 했다. 여러 뇌간 세포 집단의 기능은 확실히 알려지긴 했지만, 이 부분에 섬유가 가득 있기도 하고 살아 있는 인간을 대상으로 경로 연구를 수행하는 데 한계가 있어서 몇몇 연결은 아직도 수수께끼로 남아 있다.

뇌간이 잘 정리된 자료를 캐릭터 2와 3이 있는 감정 조직으로 보내면, 감정 조직은 감정 필터에 그 자료를 흘려보내 수정하고 다듬는다. 인간은 감정을 느끼는 사고형 생명체라기보다는 사고하는 감정형 생명체다. 그렇기에 좌뇌 감정형 캐릭터 2는 정보의 많은 부분을 좌뇌 사고형 캐릭터 1로 보내게 된다. 또 우뇌 감정형 캐릭터 3은 그 정보를 우뇌 사고형 캐릭터 4로 보낸다. 그러면 두 사고형 뇌는 감정형 캐릭터를 조절하고, 때마다 달라지는 고유한 의식 상태를 공유한다.

뇌 양측 반구에 있는 변연계의 감정 세포들은 파충류적 조직에서 직접 신호를 수용한다. 그런데 좌측과 우측의 감정 담당 뇌는 뇌간 세포로부터 똑같은 정보를 받아도 서로 아주 다른 방식으로 처리한다. 간단히 설명하자면, 뇌간은(가운데의 중뇌 구역을 포함하여) 두 편도체의 감정 세포들로 정보를 직접 보낸다. 두 대뇌반구에는 편도체가 각각 하나씩 있고, 이것들은 어떤 느낌이 드는지에 따라 자동으로 위험을 평가하는 일을 맡고 있다.

가장 기본적 차원에서 매 순간 "나는 안전한가?"라고 머릿속 질문을 던지는 것이 편도체의 일이다.

육체적 안전 문제일 수도 있고 정서적 안전 문제일 수도 있다. 캐릭터 2의 모듈인 좌측 편도체 조직은 현 순간에 관한 정보를 수용한다음, 과거 경험에 관한 정보와 즉시 비교한다. 예를 들어, 내가 유년 시절에 키 크고 마른 체격에다 금발 머리에 빨간 모자를 쓴 불량한 사람 때문에 나쁜 경험을 한 적이 있다고 하자. 그러면 미래 어느 시점에 그와 닮은 인상의 누군가를 마주할 때 내 좌뇌 감정형 캐릭터 2의 편도체는 그 특성을 인식하고 내면의 경보를 울릴 것이다.

반면에 우측 편도체는 현재의 경험을 과거와 비교하지 않는다. 다음 장에서 살펴보겠지만, 우측 편도체는 지금 여기, 이 순간을 그만의 은총 속에서 풍부히 경험하는 일에 완전히 매진한다. 두 감정 체계가 서로 반대되는 방식으로 외부의 위험을 동시에 평가하기 때문에, 우리는 둘을 결합한 이점을 누린다. 과거의 경험이 주는 지혜에 지금 여기, 이 순간에 대한 전체 상을 더할 수 있는 것이다.

두 감정형 뇌가 위협을 평가하는 차이로 인해, 우리는 두 종류의 고유한 의식을 가지게 되었다. 우뇌 감정형 캐릭터 3은 항상 현 순간을 의식하는 영역에 머무르며, 자신이 기원한 우주적 의식과 직접 관계를 맺으면서 늘 자신을 인식한다. 그렇지만 좌뇌 감정형 캐릭터 2는 그 의식이 과거의 특정 영역으로 옮겨가면 바로 자신을 3차원적 외부 세계에 존재하는 개인으로 정의한다. 더 이상 전체의 흐름 속에 함께하는 것이 아니라 분리되어 홀로 있는 존재로 여기는 것이다.

앞으로도 영원히 우뇌와 좌뇌는 그 의식이 서로 평행선을 그리며 진화할 것이고, 이중적으로 존재할 것이다. 우뇌는 여성성, 음陰, 지금 여기의 우주적 은총이 깃든 곳으로 진화하는 한편, 좌뇌는 개별성과 과거의 경험에 근거하여 남성적이고 양陽의 자아 중심적 기질을 발전시킬 것이다.

일반적으로 자극이 뇌간에서 두 편도체로 흘러갈 때 정보의 상당량이 친숙하게 느껴지면 우리는 안심하고 진정한다. 그렇지만 편도체 중 하나가 뭔가가 위협적이라고 감지하면 바로 위험 경보가 촉발되고 '투쟁, 도피, 혹은 경직' 반응이 따른다. 두 감정 체계가 근본적으로 정보 처리 방식이 다르고 중시하는 것도 달라서, 감정형 캐릭터 2와 3은 감지하는 위협도 자동으로 반응하는 과정도 다르다. 두 감정형 뇌는 각자 독특한 배선을 갖추고 있으며, 그 차이는 마음속에서 벌어지는 감정들의 갈등으로 나타날 가능성이 있다.

지금 우리의 뇌에서 무슨 일이 일어나고 있는지 살펴보자. 고개를 들어 주변을 살펴보라. 그리고 스스로 물어보라. 지금 있는 장소는 어떤 느낌인가? 편안하고 안심이 되며 자기 자신을 챙길 수 있는 매력적인 장소인가? 아니면, 엉망진창이라 당장 청소를 해야 집중할 수 있을 법한 장소인가? 외부 세계를 느끼는 두 가지 방식은 매 순간 행동으로 나타나는데, 우리는 두 방식 사이를 급히 뛰어다니는 경향이 있다. 당신은 지금 과거와 연관된 무언가에 관한 감정을 경험하고 있는가? 아니면, 과거와는 상관이 없이 현 상태에 대한 반응으로 나타난 감정을 경험하고 있는가?

불안과 공포

생리학적 관점에서 보면, 파충류 뇌가 고통과 공격성, 기쁨, 짝짓기 본능을 처리하듯 두 감정 뇌는 각자 자기 보호에 충실하다. 둘 다 감정적 자극에 대한 신체 반응을 조절하고자 하며 상황에 적절하도록 투쟁, 도피, 혹은 경직의 자동 반응을 활성화한다. 감정 체계의 세포들은 우리가 불안하거나 겁먹었거나 흥분한 경우 심장 박동수를 증가시킬 수 있으며, 호흡수 및 호흡의 깊이에도 영향을 미칠 수 있다.

그뿐만 아니라 우리는 기억을 창조하기 위해 감정 조직, 특히 (뇌 양측 반구에 각각 있는) 해마 세포에 전적으로 의지한다. 편도체는 해마와 대항 관계를 맺고 있다. 편도체가 경보음을 울리면 해마는 기능을 정지하며, 우리는 새로운 정보를 더 이상 배울 수도 없고 기억해둘 수도 없다. 긴급 사태에 대비하기 바빠서 그렇다. 심한 스트레스를 겪으며(편도체 경보 상태) 사는 어린이의 경우 뭔가를 배울 수조차 없는데, 학습 뇌가 신경해부학적으로 멈춘 상태기 때문이다.

근본적 차원에서 감정 뇌는 공포와 불안을 표현하며 많은 것을 시사한다. 공포와 불안은 작동하는 회로가 서로 다르며 촉발의 계기가 되는 사건 유형도 서로 다르다. 공포는 지금 이 순간(우뇌) 가장 자주 촉발되는 강렬한 감정으로, 이미 알고 있는 확실하고 즉각적인 위협에 대한 반응으로서 나타난다. 예를 들어, 내가 숲속을 걸어가다가 스르르 지나가는 뱀을 밟을 뻔했다고 치자. 나는 뱀을 무서워하니 공포 반응이 바로 촉발될 것이다. 그럴 경우 정말 기절할 것 같은 기분에 휩

싸일 것이다. 돼지처럼 꽥 소리를 지를 것이고, 심장이 시간당 수백만 킬로미터의 속도로 뛸 것이다. 뒤로 펄쩍 뛰어 물러날 텐데, 피가 허우적거리는 팔다리로 바로 몰려들어서 그렇다. 무시무시한 상대가 어디에 있는지 확인하려고 미친 듯이 둘러보느라 동공도 확장될 것이다. 거기다 정말 당황스럽게도 이때 친구와 전화로 수다를 떨고 있었다면, 순간적으로 그 사실을 까먹는다. 친구는 이 모든 소리를 듣고 크게 웃음을 터트리거나 경악할 것이다. 친구의 뇌에서 어떤 캐릭터가 우세한가에 따라 반응이 결정된다.

물론 우리는 현 순간에 대한 불안의 감정도 느낀다. 그렇지만 일반적으로 불안은 과거에 이미 일어났거나(좌뇌), 미래의 어느 시점에 일어날 것 같은 경험이나 외상 때문에 촉발된다. 불안은 절망감, 혹은 스스로에 대한 회의를 동반하면서, 몸 전체가 안절부절 긴장하는 상태로 느껴진다. 뭔가 예상이 안 되는 불쾌하거나 위험한 일이 주변에 도사리고 있는데, 신체적으로나 감정적으로 취약한 것 같아 근심하거나 조바심을 내거나 걱정하면 불안이 촉발된다. 앞서 언급한 뱀 사건에서는 공포를 전달하는 화학 물질이 흘러와 혈류로 흩어지면(90초 법칙) 불안 회로가 작동된다. 또 다른 뱀을 마주칠지도 모르고, 금방이라도 위험이 닥칠 듯한 느낌을 털어낼 수가 없어 근심스러운 것이다.

좌뇌의 이성적 사고형 캐릭터 1에 자동 공포 반응을 무시하라고 학습을 시킬 수도 있겠지만, 신경 회로망 차원에서 우리는 생각하는 감정형 생명체다. 감정을 부인하는 일은 건강 전반에 해로울 수 있고 억눌려진 감정은 곪아서 좌뇌의 스트레스 반응을 자극할 수 있다. 그

2부 네 가지 캐릭터

렇게 되면 안정을 찾고 평화를 느끼는 일은 불가능해진다.

자기조절을 중시하는 이성적이고 인지적인 좌뇌 캐릭터 1은 아름다운 존재이긴 하나, 감정들을 무시하거나 타당하지 않다고 묵살하라고 훈련한다면, 막힌 하수관에서도 물이 새어나오듯 그 감정들은 어떻게든 새어나올 것이다. 캐릭터 2의 감정적 고통을 귀 기울여 듣지 않거나 인정하지 않는다면, 이 고통은 신체 질병으로 나타날 수 있다. 그렇기에 종종 우리 신체적, 정신적 안녕의 열쇠를 쥔 존재가 바로 감정형 캐릭터 2다.

평화를 향한 열쇠

캐릭터 2를 알고 두뇌 회담에서 모든 캐릭터와 함께 캐릭터 2를 보살피는 방법을 배운다면 우리는 건강해질 것이다. 나는 좌뇌 감정형 캐릭터 2를 슈퍼히어로라고 생각하고 싶다. 캐릭터 2는 아주 강력하다. 원래 신이나 무한한 존재, 혹은 우주적 의식 등(편한 대로 부르면 된다)과 연결된 상태였지만, 하나의 분리된 개인으로 존재하기 위해 그 친숙하고 잘 아는 세계를 벗어나 전혀 새로운 의식 영역으로 옮겨왔을 정도다. 캐릭터 2가 자신의 마음속 평화를 희생해서 우리는 진화할 수 있었다.

이와 같은 캐릭터 2의 의지 덕분에 정보를 직선적으로 처리하는 우리 능력이 발달했다. 우리는 시간을 과거, 현재, 미래로 나눌 수 있다. 그래서 외부 세계에 질서를 부여할 능력과 함께 새로운 차원의 의식을 가지게 되었다. 캐릭터 1은 외부 세계를 익히고 아주 능숙하게 다듬는다. 캐릭터 2는 현 순간의 평화로운 행복에서 벗어나 착지하며 외부 현실에 있는 온갖 위협과 괴물에 직면했다. 즉 우리는 죽거나 고통을 겪거나 아플 수 있으며, 이러한 사실은 우리 의식에 매 순간 불쾌한 가능성으로 도사리고 있다.

내면의 가장 깊은 공포를 마주하고 자기만 아는 유일한 방식으로 위험 경보를 울리는 존재가 바로 이 대담한 캐릭터 2다. 캐릭터 2는 투덜거리고 징징대고 속임수를 쓰고 스스로를 혐오하고 질투를 하고 화를 내고 죄책감과 수치심을 느낀다. 그리고 우리 주의를 끌기 위해 백만 가지 반사회적인 방식으로 행동한다. 좌뇌와 우뇌 감정형 캐릭터 2와 3은 나이와는 상관없이 아이처럼 성질을 부릴 수 있는데, 감정 체계의 세포 연결망은 절대 성숙하지 않기 때문이다.

우리가 태어날 때 감정 뇌의 세포체들은 이미 자리를 잡고 회로망 안에서 비교적 잘 연결되어 있다. 그래서 우리는 외부 세계에 도착하자마자 감정적으로 자신을 표현한다. 하지만 사고형 세포의 경우에는 그렇지 않다. 사고형 캐릭터의 세포체들은 우리가 태어난 시점에 여섯 층으로 된 대뇌피질로 옮겨간 상태지만, 서로 연결되려면 시간이 필요하다. 그렇기에 일찍부터 자극이 풍부한 환경에서 의도적으로 어린이의 뇌에 자극을 주는 일이 아주 중요하다.

감정형 캐릭터 2의 주요 임무는 당면한 위험을 걸러내는 동시에 주의를 집중하도록 돕는 일이다. 이 세포들은 비교 과정을 거쳐 우리가 대상을 원할 때는 다가가게 하고, 원치 않을 때는 물리치게 하는 식으로 활동한다. 세포 차원에서 인간 두뇌의 힘이란, 자동화된 회로망을 억제하는 능력이다. 그리고 우리가 작동하기를 바라는 회로는 어떤 것이고, 우리의 집중을 방해하는 회로는 어떤 것인지 파악하는 능력이다.

예를 들어, 우리 뇌 속에 백만 가지 생각과 감정이 돌아다닌다고 하자. 캐릭터 2의 힘은 정보를 억제하고 본능적으로 차단하는 데 있기에 자연히 우리 관심을 좁힌다. 이런 본능과 사물을 밀어내면서 "아니요"라고 말하는 능력을, 불만 가득한 모습의 캐릭터과 결합해보자. 이 캐릭터는 더없이 행복하고 방대한 우주적 의식과의 관계를 단념해버린 존재다. 결국 우리는 본질적으로 "저런, 쯧쯧" 같은 말의 원천이 되는 캐릭터와 함께하게 된다. 그리고 우리 중 다수는 캐릭터 2가 외부 세계의 환상 속에서 살기로 선택하면서 잃어버린 그 영원한 연결의 느낌을 다시 찾으려고 애쓰며 평생을 보낸다.

외부 세계에 집중할 수 있는 의식을 소유하기 위해서 우리는 대가를 치렀는데, 그것은 바로 의심 많고 불만족스러운 캐릭터 2와 사는 삶이다. 그렇지만 캐릭터 2는 가장 깊고 심오한 감정의 원천이 되기도 한다. 무엇보다도 우리는 압도적인 외로움을 느낄 줄 알고, 슬픔에 푹 빠져들 줄 알며, 생각보다 훨씬 더 깊이 사랑할 줄 안다. 상처받거나 미워하거나, 혹은 질투나 분노에 완전히 사로잡힐 때, 이 감정적 경험이란 강력한 동시에 달콤하다.

나는 늘 말한다. 괴롭다고 해도 그 경험을 하고 있음을 느낄 수 있는 한 괜찮다고. 뇌가 비참한 경험을 제조하는 능력은 총체적 예술이다. 인간은 모두 상처받는다. 진정한 고통을 감정 차원에서 수용할 수 있는 것도 우리가 살아서 존재하기 때문이다. 해당 회로망 작동에 너무 많은 시간을 쏟으며 이것이 '우리의 진실'이라고 믿으면 고통만 있을 뿐이다. 그저 세포 집단이 회로 하나를 작동시키는 일일 뿐이라고 깨달아야 한다.

나는 고통을 느낀다. 하지만 나는 그 고통이 아니다.

좌뇌가 행복의 원천이라는 발상을 뒷받침하는 신경과학 연구들은 산처럼 쌓여 있다. 나도 완전히 동의한다. 그렇지만 행복이 기쁨과 같지는 않다. 행복과 기쁨은 둘 다 긍정적이긴 하지만 심리학적으로나 신경해부학적으로 아주 다른 감정이다. 여러 사람이 관찰해왔듯 기쁨은 내부에 쌓인다. 우리가 누구인지, 왜 이런 모습이고 어떤 존재인지 평화롭게 받아들일 때 기쁨이 생겨난다. 반면에 행복은 외부의 사물이나 사람, 장소, 생각, 사건에 달려 있다. 행복의 경험이 외부 환경에 의존하기 때문에 캐릭터 2는 그 행복, 혹은 그 행복의 결핍의 기저에 있는 회로망이다. 한편, 기쁨의 원천은 우뇌 캐릭터 3인데, 이는 다음 장에서 자세히 설명할 것이다.

많은 경우 캐릭터 2가 부정적으로 활성화할 때는 그것이 스트레스 회로망의 일부이기 때문에 불안, 공포, 혹은 감정적 고통이 쏟아지는 느낌이 들곤 한다. 캐릭터 2는 우리 통제 아래 목적에 따라 작동하

2부 네 가지 캐릭터

기 보다는, 바로 뛰어나와 우리 의식을 폭력적으로 지배하기 쉽다. 일단 캐릭터 2가 마음을 뒤흔들었다면, 다른 캐릭터 속으로 들어가는 데는 계획이 필요하다. 이때가 네 가지 캐릭터가 두뇌 회담을 개최할 아주 완벽한 순간이다. 캐릭터 2를 떠받치면서도 통제하에 두는 방법을 익히면 감정 반응을 성공적으로 조절할 수 있다.

뇌에서 캐릭터 2에 해당하는 부분만 잘라낸다면 과거에서 오는 감정적 고통에서 벗어날 수 있으니, 다들 그럴 수 있기를 은밀히 바랄 것이다. 우리 삶의 방식이나 성격이나 감정을 수정하고 조절하거나 심리적으로 분석하도록 도움을 주는 치료, 혹은 지침을 다들 찾고 싶을 것이다. 가장 중요한 것은 '우리가 치유를 위해 무엇을 할 수 있느냐'다. 수십억 달러의 산업이 뒷받침하는 아주 중요하고 어려운 질문은 다음과 같다. "우리가 캐릭터 2의 감정적 반응성에 의존해왔다는 사실을 깨닫는다면, 스스로를 구하기 위해 어떤 전략을 사용할 수 있는가?"

예전에 나의 좌뇌 캐릭터 2는 외부 세계에 닻을 내려 나를 감정적으로 붙들어주었으나 이제 그 캐릭터는 없다. 나의 자아가 사라졌고 정체성을 구성하는 개인적 내용 또한 모두 사라졌다. 결과적으로 나는 우주의 흐름에서 분리된 개인으로서는 더 이상 존재하지 않았다. 나는 내 삶에 대해 아무것도 알지 못했다. 흥미로운 사실은 나의 어머니가 '어머니로서의 힘'조차 잃어버렸다는 것이었다. 나는 어머니가 어떤 사람이었는지 몰랐을 뿐 아니라 '어머니'가 어떤 존재인지도 몰랐다. 무엇이든 명명하기 위해, 혹은 외부 세계의 사물들을 호명하기 위해 단어를 끌어다 쓸 수 없어서 추상적 사고가 불가능했다. 말 그대로 나는 어느 여성의 몸속 아기 같은 존재가 되었다.

뇌수술을 받은 후 나는 새로운 감정을 경험하는 능력을 되찾았다. 그렇지만 내가 경험한 감정을 명명하는 법은 다시 다 배워야 했다. 고통의 한 요소를 설명하던 것이 기억난다. 내 심장은 빠르게 뛰고, 턱에는 경련이 일어났으며, 목 뒤에 있는 머리카락은 따끔거렸고, 손은 주먹을 꽉 쥐었으며, 피부에서는 땀이 솟아나고 있었다. 야생 상태에서 돌아다니는 동물이 된 기분이었다. 상대방을 때리고 깨물고 전력으로 공격하고 싶었다. 어머니는 그런 일련의 상태들이 분노라고 했다. 이때부터 나는 분노 회로망이 촉발된 때를 감지할 수 있었다.

그렇지만 사람들이 왜 분노 회로망에 계속 관여하면서 그것이 작동되게 하는지 아무리 애를 써도 이해할 수 없었다. 분노는 너무 폭력적이고 내적으로 건강하지 못한 느낌으로 다가왔기 때문이었다. 그리고 분노가 촉발되는 초기 신호에 관심을 기울임으로써, 내게 분노를 통제할 힘이 있다는 사실을 깨달았다. 회로가 완전히 돌아가기 전에 정지시키면 됐다. 시간이 흐르고 내 캐릭터 2가 회복되고서는, 회로가 촉발된다 해도 특정 신경 고리가 작동했다가 완전히 멈추는 데는 90초도 걸리지 않는다는 사실을 알게 되었다.

세상을 살아가는 캐릭터 2의 모습

좌뇌 감정형 캐릭터 2의 다양한 특징을 살펴볼 때, 카를 융의 '그림자' 개념이 익숙한 사람이라면 캐릭터 2와 그림자의 유사성을 아마도 알아보게 될 것이다. 그림자는 우리 성격에서 미지의 어두운 부분으로 묘사되곤 한다. 캐릭터 2 또한 좌뇌 무의식에서 아주 불쾌하거나 가장 심하게 고통받는 부분으로 모습을 드러낸다. 최악의 경우 캐릭터 2는 외부 세계에 감정적 반응성을 보이면서 그 행동에 대한 책임을 수용하지 않는다. 또 과거에서 오는 고통에 눈이 가려진 탓에 미래를 희생하는 경향이 있다.

존 볼비John Bowlby의 '애착 이론Attachment Theory'은 어린이가 주요 양육자와 분리되었을 때 보이는 불안과 괴로움의 반응을 분석한 것이다. 이 이론을 잘 아는 사람이라면, 그 부정적 감정이 좌뇌 감정형 캐릭터 2에서 비롯되는 경우가 많다는 점도 눈치챌 것이다. 물론 사람마다 긍정적인, 혹은 부정적인 감정 회로망이 독특하게 배선되어 있다. 그리고 이 회로망 각각의 작동 횟수에는 천성과 양육 둘 다 영향을 미친다.

캐릭터 2가 뇌에서 사라지니 나는 압도적인 안정과 평화로움을 느꼈다. 내 어린 캐릭터 2는 평생 감정적 고통을 구현해왔다. 그래서 뇌졸중으로 캐릭터 2가 죽은 일은 경이로운 축복과도 같았다. 물론 나는 완전한 자유를 얻지는 못했다. 결국에는 감정을 겉으로 표현하는 능력을 다시 찾았고, 내 새로운 캐릭터 2는 전처럼 불손한 존재로 판명 났다. 그렇지만 크게 보면 내 감정을 다시 경험하게 된 것은 안심할 일이었다. 감정은 삶에 깊이를 더해줄 뿐 아니라 성장할 수 있는 폭을 넓혀준다.

누가 봐도 뇌졸중 이후 나는 바뀐 내 환경에 대해 만족하지 못하거나 절망을 느낄 만했다. 그렇지만 우뇌는 내가 아직도 살아 있다는 사실에 고마움을 느낄 뿐이었다. 나는 열심히 노력하여 하버드대학에서 경력의 절정에 올랐지만 그 사다리에서 완전히 떨어지고 말았다. 그런데도 당혹스럽지도 창피하지도 않았다. 거기다 수술을 받을 때는 우뇌에만 의식이 있어서 자기혐오나 죄책감, 외로움이 어떤 개념인지 이해하지 못했다. 전혀 우울하지 않았다. 그날 나는 죽지 않았다. 이는 내가 삶에서 두 번째 기회를 얻었다는 뜻이기 때문이었다.

나는 좌뇌의 감정형 캐릭터 2를 '애비Abby'라고 부른다. 내 생각에 내 유년 시절의 근본적 상처는 버림받은 느낌에서 생겨났다. 그저 내가 태어나면서 어머니와 분리되었기 때문이었다. 출생의 순간을 아무리 낭만적으로 묘사한다 해도 생리적으로 볼 때 나는 소리와 빛과 감촉에서 차단된 따뜻한 액체 속에서 튀쳐나온 것이다. 어머니의 근사한 심장 박동과 하나가 된 듯한 유동적 세계를 떠나, 몸을 구석구석 살피고 쿡쿡 찔러대며 저절로 감각에 과부하가 오는 차가운 세계로 왔으니 내 영혼 전체가 통곡하게 된 것이다. 이 세상에 온 것을 환영한다, 애비 어린이!

좌뇌 감정형 캐릭터 2는 모든 경험을 감정 필터로 걸러내 무엇이 우리를 괴롭게 하는지, 무엇이 위험하고 나쁘거나 그릇되었는지를 파악하여 우리를 보호한다. 그렇기 때문에 비관적인 관점을 가지고 물컵이 반이나 비었다는 식으로 세상을 바라본다. 거기다가 좌뇌 캐릭터 2는 뭔가가 부족한 상태에 아주 집착하는 편으로 모든 사람이 돈이나 사랑, 물건, 음식을 넉넉히 가질 수는 없다고 본다. 그래서 뇌의 이 부분은 우리가 적정한 몫을 얻었는지 열심히 확인한다. 이렇게 위축된 사고방식을 품고서, 캐릭터 2는 끝도 없이 더 가지려고 갈망하며 불만족을 느끼고 계속 탐욕을 부리기도 한다. 행복을 느낄 수도 있지만, 그런 행복은 외부의 조건에 기인하며 여느 감정들이 그렇듯 일시적이다.

캐릭터 2가 우리를 실망시킨 사람에게 모질게 굴거나 원한을 품거나, 혹은 분노하는 일은 드물지 않다. 우리는 더 상처받지 않으려고 입 다물고 있거나 조심스럽게 굴 수 있지만, 복수나 모략을 계획하는 데도 능숙하다. 스스로 고립을 자처한 결과, 캐릭터 2는 이 위협 가득한 세계에 대한 두려움과 울적함에 푹 빠지게 된다. 이런 일이 벌어지면 우리는 캐릭터 2가 우주적 흐름과의 관계를 희생한 세포 집단이라는 점을 기억해야 한다. 그러면 캐릭터 2의 본질적 가치에 공감하고, 캐릭터 2가 자기의 공포를 외부 세계로 터트리거나 질병에 걸려 우리를 무너뜨려야겠다고 느끼기 전에 치유되도록 도울 수 있다.

세상이 나를 인정하지 않고 깎아내리는 것 같고 아무도 나를 원치 않는다거나 내가 무가치하다고 느낄 때면, 어린 애비가 총력을 다해 제 모습을 드러내고 있는 것이다. 또한 억눌리거나 괴롭힘을 받는 기분, 혹은 남이 부러운 기분이 들 때도 캐릭터 2에 사로잡힌 상태다. 애비가 계속 스트레스를 받는 상황이고 압력솥처럼 김을 토해낼 준비가 되었다면, 이것은 결코 좋은 일이 아니다. 나는 조급해지거나 시비를 걸게 될지도 모른다. 예상할 수 있겠지만, 애비는 본인이 행복하지 않으면 우리 또한 행복하지 않기를 바란다.

어떤 사람이 혐오스럽게도 우리를 괴롭히거나, 복수하려 들거나, 공격적인 모습을 보이거나, 냉소적인 유머를 던지거나, 일부러 도발하려 들 경우, 우리는 상대의 캐릭터 2와 맞서고 있는 것이다. 캐릭터 2에게는 이기적이고 자기밖에 모르며 독선적이고 자기 자랑만 하고, 심지어 감정을 교묘하게 조종하는 면이 있다. 캐릭터 2는 자기애적이고 과장되고 젠체하고 거만하고 자기중심적이라고 묘사할 수 있다. 힘든 날이면, 우리 뇌의 이 부분은 타인을 열심히 깎아내리고, 사납게 욕하며 공격을 가하고, 앙갚음하겠다는 마음가짐으로 옥신각신한다. 흠을 잡고, 인종적, 혹은 종교적 차이에 대해 편협하게 굴 수 있으며, 악의적이고 비열하거나 잔인한 모습을 보일 수도 있다. 걱정스럽게도, 우리 뇌의 이 부분은 그 어떤 것에도 책임을 질 수 없다. 캐릭터 2는 피상적 매력을 지닌 모습으로 우리에게 조건부 사랑을 줄 수 있지만, 우리가 그 통제를 허락하고 그 요구를 채워주는 한에서만 그렇다. 우리 뇌의 이 부분은 자신을 지배자로 인식하기에, 권위를 존중하지 않고 법 위에 군림하듯 행동할 수 있다.

정직에 관해서라면, 캐릭터 2는 우리의 가장 고귀한 자아가 아니다. 캐릭터 2는 교묘하며 속임수에 밝다. 사람을 바로 앞에 두고 틀림없이 거짓말을 할 것이고 사기를 쳐서 큰돈을 훔쳐갈 것이다. 승부를 겨루는 상황에서는 지저분하게 굴면서 상대를 속이리라는 것도 예상할 수 있다. 캐릭터 2는 비난을 피하는 기술을 잘 습득했으며, 타인이 보기에는 미숙하고 세련되지 못하고 부정직하고 덜 다듬어진 모습이다.

이 모든 부정적인 특성에도 불구하고 이런 행동의 본질에 고통과 공포가 있다는 사실을 기억해야 한다. 앞서 언급했듯이, 우리 중 누구도 잘 살 방법이 쓰인 안내서를 가지고 이 세상에 오지 않았다. 내면의 이 부분을 치유하고자 한다면, 이 부분이 모습을 드러낼 때를 알아보고 그런 모습이라 해도 사랑해야 한다. 다른 캐릭터들도 캐릭터 2의 요구를 귀 기울여 듣고 캐릭터 2에 자신이 가치 있고 소중한 존재라는 확신을 주어야 한다. 이것이 네 가지 캐릭터의 힘이자 두뇌 회담의 목적이다. 우리 뇌 전체에서 존경받고 소중한 구성원으로 받아들여지면, 캐릭터 2는 지지를 받는 기분을 느끼고 그 반응성이 체계적으로 줄어들게 된다. 게다가 이 모든 열띤 감정들이 회로를 따라 작동하는 세포들이라는 사실을 알기만 해도, 우리는 의도적이고 의식적으로 고통에서 멀어지며 그 힘을 다 날려버릴 전략을 세울 수 있다.

일할 때와 놀 때의 캐릭터 2

앞서 현실의 여러 상황에서 캐릭터 1이 어떤 모습을 보이는지 살펴보았다. 이번에는 캐릭터 2에 대해 알아보자.

일할 때의 캐릭터 2

직원이든 팀장이든 상관없이, 캐릭터 2는 예상 가능한 몇 가지 특징을 똑같이 가지고 있다. 무엇보다도 캐릭터 2는 선천적으로 타인의 자발성을 신뢰하지 않는다. 그러니 캐릭터 2인 팀장은 팀원의 자발성을 믿지 않고, 캐릭터 2인 팀원은 팀장의 자발성을 믿지 않는다. 그 결과 캐릭터 2는 가혹한 태도로 팀을 이끌고 어려운 요구를 하며, 마감일을 맞추기 위해 위협을 가하게 된다.

이런 모습은 '경직된 캐릭터 1'이 팀을 이끄는 방식과 비슷해 보인다. '경직된 캐릭터 1'은 실패를 겪으면 하늘이 무너질 것처럼 구는데, 캐릭터 2도 그렇다. 지금 이 일을 하지 않으면 우리 모두 죽을 것이고, 만일 네가 죽지 않는다면 일이 끝나고 나서 내가 손수 너를 해치겠다고 말하는 식이다. '경직된 캐릭터 1'인 리더는 압박을 느끼거나 외부의 힘에 의해 구석에 몰리는 상황에 놓이면, 타인을 못살게 구는 캐릭터 2의 마음가짐으로 슬그머니 옮겨가는 능력이 있다. 경쟁이든 외부의 감사든 어떤 식으로든 통제가 안 되는 상황을 마주하면, 캐릭터 1은 캐릭터 2의 '성질부리는' 지도력 유형으로 변할 수 있다.

스트레스를 받으면 '부드러운 캐릭터 1' 팀장도 '경직된 캐릭터 1' 팀장의 모습으로 옮겨갈 수 있다. 최악의 환경에서는 캐릭터 2인 팀장도 될 수 있다.

캐릭터 2가 팀원일 경우 너무 융통성 없는 방식으로 힘을 남용할 수 있다. 심지어 규칙을 사정에 맞게 바꾸면 간단한 해결책이 분명 나올 수 있는 상황에서도 그렇다. 캐릭터 2는 합리적 결정을 내리지 않겠다고 거부하는 것만으로도 일을 망칠 수 있다. 결정을 내리기만 하면 되는 상황이고, 그렇게 하지 않으면 실패가 뒤따를 때에도 생각을 바꾸지 않는다. 이들은 분명 규칙을 어겨야 하는 예외적인 상황에서도 규칙을 유연성 있게 적용하지 않는다. 캐릭터 2 팀원은 일을 개인적으로 받아들이는 경향이 있으므로, 어떤 건설적 비판이든 모욕으로 느낄 수 있으며 타인에게 품은 선의도 버릴 수 있다.

캐릭터 2 팀장은 근시안적 결정을 내리는 경향이 있다. 그래서 초기에 그 결정을 바꾸지 않는다면 장기 프로젝트가 방향을 잃기도 한다. 캐릭터 2 팀원은 동시에 한 가지 이상의 일을 맡게 되면 일을 손에 잡지 못하거나 너무 힘들어 어찌해야 할지 모르는 상태가 된다. 캐릭터 2는 완벽주의자 성향이 있지만, 마감 시간을 맞추거나 일을 끝내기 위해서라면 프로젝트를 수행하며 거쳐야 하는 단계들을 건너뛸 것이다.

캐릭터 2는 자기 자신에게 현실을 속이고 근시안적 사고로 인한 결과도 속일 수 있다. 그리고 프로젝트의 초기 단계들을 건너뛴 결과를 마주하게 되면 공포에 질려 마비될 수 있다. 캐릭터 2는 스스로 진실을 피하듯, 약점을 최소화하기 위해 상사에게 진실을 말하지 않을지도 모른다.

해변의 캐릭터 2

해변에 온 캐릭터 2는 모래에 신경을 쓰게 되는데, 어디에나 모래가 있어서다. 수건에도 발가락 사이에도 수영복에도, 심지어 머리카락에도 모래가 있다. 이들은 자신이 볼 수 없는 물속에 무엇이 있을까 걱정한다. 자신을 다치게 하거나, 물거나, 침을 쏠 뭔가가 있지는 않을까 으스스한 기분이 들고 짜증이 나고 미칠 듯한 심정이 된다. 안심할 수가 없으니 가만히 있지를 못한다.

캐릭터 2는 이제껏 들어본 가운데 최악의 바닷가 이야기로 상상의 나래를 펼친다. 이런 이야기가 지금 당장 실제로 벌어질 것 같은 생각에 사로잡힌다. 영화 〈죠스〉 같은 상황을 떠올리는 것이다. 캐릭터 2는 썩어가는 해초 냄새를 맡는다. 생각 없는 사람들이 남기고 간 불쾌한 쓰레기를 발견하고야 만다. 조개껍데기가 부족하거나, 혹은 근사한 조개껍데기가 부족하다고 생각한다. 부서진 조개껍데기는 끝이 날카로워 발에 상처를 낼 것이라고 걱정한다. 걱정을 멈출 수 없어 계속 소지품을 지켜보는 한편 귀에서 모래를 털어낸다.

캐릭터 2는 미지의 세계에서는 안심할 수 없다. 그래서 통제할 수 없는 변수를 최소화하려고 애쓴다. 해변으로 갈 준비를 하면서 비가 오거나 햇볕에 피부가 탈지도 모른다고 걱정한다. '적당한 장소를 찾을 수 있을까? 옆자리 음악은 너무 시끄러워. 담배 연기는 역겹고! 수영복 입은 내 모습이 멋져 보이지 않으면 어쩌지? 바람이 너무 많이 불면 또 어쩌나? 아니면, 바람이 잘 안 불어서 타는 듯 뜨거운 햇볕을 받은 몸을 식힐 수 없으면 어떻게 할까?' 모든 것이 걱정이다. 캐릭터 2는 또 생각한다. '아이들이 소리를 질러대서 파도 소리도 안 들려. 땀 때문에 눈이 따끔거려. 죽은 물고기 냄새가 코를 찌르고 파리 떼가 모이네. 물에서는 거품이 나고. 너무 역겨워! 진짜 끔찍하게 지루한 곳이다. 아마도 오늘 돌고래도 못 볼 것 같다. 언제 집으로 돌아갈까?'

캐릭터 2는 사람들의 관심을 피하려고 애쓰면서 자신의 차림새를 자꾸 흠잡는다. 그래서 칙칙한 색으로 차려입고 겉옷을 걸쳐서 몸을 가린다. 약간 흐트러진 모습일 때도 있는데, 긴장한 데다 편히 있지 못하기 때문이다. 그렇게 불안한 가운데 자기 물건을 계속 만지작거린다. 캐릭터 2는 활동에 참여하기보다는 관찰하는 쪽을 선호한다. 발리볼을 하거나 무도장에서 몸을 흔드는 사람 중에는 캐릭터 2가 없을 것이다. 타인을 관찰하면서 놀림거리를 찾거나 지적하는 쪽을 좋아하기 때문이다. 불평분자가 불평분자 무리를 좋아하듯, 캐릭터 2는 다른 캐릭터 2에게 같이 여행을 가자고 할지도 모른다.

이렇게 불만이 가득한 가운데 캐릭터 2는 그 사실을 거의 자각하지 못한다. 자신의 고통, 혹은 공포에 사로잡혀서, 스트레스 요인에 대한 흑백논리적 해결책 이상은 생각하기 어려운 것이다. 캐릭터 2의 회로망이 전력을 다하면 아주 강력하여 다른 캐릭터들의 회로망을 압도할 수 있다. 이렇게 되면 다른 캐릭터들은 고립되고 외로운 기분으로 남겨진다. 다른 캐릭터들이 도움을 제공할 수 있는 것을 알지 못한 채, 캐릭터 2는 구원받기 위해 손을 뻗어 타인에게 의존하게 된다.

캐릭터 2는 걱정하고, 불평하고, 비난할 것이다. 심지어 자기 자신도 비난할 것이다. 그러면서도 타인에게 자신이 불안을 드러내고 있다는 사실을 전혀 의식하지 못할 것이다. 물론 문제가 생길 수 있다. 이런 모습이 다른 캐릭터 2의 관심을 끌지는 모르지만, 나머지 사람들은 이런 면을 피하고 같이 어울리기 꺼려하는 경향이 있다. 슬프게도 이렇게 거부당하면 캐릭터 2는 부정적 마음가짐을 강화할 뿐이다. 자신의 그런 마음가짐을 뒷받침하는 더욱 확실한 증거를 얻었기 때문이다.

캐릭터 2에 대한 간략한 묘사

- **분노/욕하기**: 화가 나서 욕을 하지 않고서는 못 배기는 상황이라면, 캐릭터 2가 뇌를 지배해서 통제 불능인 상태다. 이런 순간에는 정지 버튼을 누르는 편이 현명하다. 그러면 성공적인 두뇌 회담을 열도록 자신에게 90초의 시간을 줄 수 있다.
- **속이기**: 좌뇌 캐릭터 2가 거짓말을 하기로 마음먹으면 우뇌에 말투나 표정으로 속임수를 드러내지 말라고 말한다. 이때, 우뇌는 캐릭터 2에 협력하거나 당신을 속여 넘길 것이다.
- **죄책감 느끼기**: 조문 카드를 보내지 않아서 속상하다면, 혹은 길을 건너던 작은 체구의 할머니를 돕지 못해서 미안하다면, 캐릭터 2가 활동하는 것이다.
- **수치를 내면화하기**: 만족스럽지 않은 기분이거나 자신이 사랑받을 가치가 없다고 느낀다면, 캐릭터 2가 우세한 상황이다. 이때는 두뇌 회담을 여는 것이 중요하다.
- **조건에 따라 사랑하기**: 사람들이 당신 바람대로 행동할 때만 사랑을 베푼다면, 이것은 캐릭터 2가 조건적으로 사랑하는 방법임을 기억해야 한다.
- **부정적 자기 평가**: 당신은 삶이 제공해야 하는 모든 기쁨이며 좋은 것들을 누릴 가치가 없다고 내면의 목소리가 말한다면, 이 목소리가

바로 캐릭터 2다. 이 목소리는 아주 흠을 잘 잡으며 자신을 깎아내리는 말을 할 수 있다. 이 목소리가 말을 하면 정말 소리가 커서 다른 캐릭터들을 다 이기는 편이다.

• **불안**: 캐릭터 2가 마음이 조마조마하고 무슨 일이든 일어날지 모른다고 걱정하고 있을 때면, 피부 속까지 지독히 불편한 기분이 든다.

• **징징거리기**: 캐릭터 2 때문에 이렇게 말하고 싶을 때가 있을 것이다. "캐릭터 2 어린이, 제발 멈춰! 두뇌 회담을 열까, 아니면 안아줄까?"

• **자기중심적 성향**: 때로 캐릭터 2의 기분을 맞춰줘야 할 때도 있다. "캐릭터 2야, 너는 우주의 중심이고 너의 요구는 정말 중요한데, 이 것은 네가 정말 중요한 존재이기 때문이란다."

• **비난**: 캐릭터 2는 모든 것에 대한 책임을 당신에게 돌릴 것이다. "다 네 탓이야. 내가 불행한 것도, 돈이 없는 것도, 일자리가 없는 것도, 이것도, 저것도!"

당신의 캐릭터 2를 알아보자

캐릭터 1에 대해 살펴보았을 때와 마찬가지로 좌뇌 감정형 캐릭터 2에 대해서도 다음 질문을 던져보자. 역시 지금 질문들을 건너뛰고 계속 책을 읽고 싶다면 그렇게 해도 좋다.

1. 당신은 캐릭터 2를 인식하고 있는가? 잠시 숨을 돌리고 스스로 캐릭터 2의 행동에 얽힌 상황을 그려보자. 분노를 느끼거나 질투심을 느끼거나, 혹은 그 외 당신의 문제적 감정을 느끼는 상황을 마음속에 그려보는 것이다. 여러 감정이 분노로 제 모습을 위장한다. 당신은 이 회로망을 진정시키는 전략이 있는가? 아니면, 캐릭터 2가 볼썽사나운 모습으로 당신의 삶에 슬그머니 끼어드는 경향이 있는가?

나는 어린 애비에 대해 아주 잘 안다. 애비는 적대적인 모습으로 나타나는 경우가 드문데, 나를 보호하기 위해 다른 캐릭터들이 방해물을 많이 세워두었기 때문이다. 그렇지만 당신이 캐릭터 2를 자극하기로 작정한다면, 캐릭터 2가 결국 나타나 당신을 곤란하게 만들 수 있다. 분노는 고통을 받으면 나오는 강력한 반응이다. 고통에는 여러 근본적 원인이 있다. 애비는 내가 과거에 받은 상처다. 그래서 나는 안아주고 싶어도 더는 곁에 없는 사랑하는 사람들을 위해 마음 깊이 슬퍼할 때가 있다. 그렇게 하지 않으면 애비는 그 오래된 서사를 작동시키고, 늘 하던 대로 전쟁을 벌일지도 모른다. 애비는 이해하기 어렵지 않고, 복잡하지만 예측이 된다. 애비는 정말 사랑스럽고 상처받기 쉬운 나의 일부다. 당신도 이런 취약성을 인지하고 있는가?

2. 캐릭터 2는 당신 몸속에서 어떤 느낌으로 다가오는가? 분노, 불안, 혹은 공황 상태를 자주 느끼는가? 캐릭터 2가 활동할 때 당신은 어떻게 신체를 통제하는가? 혹은 어떻게 목소리를 바꾸는가? 이렇게 마음이 어지러운 상태는 신체 내부에서 어떤 느낌인가?

애비가 의식을 지배하면 나는 바로 애비를 느낀다. 나를 보호하고 있을 때 애비는 크게 소리치는데, 그 목소리가 힘껏 떨리는 편이다. 애비가 위협을 느낄 때면, 내 몸에는 불안이 한바탕 휘몰아친다. 호흡이 얕은 가운데 가슴이 죄일 때 애비를 느낀다. 나는 경계 태세를 갖추고 마치 돌아다니다 몸을 숨기려는 동물처럼 후다닥 움직인다. 그러면 내 몸 전체가 명백히 불편한 상태를 내비친다.

　내 안의 상처받은 부분은 자기 자신을(그리고 나의 나머지 부분도) 보호하기 위해 반사회적 도구를 사용하는 죄 없는 어린아이임이 분명하다. 애비가 의식으로 뛰어들었다고 감지하면 바로 애비와 나머지 세 가지 캐릭터 모두를 두뇌 회담 자리로 소집한 다음 애비의 요구를 밝혀야 한다. 이 방법은 내게 통한다. 이렇게 하는 경우 애비는 자신의 말에 누군가 귀를 기울이고 있다고 느끼고 안심한다. 자신은 소중한 존재라고 생각하고 편안해진다. 그러므로 진정할 수 있다.

3. 앞서 캐릭터 2가 융의 '그림자'를 나타낸다고 언급했다. 정의에 따르면 그림자는 우리 뇌의 가장 원시적인 부분이다. 캐릭터 2는 우리의 의식적 캐릭터 1이 모르거나, 혹은 대놓고 거부할지도 모르는 무의식적 뇌의 일부다. 당신이 감정을 숨기는 경향이 있다면, 캐릭터 2를 전혀 인지하지 못할 수도 있다.

일반적으로 자신의 이 부분을 인지할 때, 혹은 타인에게서 이 부분을 인지할 때 어떤 문제도 겪지 않는 경우가 많다. 그렇지만 당신이 캐릭터 2와 연결될 수 없다면, 주변 사람에게 말을 걸어 어떤 실마리라도 구하는 것이 좋겠다. 우리 중 일부는 이 캐릭터가 자신의 주요 성격이라서, 많이 걱정하고 자주 불평하며 세상은 신뢰할 수 없는 곳이라고 느끼는 경향이 있다. 이런 모습이 당신의 주요 캐릭터인데 더 많은 기쁨을 경험하고 싶다면, 다른 캐릭터들에 대해 더 알아보고 그들에게 자리를 내어주는 일이 도움이 될 것이다. 그렇기에 네 가지 캐릭터가 두뇌 회담을 열도록 훈련한다면 모든 캐릭터가 한 팀의 소중한 구성원이라고 느끼게 될 것이다.

캐릭터 2를 확인할 수 없는 상황이라면, 혹시 자신이 환경의 희생자라고 느낀 적이 있는지 생각해보라. 혹은 당신의 요구를 충족시킬 수 없어서 무력함을 느낀 적은 없는가? 누가 당신에게서 최상의 상태를 끌어내는지, 또 최악의 상태를 끌어내는지 생각해보자. 당신과 말싸움하는 상대가 있는가? 혹은 일부러 당신 기분을 상하게 하려는 고약한 사람이 있는가? 기분이 나쁘면 당신이 조롱하는 사람이 있는가? 아니면, 지속적으로 당신을 화나게 하는 사람이 있는가? 당신은 정치 문제로 화가 나는가? 그렇지 않으면 다른 나라 출신인 주변 사람이 불편한가? 당신은 걱정이 많은 경향이 있는가?

캐릭터 2는 선천적으로 우리와 같지 않은 사람들에게 편견을 품는다. 우리는 무엇이 옳고 무엇이 그릇되었는지 같은 방식으로 생각하고 느끼고 판단하는 사람들을 보면 안심한다. 캐릭터 2는 같은 야구팀을 응원하고 같은 비영리 단체에 기부를 하거나, 같은 후보에게 투표하는 사람들과 한 팀이 될 때 안심한다. 캐릭터 2는 익숙한 느낌을 받을 때 편안함을 느낀다.

캐릭터 2는 가장 깊고 아름다운 고통이 가득하다. 사랑받고자 하는 우리의 갈망이자 몹시 비통해하고 슬퍼하는 부분인 캐릭터 2는 긍정적 감정과 부정적 감정 전부를 맡는다. 이런 능력이 있어 우리는 풍요롭고 복잡 미묘한 삶을 살 수 있다.

캐릭터 2를 더 잘 인식하고 캐릭터 2가 자신을 세상에 표현하는 별난 모습을 더 잘 알면, 다른 캐릭터들은 더 쉽게 캐릭터 2의 요구를 성공적으로 조절할 수 있다. 대부분의 사람이 캐릭터 2에 귀를 기울이고 그 바람을 만족시켜주는 방법을 알고 싶어 하리라 생각한다. 캐릭터 2가 머지않아 인간관계를 방해하거나 마음속 깊은 즐거움을 파괴하기 전에 말이다. 캐릭터 2는 인생의 주요 단계에 갑자기 폭발하는 경향이 있다. 캐릭터 2가 나타나면 몸속에 기분 나쁜 느낌이 들며, 이마에 주름이 지고 자세가 뻣뻣해지거나 목소리에 공격성이 실린다. 캐릭터 2는 뻔뻔하고 시끄럽고 비열하고 공격적인 모습일 수 있다. 자기혐오적이고 조용하고 측은하고, 수동 공격적이며 어색한 모습일 수 있다. 혹은 이 둘 사이의 어떤 모습도 될 수도 있다.

당신이 알아낸 좌뇌 감정형 캐릭터 2의 모습이 어떻든 상관없이, 이 캐릭터는 개인이 성장할 때 맨 처음 마주하는 부분이다. 자기 자신과도, 타인과도 더 평화롭게 살고 싶다면 캐릭터 2와의 관계를 잘 다스려야 한다. 네 가지 캐릭터가 두뇌 회담을 열도록 불러모으는 일은 내가 캐릭터 2에 대한 사랑을 유지하면서 내면의 깊은 평화를 유지하기 위해 찾아낸 최고의 방법이다.

4. 당신은 좌뇌 감정형 캐릭터 2를 소중히 여기는가? 아니면, 이 부분이 당신을 두렵게 하는가? 당신이 이 캐릭터로 살아가는 시간은 얼마나 되며, 어떤 환경에서 그렇게 하는가?

나는 이 캐릭터가 내적 경보이자, 성장하기 위한 잠재력으로서 소중하며 또 감정의 깊이를 위해서도 소중하다는 사실을 알게 되었다. 그렇지만 뇌의 이 부분이 부정적인 방식으로 흥분하는 것은, 마음속 깊이 나를 불안하게 하는 일이 일어나고 있다는 의미다. 내 반응의 핵심에 무엇이 있는지 기꺼이 살피면, 나 자신의 두려움이며 약점을 더 잘 이해하게 해주는 지식을 얻게 된다. 운 좋게도 다른 캐릭터들은 어린 애비를 달래주는 법을 알고 있다. 특히 배가 고프거나 피곤하거나, 혹은 혈당이 떨어져서 애비가 나타났을 때 그렇다. 네 가지 캐릭터가 공존하도록 돕는 방법 가운데는 두뇌 회담만 한 것이 없다.

5. 좌뇌 감정형 캐릭터 2에 적절한 이름을 지어줄 수 있는가?

앞서 언급했듯이 나는 나의 어린 감정형 캐릭터 2를 '애비'라고 부른다. 내 근본적 상처가 태어나면서 어머니와 분리되어 버려졌다고 불가피하게 느낀 데서 비롯되었다고 보기 때문이다. 우리는 모두 개별적 존재로, 전체에서 하나의 육체를 가지고 떨어져나왔다. 그래서 우리는 어마어마한 외로움과 고독을 느낄 수 있다. 더 이상 타인과 완벽하게 연결되지 않아서 깊은 감정적 슬픔과 고통을 느낄 수 있기에, 우리 감정적 세포와 회로망은 삶을 풍요로우면서도 고통스럽게 만들 수 있다. 캐릭터 2에게 개인적이면서도 의미 있는 이름을 붙여주는 일은 중요하다.

6. 살면서 당신에게 긍정적이든 부정적이든 영향을 미친 캐릭터 2로는 누가 있는가? 당신은 이런 만남에서 힘을 얻는가, 아니면 억눌리는가?

캐릭터 2 유형의 사람과 내가 맺은 가장 강력하고도 오랜 관계는 물을 필요도 없이 내 친오빠와의 관계다. 말했듯이 오빠는 나중에 조현병 진단을 받았다. 십 대 시절 우리 사이가 매끄럽지는 않았지만, 청소년인 나는 정신장애인들을 위해 일하며 분노와 고통을 의식적으로 흘려보냈다. 캐릭터 2인 오빠와의 관계 때문에, 또 그 사악한 장애로 인해 사랑하는 오빠를 잃었다는 정서적 상실감에 시달렸기 때문에, 정신장애인들을 돕는 일에 어떤 긍정적 기여를 할 수 있을지 알아보자고 결심하게 되었다. 이런 교훈은 무척 힘들게 얻었으나, 오빠의 장애와 오빠의 캐릭터 2가 없었다면 나는 오늘날의 내가 되지 못했을 것이다.

7. 인생에서 당신의 캐릭터 2를 인정하고, 돌봐주고, 동감하고, 같이 시간을 보내기를 원하는 사람은 누구인가? 그 사람과의 관계는 어떤가?

애비는 내 유년 시절의 고통으로, 힘든 소리를 하며 끝도 없이 투덜거릴 요량으로 다른 캐릭터 2들과 같이 있기를 원할 때가 있다. 보통 피자를 먹으며 이야기를 하고 싶어 한다. 어린 애비를 가장 사랑하는 사람은 어머니다. 어머니는 '마법의 공식'을 알고 있다. 그 공식 덕분에 나는 소리 내어 웃게 되고 애비는 바로 편안해진다. 어머니와 나는 조현병으로 오빠의 뇌가 손상된 까닭에 몹시 가슴 아픈 고통을 공유했다. 그렇게 오빠의 입원과 감금 사이에서 짊어지게 된 짐을 같이 떠멨다. 우리는 가장 도움이 필요하고, 또 가장 절망적이었던 엄청난 시절 동안 서로의 캐릭터 2를 격려했다.

이런 경험을 나누는 과정에서, 어린 애비가 도움을 요청할 때마다 어머니가 바로 캐릭터 4로 옮겨가서 내 말을 열심히 들어주고 나를 받아주고 돌봐준다는 사실을 깨닫게 되었다. 그러다가도 어머니는 뭔가 말도 안 되는 소리를 하여 나를 기막히게 하는데, 그럴 때 나는 캐릭터 3이 된다. 어머니가 애비를 성공적으로 달래는 모습을 지켜보면서, 나는 애비의 고통을 스스로 효과적으로 달래기 위해 캐릭터 4와 더불어 다른 캐릭터들까지 활용하는 방법을 배우게 되었다. 몇 년 전 어머니가 세상을 떠난 뒤, 나는 필요하다 싶을 때마다 두뇌 회담을 능숙하게 소집하게 되었다. 그러면 그것으로 바로 도움, 우정, 평화를 구할 수 있다.

크게 보면 나는 무척 운이 좋은 사람이다. 나를 사랑하고 내게 너그러운 친구들이 주변에 가득하다. 애비가 불쑥 나타나 불친절하게 굴거나 뭔가에 위협받은 기분에 사로잡힐 때도 친구들은 애비와 잘 지내는 법을 알고 있다. 언젠가 내가 전화로 친구와 수다를 떠는데, 갑자기 친구가 기분이 별로냐고 물었다. 그렇게 나는 애비가 활동하는 상황임을 깨닫게 되었고, 즉시 헬렌으로 상태를 바꾸었다. 안전하고 친절한 방식으로 서로의 캐릭터 2를 지지하는 방법을 알면, 우리는 필요한 순간에 타인에게 아주 소중한 선물을 줄 수 있다. 서로 두뇌 회담을 열자고 부드럽게 북돋우는 법을 알면, 사랑하는 사람들과 근사한 언어를 공유할 수 있게 된다.

8. 당신의 캐릭터 2와 잘 지내지 못하는 주변 사람은 누구인가?

캐릭터 2끼리 다투면 절대 해결이 나지 않을 것이다. 이 문장은 포스터로 만들어서 모든 집과 사무실에 붙여두어야 한다. 소셜 미디어에도 퍼뜨려야 한다. 당신이 누군가에게 싸움을 걸거나 누가 당신에게 싸움을 걸면 이 말에 대해 생각해보라. 당신이 상대를 봐주지 않고 공격에 나설 생각이라면, 그 상대에게서 어떤 캐릭터가 나오는지 관심을 기울여보자. 그다음 당신의 캐릭터 2가 상대의 기분을(그리고 관계 전체를) 완전히 망치려고 어떻게 힘을 쓰고 있는지 눈여겨보자.

캐릭터 2끼리 어떤 식으로 싸우든 갈등을 해결하고 두 사람이 마음을 달래거나 합의를 하려면, 둘 중 한쪽이 캐릭터 2에서 빠져나와야 한다. 사람들이 입씨름을 벌일 때 캐릭터들이 움직이는 모습을 관찰하면 정말 재미있다. 이런 관점을 획득하고 캐릭터 2의 반응성을 통제하는 법을 배우면 분명 타인과 의사소통을 더 잘할 수 있을 것이다.

9. 당신의 캐릭터 2는 어떤 유형의 부모, 파트너, 혹은 친구인가?

애비는 어린아이다. 양육자가 깊은 감정적 고통을 받고 있고 불만족스럽고 화가 나 있거나 미성숙한 캐릭터 2의 상태라면, 누구든 건강한 관계를 이끌 수 없다. 당신이 파트너로서 캐릭터 2로 살고 있다면, 분명 고통과 불행의 회로망에 사로잡힌 채 조건적으로 상대를 사랑하고 있을 것이다. 그 결과 상대는 당신과 단절되었거나 감정적으로 소진된 상태일 것이다.

우정 또한 마찬가지다. 당신이 심하게 괴로워하거나 적대적인 모습으로 친구들과의 대화에 자꾸 캐릭터 2를 끌고 들어가는 사람이라면, 친구 관계가 내적으로 어떻게 돌아가고 있는지 확인해봐야 한다. 상처를 잘 주거나 싸움을 잘 걸고 억울해하고 상대를 비난하고 요구하는 것이 많으며 흠을 잘 잡는 유형으로는 캐릭터 2가 최고다. 당신이 관계에서 소중하게 여겨지지 않거나, 혹은 당신의 요구가 잘 받아들여지지 않는다고 느낀다면, 네 가지 캐릭터를 모두 모은 두뇌 회담 개최를 고려해볼 수 있다. 당신이 어떤 모습인지, 다른 캐릭터들이 당신을 달래기 위해 어떻게 나타날지 진지하게 살펴보고 숙고해봐야 하기 때문이다.

10. 내용을 너무 앞서가고 싶지는 않지만 다음 질문을 생각해보는 일은 중요하다. 당신의 머릿속에서 캐릭터 2와 다른 캐릭터들 사이의 관계는 어떠한가? 캐릭터 2는 다른 캐릭터들을 존중하고 소중히 여기는가? 아니면, 그들의 의견에 동의하지 않고 반대하면서 즐거움을 느끼는가?

나머지 세 캐릭터가 각자 고유한 기술을 기반으로 애비와 건강한 관계를 맺도록 돕는 데는 몇 년의 시간이 걸렸다. 그 결과 네 가지 캐릭터가 효과적으로 두뇌 회담을 실행해서, 캐릭터 2는 어려운 시기에 다른 캐릭터에게 의지할 수 있음을 알게 되었다. 캐릭터 2의 요구가 긴박해지기 전에 말이다.

당신의 방식은 나와는 조금 다를 수 있다. 그렇지만 기꺼이 두뇌 회담을 연다면, 나와 똑같은 마음의 평화를 얻을 것이다. 내 경우 애비가 혼란스러워하면 캐릭터 1이 바로 튀어나와 애비에게 우리 몸은 안전하다고 알려준다. 문제가 발생하면 바로 헬렌이 상황을 살피는 것이다. 헬렌이 문제를 해결하는 동시에, 캐릭터 4가 나타나서 애비를 사랑으로 감싸준다. 다른 캐릭터 모두 애비가 고통에 시달리는 겁먹은 아이라는 사실을 알기 때문이다.

캐릭터 4는 애비의 말을 다정하게 들어주는 방식으로 애비를 감싼다. 애비는 자신이 소중하며 사랑받는 존재임을 알게 된다. 가장 중요한 점은 애비는 혼자가 아니며, 나머지 캐릭터들이 애비를 받아준다는 사실을 캐릭터 4가 확실히 밝혀둔다는 것이다. 특히 애비가 가장 심각한 순간에 말이다. 캐릭터 4가 감싸고 잡아주면서 자신의 말에 귀 기울이고 있다는 사실을 알게 되면 애비는 다소 진정하게 된다. 그리고 캐릭터 1이 문제를 손보고 있다는 사실을 깨닫는다. 캐릭터 3이 나타나 애비에게 밖으로 나가서 재미있는 일을 하자고 권할 수 있다. 캐릭터 3은 아주 활동적이고 창의적이며 지략이 풍부하다. 캐릭터 2가 고통에서 벗어나 몸의 움직임을 느끼게 하는 것은 아주 좋은 방법이다. 나 자신도 모르는 사이에 네 가지 캐릭터가 최악의 외상도 통제할 수 있다. 이렇게 두뇌 회담은 우리가 최고의 삶을 살도록 해준다.

당신의 캐릭터 2를 알아보자

1. 당신은 캐릭터 2를 인식하는고 있는가? 잠시 숨을 돌리고 스스로 캐릭터 2의 행동에 얽힌 상황을 그려보자. 분노를 느끼거나 질투심을 느끼거나, 혹은 그 외 당신의 문제적 감정을 느끼는 상황을 마음속에 그려보는 것이다. 여러 감정이 분노로 제 모습을 위장한다. 당신은 이 회로망을 진정시키는 전략이 있는가? 아니면, 캐릭터 2가 볼썽사나운 모습으로 당신의 삶에 슬그머니 끼어드는 경향이 있는가?

_____

_____

2. 캐릭터 2는 내부에서 어떤 느낌으로 다가오는가? 분노, 불안, 혹은 공황 상태를 자주 느끼는가? 캐릭터 2가 활동할 때 당신은 어떻게 신체를 통제하는가? 혹은 어떻게 목소리를 바꾸는가? 이렇게 마음이 어지러운 상태는 신체 내부에서 어떤 느낌인가?

_____

_____

3. 앞서 캐릭터 2가 융의 '그림자'를 나타낸다고 언급했다. 정의에 따르면 그림자는 우리 뇌의 가장 원시적인 부분이다. 캐릭터 2는 우리의 의식적 캐릭터 1이 모르거나, 혹은 대놓고 거부할지도 모르는 무의식적 뇌의 일부다. 당신이 감정을 숨기는 경향이 있다면, 캐릭터 2를 전혀 인지하지 못할 수도 있다.

_____

_____

4. 당신은 좌뇌 감정형 캐릭터 2를 소중히 여기는가? 아니면, 이 부분이 당신을
   두렵게 하는가? 당신이 이 캐릭터로 살아가는 시간은 얼마나 되며, 어떤 환경
   에서 그렇게 하는가?

   _____

   _____

5. 좌뇌 감정형 캐릭터 2에 적절한 이름을 지어줄 수 있는가?

   _____

   _____

6. 살면서 당신에게 긍정적이든 부정적이든 영향을 미친 캐릭터 2로는 누가 있
   는가? 당신은 이런 만남에서 힘을 얻는가, 아니면 억눌리는가?

   _____

   _____

7. 인생에서 당신의 캐릭터 2를 인정하고, 돌봐주고, 동감하고, 같이 시간을 보내
   기를 원하는 사람은 누구인가? 그 사람과의 관계는 어떤가?

   _____

   _____

8. 당신의 캐릭터 2와 잘 지내지 못하는 주변 사람은 누구인가?

_____

_____

9. 당신의 캐릭터 2는 어떤 유형의 부모, 파트너, 혹은 친구인가?

_____

_____

10. 내용을 너무 앞서가고 싶지는 않지만 다음 질문을 생각해보는 일은 중요하다. 당신의 머릿속에서 캐릭터 2와 다른 캐릭터들 사이의 관계는 어떠한가? 캐릭터 2는 다른 캐릭터들을 존중하고 소중히 여기는가? 아니면, 그들의 의견에 동의하지 않고 반대하면서 즐거움을 느끼는가?

_____

_____

6장

캐릭터 3: 우뇌 감정형

좌뇌 감정형 캐릭터 2는 근본적으로 현재에 대한 정보를 가지고 와서 그 자극을 과거에 겪은 위협과 비교하는 작업을 함으로써 현재의 안전 수준을 판단한다. 이와 반대로 우뇌 캐릭터 3은 지금 여기, 이 순간에 처리 중인 정보를 바탕으로 현 상태를 평가한다. 그래서 우뇌 캐릭터 3은 위협을 처리하기 위해 고유의 중대한 기술을 사용한다. 우뇌 캐릭터 3은 모든 것이 서로 연결되어 있으며 존재의 흐름 속에 있다고 인식한다. 그렇기 때문에 조감도를 보듯이 거시적으로 위험 요소를 바라본다. 위험이 주변 사람과 관련이 있든, 우리 환경과 관련이 있든 간에 말이다.

우리가 타인과 있을 때 얼마나 안전한지 평가하는 경우, 우뇌 캐릭터 3은 잘 숙련된 '사실 탐지기' 노릇을 한다. 신체 언어를 읽고 이를 표정과 연결하며, 어조나 억양에서 감정 단서를 찾아 해석하는 것이다. 퍼즐의 모든 조각이 적절한 자리를 찾아 한데 모이면, 우리는 그 행동을 '진짜'라고 해석한다. 조각들이 생각과 달리 잘 맞지 않으면, 예를 들어 누군가 사랑을 고백하는데 그의 신체가 개방적인 자세를 취하지 않는다면, 우리는 상대가 하는 말의 진실성을 의심한다.

우리 중 일부는 어떤 이유에서든 속임수 기술에 통달했고, 자신이 어떤 식으로 인식될지를 의식적으로 조종해서 속임수를 쓴다. 이들은 상대의 우뇌 레이더에 걸리지 않는 사람들이다. 우리도 속임수를 쓰려고 연습할 수는 있다. 그렇지만 정말 좋은 거짓말쟁이가 되려면, 좌뇌가 우뇌를 설득해서 속이는 일에 동참하게 만들어야 한다. 우뇌는 몸 상태를 잘 유지하면서 입이나 눈으로 속임수 티를 내지 않는 일을 맡으며 목소리로 적절한 음성 신호를 전달할 것이다. 우뇌가 어떤 이유에서 좌뇌의 속임수 욕심과 한통속이 되지 않기로 결정했다면, 속임수가 들통 나서 대가를 치르게 될 것이다.

우뇌 캐릭터 3은 우리 경험이 얼마나 익숙한 느낌인지를 기준으로 현재 직면한 환경의 전체적 안전 수준을 판단한다. 우뇌는 우리가 어떤 상황에 놓여 있는지를 거시적 관점에서 계속 평가한다. 의식의 배후에서 조용히 작동하기는 하지만, 우리가 구석에 몰리는 상황에 놓일 경우 어디로 달아날지 계속 헤아린다. 그렇지만 좌뇌 캐릭터 1이 끼어들어 우뇌의 자기 보호적 감수성을 무시하는 일은 드물지 않다. 우뇌가 위험을 경고할 수 있어도, 우뇌 대신 좌뇌 캐릭터 1의 크고 이성적인 목소리를 듣기로 결심한다면 우리는 자신도 모르게 문제에 휘말릴 수 있다. 이 주제를 다룬 훌륭한 책이 개빈 드 베커Gavin de Becker가 쓴 『서늘한 신호』이다.

경계 없이, 현재

지각의 관점에서, 뇌졸중이 나의 좌뇌 세포를 파괴하자 내 모든 세계는 엉망진창이 되었다. 우뇌 경험과 대비를 이루는 좌뇌 기술이 없어지자 나는 내 신체의 경계를 더는 정의할 수 없었다. 나를 구성하는 원자와 분자 그리고 주변의 모든 것을 구성하는 원자와 분자가 구별되지 않으니, 자신을 개인으로 인식할 수도 없었다. 이렇게 모든 것이 뒤섞인 결과 나는 자신을 단단한 존재가 아닌 끊임없이 움직이며 변하는 액체 상태로 인식했다. 경계가 사라지니 말 그대로 나는 경계 없는 상태가 되었다. 그래서 자신을 자유롭게 흘러가는 동시에 우주만큼 거대한 존재로 받아들였다.

이것이 어떤 의미일지 생각해보라. 당신이 좌뇌 캐릭터 1, 2의 잘 길들인 힘을 계속 가지고 있다고 해도, 이 우뇌 부분 또한 언제나 그 자리에 있으면서 활동하고 있다. 우리가 과거나 미래에서 물러나 지금 이 순간의 감각을 처리하는 것은 숙련된 기술이다. 지금 이 순간에 집중하면, 삶의 세세한 부분들이 흐려지고 대신 현재의 경험이 팽창한다.

좌뇌가 활동을 멈추면서 나는 단어도 언어도 모두 잃었다. 인생의 세세한 부분들을 기록해둔 '마음 보관소'도 사라졌다. 그 결과 정체성을 잃었고 자신에 대해 아무것도 알지 못하게 되었다. 의식은 여전히 같은 몸 안에 존재했으나 예전에 나로 존재하던 사람, 무언가에 대한 호불호 같은 것은 더는 존재하지 않았다. 그렇지만 좌뇌의 자아가 없는 와중에도 나는 의식이 있었고 살아 있는 존재였다. 그저 말로 의사소통을 할 수 없게 된 것뿐이었다. 내게 말은 그저 의미 없는 소리일 뿐이었다. 이 경험은 내가 영웅의 여정으로 향하는 첫 단계였다. 자아, 즉 개별성이라는 칼을 내려놓고 우뇌의 무의식으로 들어간 것이다.

너무나 겁에 질리고 흥분하거나 아연실색하여 말도 안 나온 적 있는가? 혹은 시간이 느리게 흘러가는 것 같은 순간을 겪어보았는가? 낯선 장소에서 깨어났는데 그곳이 어디인지 잠시 잊은 적이 있는가? 이런 순간이 의식은 멀쩡하나 좌뇌와 단절된 상태다. 배경 지식이며 현실에 기반을 둔 정보와도 연결이 안 된다.

때로 우리 의사와는 상관없이 우리는 바로 지금, 여기로 떠밀린다.
가끔 자진해서 현 순간에 도달하는 때도 있지만 말이다.

지금 이 순간에 몰입하기 위해서는 하던 일이나 생각이 무엇이든, 어떤 감정이 들든 상관없이 정지 버튼을 누르고 감촉이나 눈앞의 광경, 냄새 같은 당면한 감각적 경험에 의식적으로 집중해야 한다. 기꺼이 삶의 세세한 대목과 거리를 두고 삶이 어떤 '느낌'인지에 관심을 기울이면 쉬운 일이 된다. 감정적 차원의 느낌이 아니라 경험적 차원의 느낌 말이다. 해가 따뜻하게 얼굴에 쏟아질 때 그 느낌이 어떤지 우리는 안다. 비행기가 머리 위를 지나가면서 남기는 떨림도 잘 안다. 내가 캐릭터 3일 때 관심을 기울이는 것들이 바로 이런 유형의 감각이다. 이것은 감정이라고 하기 어렵다. 감정은 좌뇌 캐릭터 2의 영역에 더 가깝다. 캐릭터 3은 내가 물이 가득한 곳에서 수영하든 테니스공을 향해 팔을 휘두르든, 존재하는 모든 것에 폭넓게 관심을 기울이며 감각적으로 경험을 한다.

삶이나 주어진 환경, 혹은 누군가와의 우정 등 그 무엇에도 감사하는 마음을 느낄 때면 나는 우뇌 상태다. 기쁨은 내 우뇌 캐릭터 3의 기저에 있는 감정이다. 그러니 빨리 캐릭터 3으로 옮겨가고 싶다면 경험을 추구하라. 재미난 일을 하고 유머 감각을 발휘하라. 뒤죽박죽 상태가 될수록 더 좋다. 언제든 소리 내 웃으면 열린 마음으로 지금 이 순간에 존재하는, 완전히 무장 해제한 상태가 된다. 그래서 웃음이 그렇게 기분 좋게 느껴지고 우리에게 도움이 되는 것이다. 뇌졸중 후 나는 시간 감각을 다 잃었기에 현재 순간만이 끝없이 계속되는 상태로 지냈다. 내 마음속에서 시간의 선형성은 인간이 만든 단위인 초, 분, 시간으로 더는 측정될 수 없었다. 대신 시간은 순간이 계속 흘러가는 것이었다. 짧은 순간이 흘러가기도 하고 긴 순간이 흘러가기도 했는데, 모두 내가 하는 일에 달려 있었다. 좌뇌의 판단이 부재한 가운데 이루어지는 놀이나 창조는 의미도 있고 만족스럽기도 했다.

신체의 경계를 하나도 알지 못하니 타인을 나와 분리된 존재로서 구별할 수 없었다. 그 결과 나는 우리를 다 같은 존재의 일부로, 집단으로 움직이는 활기 있는 존재로 인식하게 되었다. 작은 분자로 구성된 움직이는 천에 우리가 다 같이 얽혀 있는 것 같았다. 그렇게 우리는 함께 인류라는 태피스트리를 구성했다. 말로 의사소통할 필요가 없었다. 서로의 감정에 공감했으며 표정과 신체 언어로 소통했기 때문이다. 우리는 부분의 총합으로 구성된 하나의 단위로서, 다 같이 하나의 흐름 속에 있었다.

이것은 운동 경기를 보다가 흥분하면서 지금, 여기에 집중할 때 일어나는 일과 비교해볼 수 있다. 의자 끝에 걸터앉아 엄청난 기량이나 입이 떡 벌어지게 공을 받아치는 모습을 보며 넋이 나갈 때, 우리는 단체로 캐릭터 3으로 옮겨간다. 우리의 의식은 집단으로 커지고, 다 같이 벌떡 일어나 하이파이브를 하고 기쁨의 함성을 지르며 '파도타기'를 하기도 한다. 순간에 사로잡히면 경기는 나에 대한 일도 당신에 대한 일도 아니게 된다. 하나의 팀인 모두의 일이 되고, 그 순간 우리 힘은 경기장의 지붕을 날려버릴 수도 있다. 우리가 여기서 이 놀라운 순간을 공유하며 함께하다니 얼마나 환상적인가. 흥분의 도가니 속에서 우리는 전체의 일부로서 모두 같은 색의 옷을 입고 있다. "아, 게임이 막 끝났네. 시간이 이렇게 늦었다니 믿기지 않아. 배가 너무 고파." 우뇌 캐릭터 3 상태에서는 시간이 잘 간다.

나는 때로 개별 세포로 이루어진 박테리아 배양균에 대해 생각한다. 이들이 숙주를 감염시키고 지배할 수 있다는 공동 의식을 집단적으로 공유하는 방법에 대해서 말이다.

세포 각각은 개별적으로 존재한다고 해도, 이들은 자기들 크기의 수십억 배나 되는 몸을 공격하는 힘센 약탈자가 되기 위해 동시에 움직인다. 우리 몸을 구성하는 수조 개의 세포와 비교할 수 있다. 세포 각각은 고유한 위치에서 고유한 모양과 고유한 역할을 가지고 개별적으로 존재한다. 그래도 이 모든 세포는 독립적으로 제 임무를 수행한

다음 서로 의사소통을 하면서 건강한 개인을 구성한다.

이런 방식으로 인간은 우뇌 의식 상태일 때 하나의 종으로서 존재하고 기능한다. 우리는 하나의 인간 가족으로 연합한 똑같이 중요한 형제자매다. 우리 고유함 덕분에 우리는 향상될 수 있고, 더 잘 변화할 수 있으며 생존 능력도 높아진다. 나는 우뇌 감정형 캐릭터 3이 융의 원형 개념 가운데 '아니마/아니무스'에 해당한다고 생각한다. 아니마/아니무스는 남성 내부의 여성성과 여성 내부의 남성성을 뜻한다. 융에 따르면 모든 인간은 원기 왕성한 양성성을 지닌 존재로, 아니마/아니무스는 성별과는 상관없이 우리 인간 종이 집단의식을 가지고 의사소통을 하는 근원이 된다. 다 같이 하이파이브를 할 때는 성별이 중요하지 않다.

인류의 위대함 관점에서 본다면, 차이가 확실히 창조성과 다양성에 보탬이 된다. 우뇌는 이 사실을 잘 안다. 그렇지만 불행하게도 자신과 다른 타인을 부정적으로 깎아내리려는 좌뇌의 경향성 때문에 우리는 분리주의, 인종차별, 심한 편견에 사로잡히게 된다. 사실 우리의 힘은 유사성이 아니라 차이에 있다. 당신이 무인도에 발이 묶인 상황이라면 당신과 비슷한 사람이 필요할까? 아니면, 다른 취향에 다른 재주를 지닌 사람이 필요할까? 내가 무인도에 갇힌 상황이라면 나와는 다른 당신을 환영할 것이다. 그리고 나의 좌뇌는 우월함이나 부정적 판단에 빠지려는 경향성을 버릴 것이다. 그렇지 않으면 당신은 나를 섬에서 쫓아내거나 혼자 알아서 하라고 내버려둘지도 모른다.

감정, 과거와 현재

앞선 장에서 상세히 살펴보았듯이 좌뇌 감정형 캐릭터 2와 우뇌 감정형 캐릭터 3은 해부학적으로 근본적 차이가 있다. 감정을 다루는 두 세포 집단은, 파충류적 뇌간 세포로부터 정보를 받아들여 다르게 처리한다. 간단히 말해서 좌뇌 캐릭터 2의 편도체는 지금 이 순간에 대한 입력 정보를 과거의 기억과 바로 비교한다. 이 과정이 일어나면 좌뇌 감정형 캐릭터 2의 의식은 바로 현 순간에서 벗어나며, 외부 세계에 대한 입력 자극들을 선형적으로 처리한다. 그래서 회한이나 죄책감, 혹은 원한의 경우, 그 감정들은 지금 이 순간에 느껴지더라도 과거에 겪은 뭔가와 관련되어 있는 것이다. 긍정적이든 부정적이든 여러 구체적 감정들을 경험할 수 있는 능력을 가지고 있는 존재가 바로 좌뇌 감정형 캐릭터 2의 회로망이다. 그렇지만 그 감정들은 과거 및 미래의 경험과 관련되어 있다.

한편, 캐릭터 3은 우뇌 감정형 조직에서 진화한 의식이다. 지금 여기, 현 순간에 대한 감정을 경험한다. 캐릭터 3은 과거에 대한 자각이 없다. 지금 이 순간에 대한 의식과 단절되는 일도 절대 없다. 그렇기에 언제나 우주의 흐름 속에서 존재한다. 이 의식은 일자一者, 하느님, 알라, 현재의 힘, 자연, 우주 등 당신의 믿음 체계에 어울리는 단어로 부르면 된다. 우뇌 의식은 좌뇌가 외부 세계에 관심을 쏟는 동안 배후에서 계속 흐르고 있는 무의식 차원의 영역이다.

우리가 혼자라고 느끼는 것은 좌뇌가 우리가 혼자라고 인식하고 느끼고 경험하기 때문이다. 그렇지만 외부 현실 속 사람들과 사물들에 대한 애착을 내려놓으면 우리는 우주적 흐름의 의식으로 다시 돌아가게 된다. 그러면 고마움과 기쁨을 경험할 수 있다. 언제든 우리는 어떤 의식에 집중하고 싶은지 선택할 능력이 있다. 좌뇌의 외부 현실인지 아니면 우뇌의 지금 이 순간인지 택할 수 있다. 언제든 둘 중 하나다. 우리는 개별성에 관심을 쏟거나 자신이 흐름 속으로 섞이도록 할 수 있다.

우뇌 캐릭터 3일 때 나는 많은 경우 내가 정확히 무엇을 느끼는지 말로 설명하지 못한다. 묘사할 수 없는 것을 형언하는 일은 가능하지 않기 때문이다. 예를 들어, 우뇌는 그림을 보거나 음악을 들을 때 뭔가 아름답다고 느끼면서 감동할 수 있다. 일몰 동안에 우리 영혼은 송두리째 우리 존재에 대한 경외심에 사로잡힐 수 있다. 혹은 산 정상에 서 있을 때 우리가 우주만큼 큰 동시에 먼지 한 톨처럼 무의미한 존재라고 느낄 수 있다. 이는 집단적 의식 상태에서 겪는 순간이다. 우리는 집단적 의식을 측정할 수도 정의할 수도 없지만, 그것이 내면 깊숙이 어떤 느낌으로 다가오는지를 근본적으로 알고 있다. 우리가 포옹을 하며 편안함을 느낄 때, 이 마법 같은 연결을 느끼는 존재가 캐릭터 3이다.

타고난 음악가나 시각 미술가는 자신을 표현하기 위해 우뇌를 창조적으로 이용한다. 캐릭터 3이 나와서 우세해진 상황이면, 좌뇌식 흠잡기로 온몸이 마비되는 듯한 두려움을 느낄 일 없이 자유로워진다. 바로 여기, 지금 이 순간 우리는 비트를 느끼고 리듬을 더하며 멜로디를 만들어낸다. 그리고 서사와 감정과 느낌이 완벽히 결합한 메시지를 담아 가사를 쓰고자 하는 좌뇌의 자아와 힘을 합친다. 작업을 하고 연구를 하고 또 작업물을 다듬을 때 좌뇌는 장인으로 활약하지만, 그다음에 작업물을 남들 앞에 선보이는 동안에는 우뇌가 마법을 부린다.

예술가들은 자신을 표현하는 일에 몰입한다. 우리가 흐름 속에 완벽히 하나 된 순간 느끼는 감정보다 더 아름다운 것은 거의 없다. 어떤 사람은 창작 과정이 아주 괴롭고 고통스러운 경험이자, 자신만의 기이한 방식으로 독특하게 즐거운 일이라고 공언한다. 뮤즈와 이어지면 천재성이 바로 솟아오르는 사람들도 있다. 나는 돌을 조각할 때면 그 흐름에 사로잡혀 돌 속에 있는 그 어떤 형상이든 끄집어내야 한다고 느낀다. 인간이 우뇌를 거쳐 깊은 내면에 가닿아 창조적으로 자기 자신을 표현하는 능력을 가지고 있다는 것은 정말 멋진 일이다. 우리 창작품으로 다른 누군가의 마음(혹은 우뇌)이 감동한다면 덤으로 더 멋진 일이 될 것이다.

모든 것이 서로 연결된 우뇌의 대안적 현실은 실제 존재하는 의식이다. 그렇지만 우리는 그것을 정의 내릴 수 없다. 볼 수도, 만질 수도, 냄새를 맡을 수도, 맛을 볼 수도, 소리를 들을 수도 없다. 그래서 좌뇌에 상응하며 평행선을 그리는 이 지각의 세계는, 좌뇌에 의해 과소평가되고 그릇되었다는 판정을 받고 부정당한다. 좌뇌는 오직 외부 세계만을 믿는다. 보통 공시성synchronicity◆이 펼쳐지는 곳이 바로 에너지 가득한 흐름의 우뇌 영역이다. 그렇지만 '현실' 세계에서는 강력한 좌

◆ 카를 융이 제안한 개념으로, 비인과적인 두 가지 이상의 심리적, 물리적 사건이 우연이 아닌 어떤 연관성을 가지고 동시에 발생하는 현상을 일컫는다.

2부 네 가지 캐릭터

뇌가 이런 공시성을 그저 단순한 우연으로 치부한다.

모든 것이 연결되어 있다는 발상이 좌뇌 자아 중추의 개별성에 얼마나 위협적인지 고려한다면, 좌뇌의 입장에서는 타당한 판단이다. 좌뇌와 우뇌가 이원적으로 존재하고 각각 맡은 영역이 있다는 사실을 부인할 때 유일한 문제는, 우뇌 세계의 수십억 가지 존재들이 좌뇌가 내리는 사실의 정의로는 설명이 안 된다는 것이다. 심지어 삶 자체의 존재 이유도 좌뇌로는 설명할 수 없다. 좌뇌가 어떤 의견을 가지고 있다고 해서 그것이 사실이 되지는 않는다는 점을 깨달아야 한다.

막 태어난 신생아의 뇌는 자기 몸이 어디에서 시작하고 어디에서 끝나는지 신체 경계를 정의 내릴 기회를 아직 갖지 못한 상태다. 그 결과 탄생 때는 우뇌의 의식이 우세하다. 전체 흐름에서 분리된 개인으로서 자신을 성립시키기 위해 자신과 주변 세계에 대한 충분한 정보를 얻을 때까지는 말이다. 아이들은 온 힘을 다해 놀이터에서 놀면서 우뇌 캐릭터 3을 발산하는 경향이 있다. 좌뇌가 현실에 근거한 의식을 키워, 학업적으로나 신체적으로 성장하기 시작하는 무렵까지는 그렇다. 학교는 좌뇌 개발을 북돋운다. 특히 읽기, 쓰기, 수학의 학습이 도움이 된다. 지리학과 역사 같은 과목도 마찬가지다. 이런 과목들은 좌뇌가 성숙해야 세세한 부분들을 방대하게 암기할 수 있다. 내 캐릭터 3은 왜 이 모든 자료들과 세부 사항들을 머릿속에 집어넣어야 하는지 절대 이해하지 못했다. 어디에서 그것들을 찾을 수 있는지 아는 것으로 충분하지 않을까?

여덟 살 무렵 나는 어머니에게 말로 생각하는지 그림으로 생각하는지 물었다. 어머니는 말로 생각을 한다고 대답했다. 말로 생각하기란 내겐 심오한 개념이었는데, 내 머릿속에서는 문자가 아니라 영상이 움직이고 있었기 때문이었다. 나중에 어른이 된 나는 어머니와 함께 휴가를 떠났고 시시한 소설을 함께 읽었다. 책이 어떤 내용이냐고 묻자 어머니는 아주 기본적인 줄거리를 알려주었다. 알고 보니 어머니의 뇌는 실제로 단어를, 그냥 단어만을 읽는 반면에 내 뇌는 단어를 읽고 나서 이야기를 하나의 영상으로 창작했다. 이 주제와 관련해 내가 좋아하는 책 가운데 하나가 템플 그랜딘Temple Grandin이 쓴 『나는 그림으로 생각한다』이다.

아이들은 관심을 공유하는 친구들과 함께 어울려 논다. "발야구 같이 할 사람?" 캐릭터 3은 가능한 한 높이, 높이 찰 것이다. 새와 함께 날아오르는 이 경이로운 순간에는 아무도 내일 치는 단어 시험에 대해 생각하지 않는다. 나이와 상관없이 캐릭터 3은 우리 몸을 움직여서 활동하기를 좋아하는 뇌의 부분이다. 또한, 절대 성장하지 않는 빗속을 걷기 좋아하고 경기 하이라이트를 보기 위해 ESPN을 켜는 커다란 아이 같은 뇌의 부분이기도 하다.

세상을 살아가는 캐릭터 3의 모습

우뇌 감정형 캐릭터 3은 당신의 모든 움직임을 지켜보며 당신이 끈이나 장난감이나 음식 그릇에 손을 뻗는 순간에 덥벼들 준비를 하고 있는 강아지와 같다. 또한 자신의 영혼에 기쁨과 황홀감을 전해준다면 무엇이든 몇 시간이고 쉬지 않고 연습하는 연주자와도 같다. 우리 뇌의 이 부분은 한계 대신 가능성을 본다. 모든 것을 나 자신, 혹은 타인과의 관계 문제로 여기고, 무엇이든 연습하고 또 연습하면서 이 정도면 됐다 싶을 때까지 끊임없이 고치고 바로 잡는다. 걸음의 폭을 늘리거나 호흡을 더 깊이 하여 더 좋은 결과를 얻을 수 있다면, 지금 이 순간 어떤 일을 할 수 있을까?

캐릭터 3은 재치 있고 재미있다. 캐릭터 3일 때 우리는 너무 열심히 웃어서 발을 구르며 숨을 헉헉거린다. 마음을 열고 지금 이 순간에 집중하면서 함께하는 모두에게 동지애를 느끼며 하나가 된다. 우리는 함께 신이 나면 깊이 교감을 나누고, 이 순간은 마음속에 간직해두고 훗날 이야기를 나누며 아름답게 기억할 시간이 된다. 우리는 집단으로서 번영하고 공통점으로 연결되며 차이를 그냥 넘긴다.

이렇게 캐릭터 3은 아주 경이롭긴 하지만, 우리를 심각한 문제에 빠트릴 가능성도 가지고 있다. 천성적으로 행동의 결과에 대한 고려 없이 지금 이 순간에 충동적으로 행동하기 때문이다. "대체 생각이 있는 거야?" 글쎄, 캐릭터 3은 생각을 하지 않는다. 느낄 뿐이다. 현재 순간을 경험하고, 그때 좋은 발상이라고 느껴지는 일을 한다. 뇌가 완전히 발달하지 않은 십 대라면 몰라도(이 경우는 완전히 다른 책을 써야 한다), 누군가 한계에 도전하고 권위에 저항하며 허락 대신 용서를 구한다면 그건 캐릭터 3의 천성 때문이다. 나이와는 상관이 없다.

캐릭터 3은 종종 캐릭터 1의 권위를 인정하는 일에 관심이 없다.

캐릭터 1이 캐릭터 3이 하려는 일을 통제하는 것을 아주 흥미로워할 텐데도 그렇다. 나는 호수에서 많은 시간을 보낸다. 갑자기 먹구름이 밀려들면, 내 캐릭터 1은 이제 물가를 떠나야 한다는 것을 아주 잘 안다. 그렇지만 캐릭터 3은 자기만의 생각이 있다. 캐릭터 3은 구름이 큰 폭풍을 의미할 수도 있지만 그냥 지나갈 수도 있다고 생각한다. 그래서 나는 번개를 볼 때까지 미적거리고 비가 쏟아질 때에야 급히 일어서곤 했다. 인정하긴 싫지만, 겨우 몇 개월 전에야 내 캐릭터 1이 이런 안전 문제를 책임지도록 했다. 지난 몇 달 동안에 몇 차례 있었던 이런 상황이 정말 기뻤다. 나는 말해야 한다. 헬렌, 시작해.

캐릭터 3은 아주 충동적이고 자기 방식으로 일하기를 좋아한다. 어떤 식으로 목적을 달성할지 한번 비전을 품으면 어떤 조언이나 제안도 전하기 어렵다. 내 캐릭터 3은, 어떤 일이 빨리 처리되었으면 할 때는 타인에게 원하는 바를 적절한 말로 전달하기보다는 그냥 직접 하는 편이 쉽다고 여긴다. 캐릭터 1은 말을 훨씬 능숙하게 하는데, 체계적이며 언어 사용에 숙달되어 있기 때문이다. 반면에 캐릭터 3은 그냥 일에 뛰어든 다음 계속 가본다. 먼저 행동을 한 다음 가능성을 탐색하고, 그다음 뒤로 물러나서 일이 잘되길 희망한다. 최근 나는 달걀을 요리했는데, 맛있는 감자도 좀 같이 먹고 싶었다. 그런데 요리를 잘하고 조언을 청하기 좋은 친구에게 질문하는 대신 나는 그냥 요리했고 지독하게 망했다. 슬프게도 내가 그런 마음가짐일 때 다른 사람이 할 수 있는 최악의 일은 나를 돕고자 하는 것이다. 마크 트웨인은 꼬리를 잡고 고양이를 옮길 때만 배울 수 있는 교훈이 있다고 했는데, 그 말이

옳았다. 우리 캐릭터 3에 해당하는 이야기다.

일할 때와 놀 때의 캐릭터 3

일할 때의 캐릭터 3

캐릭터 3은 사람들이 같이 있으면 행복하다. 팀장이든 직원이든 상관없이 사람들과 직접 만나는 상황을 즐거워하므로, 이들은 이것저것 할 수 있다. 집단 프로젝트를 좋아하지만 혼자서도 일을 잘한다. 프로젝트 내의 여러 업무 사이를 쉽게 오가며, 맨 처음 업무부터 처리하거나 순서대로 일하는 경우가 드물다. 캐릭터 3은 잘 정의되지 않는 창조적인 프로젝트를 잘 해낸다. 공간을 사용하고 공동 작업을 할 이유를 찾는다.

캐릭터 3은 프로젝트를 언제 끝내게 될지 상사에게 일정을 알려주는 것을 꺼린다. 일에 푹 빠져들기 때문에 성가신 일정 같은 것은 그저 창조적 작업의 흐름에 방해가 된다고 여긴다. 캐릭터 3은 업무를 끝내며 뭔가 마법 같은 것을 창조해내지만, 마감 일정에 책임을 지지 않는 쪽을 선호한다. 어떤 상사든 캐릭터 3에게 계획과 일정을 짜고 마감 기한과 예산을 정하라고 해서는 안 된다. 이들에게 화이트보드와 여러 색상의 마커를 주거나 회의 안건을 책임지고 선정하라고 할 셈이라면, 신의 가호를 빈다.

해변의 캐릭터 3

캐릭터 3은 바닷가에 간다고 너무 흥분한 나머지 선크림을 깜박한다. 수건은 모래 위에 뭉쳐서 던져놓았으나 햇볕 아래 마를 테니까 괜찮다. 캐릭터 3은 편안하고 알록달록한 하와이언 셔츠에 반바지, 별로 안 어울리는 모자를 쓴 채 작은 돼지처럼 꽥꽥 소리를 지르면서 바닷물의 경계를 따라 내달릴 것이다. 날이 약간 쌀쌀하고 해변에 있어 너무 행복하기 때문이다. 물결치는 바다 표면을 햇빛이 춤추며 통과하여, 바닥에 밝고 빛나는 그물망 모양을 그리는 모습을 보라. 너무나 아름답다.

캐릭터 3은 이번 모험을 앞두고 별다른 계획을 세우지 않았다. 바닷가에서 어떤 재미를 누릴지 생각하니 너무 신이 나서 그 무엇에도 집중할 수 없었기 때문이다. 손에 잡히는 대로 옷가지를 챙겼다. 그저 지금, 여기서 최고로 근사하게 춤을 추면서 완전한 기쁨을 누리며 함께 웃음을 터트린다. 이미 아는 사람들을 만나는 일도, 비슷한 관심사와 활력을 지닌 새로운 친구들과 관계를 맺는 일도 너무나 설렌다. 캐릭터 3은 사람들을 만나면 자신과 어떤 공통점이 있으며 어떤 점이 마음에 드는지 살핀다. 그리고 대체로 그들과 함께 있다는 사실에 감사한다.

캐릭터 3에게 혼란이란 바닷가 경험에서 뺄 수 없는 부분이다. 캐릭터 3은 모래 가득한 해변을 완벽한 놀이터로 즐긴다. 이들은 감각적인 존재이고 해변은 모래와 태양, 바람이 아주 풍부하기 때문이다. 캐릭터 3은 대놓고 사교적이어서 사람만이 아니라 새와 게 등 종종걸음을 치는 모든 자그만 생명체에게 인사를 건넨다. 미소를 지으며 거리낌 없이 다가가 다른 캐릭터 3에게 모래성을 같이 짓거나 모래에 사람을 묻는 놀이를 하자고 제안하기도 한다. 캐릭터 3 집단은 게임을 하고 새로운 게임도 만들어낸다. 해변 동네에서 땋은 머리 장식을 구입하여 머리에 붙인 다음 오랫동안 달고 다닌다.

캐릭터 3은 해변을 마지막으로 찾았을 때와 지금을 비교하는 일 없이 해변이 제공하는 모든 것들을 찬양한다. 선크림을 고를 때 브랜드를 따지는 대신 냄새가 어떤지 이름이 얼마나 멋진지 살펴서 구매한다. 아마도 이들은 햇볕에 피부가 탈 것이다. 선크림을 신경 써서 바른다고 해도, 나중에 덧바르는 일을 잊어버릴 것이기 때문이다. 썩어가는 해초와 냄새나는 물고기가 곳곳에 있지만, 해변은 탐험하기 정말 멋진 곳이다. 바닷물이 빠질 때 자그만 구멍에서 방울이 일어나는데, 그 안에 작은 생물이 있을까? 한번 파보자.

캐릭터 3에게 해변의 완벽한 날이란 언제든 헤엄치는 돌고래를 보는 날이다. 이들은 상어의 이빨을 찾아낸 다음 사람들에게 나눠줄 것이다. 날이 화창하든 비가 오든, 별 일정 없이 자연스레 감각을 따르는 때가 최고의 날이다. 와, 정말 최고의 시간이었어! 내일도 이렇게 보낼 수 있을까?

캐릭터 3에 대한 간략한 묘사

• **용서하는**: 지금 이 순간 사람들과 통하는 일에 관심이 있고 기꺼이 쉽게 용서할 것이라서 사람들과 마음으로 다시 연결될 수 있다.

- **경외감을 느끼는**: 지금, 여기에서 일어나는 모든 일이 너무나 신난다. 삶은 놀라운 선물이며 매 순간은 놀라운 가능성으로 가득하기 때문이다.

- **즐거운**: 우리는 삶을 빛내고 있으며 매 순간 신난다. 살아 있다는 일은 너무나 기분 좋은 일이라 그저 모든 경험에 다 열중하고 싶을 뿐이다. 타인과 즐거운 순간을 공유하는 일보다 더 좋은 일은 없다.

- **공감하는**: 우리는 서로 깊이 교감하고 있어서 나는 당신의 기쁨도 고통도 느낄 수 있다. 당신의 고통이 겁을 주지 않기에, 나는 당신 곁에 서 있을 수 있다. 나는 당신과 이어진 존재로, 당신에게 관심을 쏟는다. 나는 당신을 사랑하며, 우리는 혼자가 아니다.

- **창조적인**: 내가 이 일을 맡게 되고 또 저 일도 한다면, 나는 완전히 새로운 뭔가를 만들어낼 것이다. 아주 멋지다. 나를 돕고 싶은가?

- **기쁜**: 나는 그저 웃고 또 웃고 놀면서 아드레날린이 밀려들기를 바랄 뿐이다. 나와 함께 하고 싶은가?

- **호기심 많은**: 이것을 살펴보고 저것을 시도해보자. 단서를 찾았는가? 단서가 우리를 어디로 이끌지 궁금하다.

- **소탈한**: 내가 좋아하는 줄무늬 상의와 편한 격자무늬 하의를 입을 것이다. 내가 좋아하는, 뇌 그림이 그려진 셔츠를 입을 수도 있다. 어울리게 입으라고? 어울리게 입는 게 뭔가?

- **희망찬**: 어떤 일이 있든 나는 당신 곁에 있고 우리는 함께 헤쳐나갈 것이다. 다 괜찮을 것이다. 무슨 일이 일어나도 나는 당신 편이다.

- **경험적인**: 나는 여러 경험이 몸 안에서 일으키는 느낌을 좋아한다.

나는 인생의 여러 사건에 대한 생리적 반응에 아주 민감하다. 그리고 직감에 관심을 기울인다.

당신의 캐릭터 3을 알아보자

이제는 다음 질문을 건너뛰고 계속 책을 읽고 싶다면 그렇게 해도 좋다. 뇌의 여러 부분에 집중하는 작업은 힘들 수 있으니, 여유 있고 기운이 날 때 답하는 편이 좋을 것이다.

지금 준비가 되었다면, 우뇌 감정형 캐릭터 3에 대해 알아보자.

1. 당신은 캐릭터 3을 인식하고 있는가? 잠시 숨을 돌리고 지금 이 순간의 캐릭터로 존재하는 당신의 모습을 그려보자. 지금, 여기에 관심을 쏟으면서 좌뇌를 잠시 배후로 물러나게 하자. 당장 들려오는 소리, 느껴지는 감촉, 눈앞의 광경, 코끝의 냄새에 집중해보라. 이렇게 이동하는 일은 당신에게 얼마나 쉬운가?

아침에 일어났을 때 내 주요 캐릭터는 캐릭터 3이다. 그래서 필요한 경우 의식적으로 다른 캐릭터로 옮겨간다. 깨어나면 바로 기쁨이 마음에 가득하며, 그날 일정이 어떤지 궁금하다. 미리 잡힌 약속들을 확인한 후, 두서없이 이 일 저 일 하며 문제를 해결해보고자 한다. 적어도 캐릭터 1이 튀어나와 다시 일정표로 돌아가기 전까지는 그렇게 한다. 나에게는 지금 이 순간의 자유로 돌아가고자 하는 자동적 충동이 있다. 내가 다른 캐릭터로 있어야 하는 이유가 없는 한 그렇다.

2. 캐릭터 3은 당신의 몸속에서 어떤 느낌으로 다가오는가? 심장이 커지는 기분인가? 몸이 더 가벼워진 양 발끝으로 서게 되는가? 뭔가를 밖으로 내보내는 대신 모든 것을 안으로 끌어오는 상태에 있어서 목소리가 사라지는가? 지금, 여기를 경험하고 있을 때 당신의 캐릭터 3은 어떻게 느껴지는가?

내 캐릭터 3은 기쁨 넘치는 어린 캐릭터로 삶을 사랑하고 당신을 사랑한다. 내 몸 안에서 아주 활기 넘치는 느낌이며, 내 존재를 구성하는 모든 분자에 스며든다. 캐릭터 3은 내 몸에서 빛나는 존재로 건강하고, 굳건하며, 몸놀림이 민첩하다. 이 밝고 야단스럽고 단순하고 제약 없고 종종 건방지고 폭발하는 듯한 나의 일부분은 무모하리만큼 자유분방한 모습으로 스스로를 표현한다.

3. 우뇌 캐릭터 3을 인식하지 못한다면 어떻게 된 것일까?

당신이 캐릭터 3을 인식하지 못한다면, 계획도 없고 일정도 없이 무궁무진한 호기심을 품은 어마어마한 즉흥적 에너지를 표현할 기회를 놓치고 있는 것이다. 우리는 지금 이 순간에 제약 없이 몰려드는 감정으로 자신을 표현할 수 있다. 도저히 참을 수 없어 터져나오는 웃음이나, 돌연히 폭발하는 분노 같은 것들로 말이다.

지금, 여기서 캐릭터 3은 생동감 넘치고 기쁨 가득하며, 현 순간의 감각과 경험에 완전히 충실한 성격을 뒷받침한다. 두려움이 없고 흠잡는 일도 없다. 과거를 모르며 미래에 대한 통찰도 없다. 그래서 캐릭터 3은 위험을 부정적인 것이 아니라, 그저 대단한 모험이자 꿀맛 같은 아드레날린 분출의 기회로 받아들인다. 캐릭터 3은 공감을 통해 타인과 교감하며, 변화를 좋아하고, 경험적인 일은 무엇이든 잘 해낸다.

예상할 수 있겠지만, 이렇게 제약 없는 캐릭터 3이 품은 통제 안 되고 예측 안 되는 에너지는 권위를 거의 존중하지 않아서, 스스로를 존중하는 캐릭터 1을 미치게 한다. 우리 사회에서 캐릭터 1은 권위가 실린 목소리로 캐릭터 3의 충동적 천성을 불편하게 여기기도 한다. 그러니 당신이 캐릭터 3을 인식하지 못한다면 좌뇌 캐릭터들이 태평하고 재미를 좋아하고 활기 넘치는 부분을 거의 사용하지 않아서, 캐릭터 3이 순종적으로 조용히 복종하는 상태에 몰린 상황일 수 있다.

4. 당신은 우뇌 감정형 캐릭터 3이 당신 내부에서 자신을 표현하는 방식을 좋아하는가? 캐릭터 3으로 살아가는 시간은 얼마나 되는가? 그리고 어떤 환경에서 그런가?

나는 내 안에서 캐릭터 3이 제 방식대로 느끼는 상태를 굉장히 사랑한다. 나는 네 가지 캐릭터를 모두 소중히 여기지만, 이 세상에서 캐릭터 3으로 빛나는 일에 대부분의 시간을 쓴다. 석회암을 조각할 때나 스테인드글라스로 멋진 작품을 만들어낼 때면 이 부분을 드러내는 것이다. 나는 온갖 것들을 열정적으로 사랑한다. 지저분한 일에 힘을 쓰고 땀을 흘리든, 자전거를 타고 조정을 하고 수영을 하든, 아니면 관심사가 같은 사람들과 시간을 보내든 캐릭터 3은 건강하고 열정적이다.

캐릭터 3은 무엇을 하게 되든, 분명 현 순간에 몰입해 창조적으로 생각하고 존재의 모든 힘을 다해 혁신적으로 임한다. 캐릭터 3은 최선을 다하지 않는 법이 없다. 내가 너무 열중하게 되면 다행히 캐릭터 1이 나서 상황이 어떤지 지켜본다. 강한 캐릭터 1이 강한 캐릭터 3을 도울 경우, 정말로 생산적이며 아름다운 협력 관계가 된다는 사실을 나는 알게 되었다.

5. 우측 감정형 캐릭터 3을 생각할 때 적절한 이름이 떠오르는가? 또 당신이 좌뇌 캐릭터 1과 2에 더 익숙하다면, 앞서 그들에게 붙여준 이름에 만족하는가?

나는 캐릭터 3을 '피그펜Pigpen(돼지우리)'이라고 부른다. 찰스 슐츠Charles Schulz의 〈피너츠peanuts〉에서 늘 먼지 바람을 일으키며 걷는 캐릭터를 기억하는가? 내 어린 우뇌 감정형 캐릭터 3이 그렇다. 피그펜은 여기나 저기, 그 어디에나 있으면서 언제나 지금 이 순간에 혼란을 가져오며 즐거워한다. 통제가 안 된다거나 어떤 불법 행위를 한다기보다는, 좌뇌의 신중한 가치관과 절대 협력하지는 않는 것이다. 피그펜은 아주 개방적이고 정서적 관계를 잘 유지하며 독창적이다. 그리고 순수한 존재라서 상처받기 쉽고 단순하다. 피그펜은 지금 여기에만 존재하기에, 좌뇌가 내게 지적으로 영향을 미치지 않으면 순전히 무지에 근거하여 정말로 나쁜 결정을 내릴 수 있다.

캐릭터 3에 아주 특별하고 적절한 이름을 지어주려면 마음속 깊이 자신을 들여다보길 권한다. 기쁨 넘치고 재미를 사랑하는 당신의 천성에 어떤 이름이 어울릴까?

6. 긍정적인 방향이든 부정적인 방향이든 인생을 살면서 당신에게 영향을 끼친 사람들 가운데 캐릭터 3은 누구인가? 당신의 캐릭터 3은 그들의 캐릭터 1에 힘을 얻는가, 아니면 위축되는가?

나의 아버지는 강력한 캐릭터 3이었다. 그래서 나는 캐릭터 3을 표현하는 장단점이 무엇인지 아주 잘 지켜보며 자랐다. 아버지는 어마어마하게 창조적인 사람이어서, 내 유년 시절 우리는 매년 아주 경이로운 핼러윈 의상을 만들었다. 당신이 한 번도 본 적 없는 의상일 것이다. 우리는 음악가에 관해 이야기했다. 아버지는 어떤 관악기든 집어 들어 20분 동안 곡 신청을 받을 수 있었다. 아버지가 캐릭터 3이라서 안 좋은 점은, 예상할 수 있 겠지만 집의 질서를 유지해야 하는 나의 어머니에게 짐을 안겨준다는 것 이었다. 그렇게 우리 지하실과 창고는 난감한 '재난 구역'이 되었고, 그 안 에서는 어떤 물건도 찾아낼 수가 없었다.

프로젝트를 진행하면서 내 캐릭터 3이 멋대로 움직이도록 놔두는 경 우, 내 캐릭터 1이 난장판을 정리하고 여느 때처럼 질서를 다시 만들기 위 해 나타나는 일이 아주 중요했다. 오늘날까지 나는 두 캐릭터의 관계를 아 주 만족스럽게 이끌고 있다. 캐릭터 1이 제 일을 하지 않는다면, 질서의 총 체적 부재로 인해 캐릭터 3은 무력해지고 비생산적인 상태가 될 것이다.

7. 인생에서 당신의 캐릭터 3을 인정하고, 신경 써주고, 동감하고, 시간을 같 이 보내기를 원하는 사람은 누구인가? 그 사람과의 관계는 어떤가?

친구들은 대부분 나의 피그펜과 같이 노는 일을 즐거워한다. 우리가 모이 면 친구들은 어떤 일이 진행되고 있는지 정확히 안다. 가까운 친구들과 나 는 창의적인 한 팀과 같다. 피그펜은 프로젝트를 진행하는 동안 잘 참으며 시간을 여러 방식으로 잘 보내며, 누군가의 캐릭터 2 곁에 있으면 그 사람 이 현 순간의 기쁨으로 기꺼이 옮겨올 때까지 많은 노력을 기울인다.

피그펜은 타인의 정서적 요구를 들어주는 일에 타고난 달인이다. 캐릭 터 3의 천성적 능력 가운데 하나가 공감이다. 피그펜은 사랑과 연민의 마 음을 아주 잘 품지만, 내 캐릭터 1 헬렌이 바로 뛰어와 문제를 해결하려고 하거나, 캐릭터 4(다음 장에서 만나게 될 것이다)가 나서서 상처받은 영혼을 감싸줄 때도 있다.

캐릭터 2인 어린 애비 또한 다른 사람의 캐릭터 2에게 좋은 친구가 되 어줄 능력이 있다. 삶은 그저 두 명의 캐릭터 2가 서로의 곁에 있어 주는 것이라고 요약할 수도 있기 때문이다. "필요할 때 곁에 있어주는 친구가

2부 네 가지 캐릭터

진짜 친구다.” 이 유명한 격언이 나의 네 가지 캐릭터 모두를 대변한다. 나는 마음 깊이, 우리 최고의 일은 서로를 사랑하는 것이라고 믿는다.

8. 당신의 캐릭터 3과 잘 지내지 못하는 주변 사람은 누구인가?

이미 불행한 데다 불행하게 사는 데 매달리는 사람이라면 누구든 피그펜이 짜증날 것이다. 믿든 안 믿든, 앞서 말했듯이 언젠가 한 선배는 내가 너무 즐거운 성격이라 진지한 과학자로 성장할 수 없을 것이라는 이야기를 했다. 슬프게도 선배는 만성적인 신체 통증에 시달려서 감정적으로 힘든 상태였다. 선배는 캐릭터 2가 일상의 우세 캐릭터였다. 캐릭터 2는 자신이 행복하지 않으면 주변 사람들 또한 행복하지 않기를 바란다. 몇 년 뒤 하버드대학 정신의학부에서 석사나 박사에게 수여하는 가장 영예로운 상인 마이셀Myself 상을 받게 되었을 때, 나는 캐릭터 3이 받았던 부정적 평가를 기억해냈다. 나의 자아 전체가 혐의를 벗은 기분이었다.

캐릭터 1 헬렌이 언제나 책임지고 내가 시간 맞춰 일하게 했지만, 실험실 인생에서는 캐릭터 3의 신나는 영혼이 대체로 우세했다. 사실 하버드대학 정신의학부에 지원할 때 장차 상사가 될 면접관에게 나는 마음은 예술가지만 생계를 위해 과학을 선택했다고 말했다. 핵심은, 나란 사람은 창조적이고 혁신적이며 탐구 정신이 강한 캐릭터 3을 가지고 있으나, 일을 잘할 수 있고 마감 기한을 지킬 수 있는 강한 캐릭터 1도 가지고 있다는 말이었다. 면접관은 나를 바로 채용했는데, 예술적 관점이 있으면 득이 될 연구 프로젝트를 내게 맡길 만큼 통찰력이 뛰어난 사람이었다. 우리는 각자의 힘을 활용했기에 성공적 연구 관계를 맺었다.

9. 당신의 캐릭터 3은 어떤 유형의 부모, 파트너, 혹은 친구인가?

캐릭터 3은 분명 우리 존재의 환상적인 부분이다. 그렇지만 이들은 혼란한 상황이나 창조적인 과정, 지금 이 순간을 즐긴다. 따라서 아주 재미있고 정서적 관계를 잘 쌓는 부모일지는 몰라도, 분명 체계적인 부모도 아니고 잘 단련된 부모도 아닐 것이다. 당신이 부모이고 캐릭터 3이 우세하다면, 아이는 캐릭터 1의 상태로 조급히 옮겨가서 질서를 만드는 부담을 질 수 있다. 이런 상황은 공평하지도 적절하지도 않다.

아이들은 생물학적으로 어린 존재로 그만큼 보호가 필요하다. 마약이나 알코올에 중독된 부모는 건강한 캐릭터 1로서 나타날 수가 없다. 그래서 종종 첫째 아이에게 책임감이 부과되고, 이 경우 첫째들은 인생 초기에 너무 빨리 캐릭터 1을 키우게 된다. 우리는 주변 사람들에게 자신이 가하는 압력에 관심을 기울여야 하며, 그렇기에 이런 내용은 무척 중요하다. 주요 캐릭터가 캐릭터 3이라고 해도, 건강한 어른으로서 생활해야 적절한 상황에서 캐릭터 1이 활동하도록 연습할 수 있다.

비슷하게, 어른으로서 우리는 어린이뿐만 아니라 청소년에게도 체계를 제공해야 한다. 인간의 뇌는 25세가 되어야 완전히 성숙한다. 그러니 어른처럼 보인다고 해도, 그들의 뇌가 완전히 성숙할 때까지 우리는 체계를 제공하고 캐릭터 1의 역할을 맡아서 도와야 한다. 질서와 완벽주의를 선호하는 경향을 타고난 아이들이 분명 존재한다. 바꾸어 말하면, 캐릭터 1의 기술을 가지고 인생을 시작하는 아이들이다. 그렇지만 이런 식으로 태어나지 않은 아이들의 경우, 우리가 그들을 위해 체계를 제공해야 한다. 아이들과 친해지는 일도 중요하지만, 아이들을 양육하는 일이 더 중요하다.

당신이 파트너로서 캐릭터 3일 때, 운이 좋으면 주변에 캐릭터 1이 있을 것이다. 아니면, 당신의 집은 물건들을 끌어모은 까닭에 완전히 엉망진창일 것이다. 속박받지 않는 인간의 뇌는 우수하고, 기발하고, 창조적이고, 혁신적이며, 캐릭터 3이 지닌 모든 대단한 기질이 있겠지만, 질서 있는 모습이 없다면 생각을 연결할 뉴런이 없는 셈이다. 그래서 성취를 거의 이루지 못하게 된다.

이런 점을 기억하면서 어린 캐릭터 3을 사랑하자. 캐릭터 3을 통해 어린 시절이 어떠했는지 기억을 되살려보자. 신체적으로나 정서적으로나 당신의 마음에 좋은 일이 될 것이다.

10. 아직 캐릭터 4를 살펴보지 못했지만, 당신의 머릿속에서 당신의 캐릭터들이 얼마나 우호적인 관계를 맺고 있는지 살펴보는 일은 중요하다. 캐릭터 3은 다른 캐릭터들과 어떤 관계를 맺고 있는가?

앞서 말했듯이 내 캐릭터 3인 피그펜은 내 캐릭터 1인 헬렌을 인정하고 완벽히 협조한다. 피그펜은 헬렌이 열정적이고 자신은 관심을 기울일 생각이 없는 모든 것들을 기꺼이 보살핀다는 사실을 안다. 피그펜은 정말 밝고 쾌활하고 창조적이지만 지적이지는 않다. 그래서 세세한 것들을 외우는 일도 안내문을 읽는 일도 너무나 지루해한다. 고맙게도 헬렌이 우리 세계를 운영하고 있으니, 피그펜은 무엇이든 가장 최근에 좋아하게 된 것에 푹 빠질 수 있다. 피그펜은 일정을 잘 지키지 않는다. 타인의 통제도 좋아하지 않는다. 그렇지만 주변에서 자신의 타고난 기술을 받아들이고 소중히 여기는 것 같으면 충성스럽고 헌신적이며 모두에게, 특히 나의 다른 캐릭터들에 열성적인 친구가 된다.

나의 캐릭터 3 피그펜과 캐릭터 2 애비 또한 정말 중요한 관계를 맺고 있다. 애비는 현 순간으로 공포나 기분 나쁜 불만을 끌고 올 때가 있는데, 피그펜은 애비가 고통에서 벗어나 즐겁게 놀 수 있게 하는 기술을 통달했다. 애비가 깊은 내면의 슬픔이나 비애에 사로잡힐 때, 피그펜은 애비의 고통을 피하지 않고 정말 좋은 친구가 된다. 피그펜은 애비의 곁에서 애비를 위로한다. 그뿐만 아니라 지금 살아 있는 이 상황이 정말로 축복이며, 불행하다 해도 그 감정의 깊이와 감미로움을 느끼는 능력을 가졌다는 사실이 얼마나 중요한지 환기한다.

당신의 캐릭터 3을 알아보자

1. 당신은 캐릭터 3을 인식하고 있는가? 잠시 숨을 돌리고 지금 이 순간의 캐릭터로 존재하는 당신의 모습을 그려보자. 지금, 여기에 관심을 쏟으면서 좌뇌를 잠시 배후로 물러나게 하자. 당장 들려오는 소리, 느껴지는 감촉, 눈앞의 광경, 코끝의 냄새에 집중해보라. 이렇게 이동하는 일은 당신에게 얼마나 쉬운가?

_____

_____

2. 캐릭터 3은 당신의 몸속에서 어떤 느낌으로 다가오는가? 심장이 커지는 기분인가? 몸이 더 가벼워진 양 발끝으로 서게 되는가? 당신이 뭔가를 밖으로 내보내는 대신 모든 것을 안으로 다 끌어오는 상태에 있어서 목소리가 사라지는가? 당신이 지금, 여기를 경험하고 있을 때 당신의 캐릭터 3은 어떻게 느껴지는가?

_____

_____

3. 우뇌 캐릭터 3을 인식하지 못한다면 어떻게 된 것일까?

_____

_____

2부 네 가지 캐릭터

4. 당신은 우뇌 감정형 캐릭터 3이 당신 내부에서 자신을 표현하는 방식을 좋아하는가? 캐릭터 3으로 살아가는 시간은 얼마나 되는가? 그리고 어떤 환경에서 그런가?

_____

_____

5. 우측 감정형 캐릭터 3을 생각할 때 적절한 이름이 떠오르는가? 또 당신이 좌뇌 캐릭터 1과 2에 더 익숙하다면, 앞서 그들에게 붙여준 이름에 만족하는가?

_____

_____

6. 긍정적인 방향이든 부정적인 방향이든 인생을 살면서 당신에게 영향을 끼친 사람들 가운데 캐릭터 3은 누구인가? 당신의 캐릭터 3은 그들의 캐릭터 1에 힘을 얻는가, 아니면 위축되는가?

_____

_____

7. 인생에서 당신의 캐릭터 3을 인정하고, 신경 써주고, 동감하고 시간을 같이 보내기를 원하는 사람은 누구인가? 그 사람과의 관계는 어떤가?

_____

_____

8. 당신의 캐릭터 3과 잘 지내지 못하는 주변 사람은 누구인가?

_____

_____

9. 당신의 캐릭터 3은 어떤 유형의 부모, 파트너, 혹은 친구인가?

_____

_____

10. 아직 캐릭터 4를 살펴보지 못했지만, 당신의 머릿속에서 당신의 캐릭터들이
    얼마나 우호적인 관계를 맺고 있는지 살펴보는 일은 중요하다. 캐릭터 3은
    다른 캐릭터들과 어떤 관계를 맺고 있는가?

_____

_____

7장
캐릭터 4: 우뇌 사고형

우리 캐릭터 4에 다다른 것을 환영한다. 나는 '우리'라는 표현을 썼다. 캐릭터 4는 의식의 일부이고 우리가 서로 모두 다 같이 공유하는 우뇌 사고형 캐릭터이기 때문이다. 나는 캐릭터 4의 기저에 있는 뇌세포를 일종의 문으로 본다. 이 문을 통해 우주의 에너지가 들어와서 우리 몸의 모든 세포에 연료를 공급하는 것이다. 이 에너지 및 캐릭터 4의 의식이 우리 존재 전체를 채운다. 우리는 그 안에서 헤엄치며, 그것들은 우리 안에서 헤엄을 친다. 분리란 없다. 캐릭터 4는 전지적全知的 지성으로 우리는 이 지성에서 태어났다. 그렇게 우리는 우주의 의식을 인간의 모습으로 구현한다.

우리가 끝내주는 형태의 생명체이긴 해도, 우리는 운동 중인 원자와 분자다. 캐릭터 1을 다룬 4장에서 언급했듯이 좌뇌가 정보 처리 수준을 개선했기에, 우리는 분자적 흐름을 넘어서서 외부 사물의 영역에 초점을 맞출 수 있다. 그렇지만 지각이 사물의 차원을 떠나 다시 만

물을 구성하는 원자로 되돌아가면, 우리는 자신이 기원했던 입자성 물질로 초점을 돌리게 된다. 이 소우주적 흐름의 의식은 전능하며 어디에나 존재한다. 우리는 그것을 결코 떠난 적이 없으며, 그것과 결코 떨어지지 않는다. 그것은 우리 혈관을 타고 흐르는 평화의 강이다.

우리는 캐릭터 4의 의식에 집중하면서 이런 평화를 구현한다. 그렇지만 이렇게 하려면 캐릭터 1의 생각이 잠잠해지도록 해야 한다. 하지만 캐릭터 1은 생활의 세세한 부분에 집착한다. 우리는 캐릭터 2의 감정적 변동성과 반응성을 진정시켜야 하며, 캐릭터 3이 처리하는 경험적 감각에 거리를 두어야 한다. 이 세 캐릭터는 머릿속을 시끄럽게 하는데, 우리가 캐릭터 4의 의식 속에서 확장되려면 이 모든 소음을 소거해야 한다.

네 가지 캐릭터의 서로 다른 의식은 현악 4중주곡을 연주하는 악기들과 같다.

두 대의 바이올린이 멜로디를 연주한다. 귀를 찢는 듯한 높은음이 다른 소리들 사이에서 튀어 오르듯 더 쉽게 들린다. 첼로는 멜로디 아래에 깔리는 베이스라인을 맡는데, 바이올린의 높은음과 확실히 구별되는 소리다. 비올라는 바이올린만큼 높은음도 첼로처럼 낮은음도 아닌 음을 연주한다. 그렇기 때문에 비올라의 중간음은 다른 음에 쉽게 섞여들며 구별해내기 어렵다. 동시에 다른 음들을 합쳐서 함께 균형 잡힌 음이 되게 하는 접착제 역할을 한다.

연주 중에 비올라의 음은 구분해서 듣기 어려울지 몰라도, 비올라가 없으면 전체 연주가 빛을 잃는다. 네 가지 캐릭터로 보자면, 비올라의 역할은 캐릭터 4의 의식이 맡고 있다. 두 바이올린은 좌뇌 캐릭터 1과 2에 해당하는데, 소리가 크고 제 모습을 과하게 드러낼 수 있다. 한편 첼로는 낮고 풍부한 음을 맡은 캐릭터 3을 나타낸다. 캐릭터 4의 소리는 주의 깊게 들어야 한다. 다른 모든 악기가 더 부드럽게 연주하겠다고 합의해야 비올라의 강하고 정교한 소리가 들린다. 캐릭터 4는 비올라처럼 우리 네 가지 캐릭터의 표현을 균형 있게 잘 잡아주는 접착제다.

캐릭터 1은 캐릭터 4의 의식이 근거가 있다거나 존재한다는 말을 받아들이기 힘들어할 수 있다. 인정한다. 캐릭터 1은 타고난 성향 자체가 낯설고 알려진 바 없으며 신비로운 것을 미신적인 존재로 판단한다. 그렇지만 인간의 역사를 쭉 살펴보면, 전 세계의 다양한 문화에서 우리는 이 의식의 영역에 접근하고 캐릭터 4를 경험하기 위해 종교 교리와 기도부터 명상과 요가까지 기술과 도구, 전략을 고안해왔다. 카를 융은 '자기The Self'가 무의식과 의식이 어우러진 우리 자신의 원형이라고 정의했다. 우리는 그것이 있다는 사실을 알고 있다. 하지만 그것으로 접근하는 일은 어려운 과제이며, 각각의 캐릭터는 이 문제에 서로 다른 방식을 취한다.

좌뇌는 모든 것을 구분하고 범주화하는 일에 능하기에, 외부 세상에서 질서를 창조하고 사물을 이해할 수 있는데, 과학과 영성은 극과 극의 관계로 공존할 수 없다고 보았다. 과학자로서 나는 이런 사고방식을 절대 이해할 수 없었다. 과학은 우리가 알지 못하는 것을 탐색하기 위해 사용하는 전략적 도구다. 그리고 우리가 우뇌의 영역을 알지 못하는 것은 확실하다.

안타깝게도 과학적 방법은 훌륭한 과학자들이 질적 연구를 수행하기 위해 사용하게끔 되어 있지만, 그 정의상 좌뇌가 고안한 선형적인 방법론이다. 그래서 가설을 검증하기 위해 모든 것을 측정하고 실험을 반복한다. 당연히 이것은 아주 제한적인 방법이다. 과학적 방법은 현재로서는 캐릭터 1이 맡은 외부 세계의 대상을 증명하고 검증하는 일만 할 수 있기 때문이다. 선형적 기술은 선형적 현상을 연구하기 위해서만 사용할 수 있다.

측정할 수 없는 대상이 있거나 실험적 결과가 반복해서 나오지 않는다면, 좌뇌는 그 존재를 부인하거나 그 가치를 같이 부인해버리기도 할 것이다. 좌뇌의 의식 영역에서 연구할 수 있는 것은, 우뇌의 의식 영역에 존재하며 측정도 실험도 안 되는 모든 것들과 다르다. 이런 차이 때문에 우뇌의 대상을 이해하고자 한다면 일단 믿어볼 필요가 있다. 현재 아주 창의적인 여러 연구가 과학적 방법의 경계를 넓히는 동시에 과학의 신념과 영성의 경험 사이에 다리를 만들어가고 있으니 안심해도 된다.

캐릭터 4의 의식은 변함없는 우리 동반자로, 우리는 그 에너지 안에서 존재한다. 이 의식은 우리 몸의 모든 세포와 우주 속 모든 분자에 얽혀 있다. 또한 이것은 우리를 그 안에서 살아 숨 쉬며 존재하게 하는 에너지 공이다. 우리 삶의 원천이고, 다양한 수행을 통해 성취하고자 열망하는 경험이다. 캐릭터 4의 의식은 영웅의 여정에서 가장 머나먼 도착지다. 이 의식으로 돌아오는 것은 소중하고 가장 평화로운 자기로 귀환하는 일이다. 캐릭터 4는 우리 고유함으로, 우리가 일자—者와 공유하는 우리 자신의 일부다. 그렇지만 이 사실이 네 가지 캐릭터 각각의 고유성에 대한 앎을 부정하는 것은 아니다.

우주적 에너지에서 인간의 삶으로

캐릭터 4는 우리가 태어날 때부터 함께한 의식으로, 뇌와 신체의 신경이 제 기능을 하기 위해 배선을 갖추기 전부터 있었다. 유아의 뇌가 자기 신체의 경계를 정의할 수 있게 되기 한참 전, 우리는 세포 생명의 덩어리 주변에서 스며들고 또 뿜어져 나오던 에너지 공일뿐이었다.

아버지의 DNA가 어머니의 DNA와 결합하면, 하나의 수정란 세포가 태아로 발달하게 된다. 세포는 인간 생명으로 성숙하는 과정에 착수했으며, 우주의 에너지적 의식에서 힘을 공급받았다. 수정란 세포는 현재 우리 모습으로 변하는 데 필요한 '분자적 천재성'을 갖추고 있었다.

9개월의 임신 과정을 거쳐 우주적 에너지 공(우리 캐릭터 4의 의식)이 유전자의 발현을 이끄는데, 유전자 안에는 분자 단위의 유전 정보 청사진이 들어 있다. 그렇게 우리 신체를 구성하게 될 세포들이 초당 25만 개의 새로운 세포로 자란다(그렇다, 1분이 아니라 1초다). 하나의 수

정란이 신체 구조로 탄생하도록 캐릭터 4의 의식이 이끈다니, 아마 상상하기 어려울 것이다.

보통 임신 기간이 끝날 때면 조직, 장기 및 장기 구조를 구성하는 모든 세포는 완벽한 모양을 갖추며, 우리가 어머니의 몸속을 떠나면 거칠 다음 단계를 준비 중이다. 아기가 태어난 무렵 그 뇌와 신체를 구성하는 수조 개 세포는 구조를 잘 갖추어 제자리를 잡고 있지만, 모두가 구체적 기능을 갖춘 상태는 아니다. 예를 들어, 호흡에 필요한 횡경막 근육은 이미 우리의 파충류 뇌간 세포와 배선이 되어 있기에 우리는 태어난 순간에 숨을 쉴 수 있다. 그렇지만 골격근이나 나머지 운동신경은 자리를 잡고 준비되어 있긴 해도 성숙하려면 외부의 자극이 필요하다.

어머니의 몸속에 있는 동안 우리는 세포 덩어리로 발전한다. 그 주변은 거대한 에너지 공이 둘러싸고 있다. 탄생의 순간이 되면, 그 에너지 공은 외부의 에너지와 액체처럼 섞인다. 물론 따뜻한 액체가 있는 어머니의 포궁胞宮을 떠나 산소가 풍부한 공기로 향하는 탄생의 여정이란 생명 체계에 당연히 충격을 주는 사건이다. 또 우리를 보호하며 키워주는 뭔가와 근본적으로 연결이 끊어지는 사건이기도 하다.

탄생의 순간 우리는 신체적 개별성을 얻는다. 그렇지만 세포마다 스며들어 있는, 모두 공유하는 우주적 에너지의 의식을 절대 버리지 않는다. 우리는 왜 아기를 사랑하는가? 아마도 우리와 아기의 캐릭터 4의 의식이 서로 닮았기에, 우리 캐릭터 4가 아주 쉽게 끌려 나오는 것이리라. 우리가 할 일은 그저 새로운 영혼의 눈을 살피며 그 아름다움을 보는 것뿐이다. 아기들의 작은 손을 펼치고 그 머리 냄새를 맡을 때면, 우리 자신이 지녔던 순수함과 연약함, 흠 없이 온전했던 순간을 추억하게 된다. 아기가 태어나면 우리는 삶의 기적과 경이로운 변화를 축하한다. 모든 인류의 미래가 가능성으로 드넓게 열리기를 영원히 희망하는 것이다.

태어나면 캐릭터 2와 3의 의식이 새로운 입력을 처리하기 위해 활동한다. 그러면 새로운 환경에 대한 반응으로 유아의 뇌는 생리학적 차원에서 고차원적 정보 처리 수준으로 옮겨간다. 당장 우리 감각 체계는 밝은 빛, 시끄러운 소리, 몸을 직접 만지는 손길 같은 강한 자극으로 넘쳐나는데, 이 모든 것은 이제껏 어머니의 포궁 액체 환경 속에서 막혀 있었다. 우리의 뇌 배선이 천성과 양육, 두 가지 모두의 산물이라는 점을 생각해야 한다. 전력적으로 감각 체계로 흘러드는 자극은 우리 감각 체계가 아직 완전히 성숙하지 않았기에 처음에는 혼란으로 인지된다. 그렇지만 뇌는 무질서에서 질서를, 무의미에서 의미를 창조하는 일을 특히 잘하는 솜씨 좋은 도구다.

탄생의 순간 우리는 자신의 신체 경계를 정의하지 못한다. 우리 뇌세포가 근육을 한정하고 통제하기 위해 필요한 신경 회로와 미래의 회로망을 구축하려면, 외부 세계에서 오는 자극이 필요하다. 여담으로, 아기를 담요로 몇 시간 동안 계속 싸매두는 대신 팔다리를 자유로이 움직이도록 해주는 일이 그래서 중요하다. 유아 시기에는 팔다리를 아무렇게나 움직이면서 우주 속 우리의 위치 정보를 근육에서 관절을 거쳐 뇌까지 전한다. 태어난 순간 우리는 아직 뭐가 뭔지 잘 모르고 다듬어지지 않은 의식이 깃든 세포 집합일 뿐이다. 그럴 때 무작위로 움직이는 일은 보통 뇌 발달에 아주 중요하며 장려되어야 한다. 우리의 뇌는 빠르게 배운다. 신체 경계에 대해 알게 되면서, 팔다리를 기본적으로 통제하는 일 또한 배운다.

탄생의 순간 우리 뇌는 텅 빈 상태가 아니다. 유전 지도에는 타고난 본능적 지혜가 담겨 있는데, 이 사실을 아는 것 또한 중요하다. 염색체 속 DNA는 다른 포유류와 똑같은 네 종류의 기본 분자◆로 구성된다. 이는 우리가 패턴화된 반응과 통찰을 유전적 조상과 공유하기 위해 조상으로부터 유전체 정보를 물려받는 부호화된 존재임을 뜻한다. 하나의 예로서, 우리 인간은 침팬지와 유전 정보를 99.4퍼센트 공유한다.◆◆ 그리고 그 정보의 일부에는 본능적이고 방어적인 통찰이 담겨 있다.

뇌세포와 의식

앞서 언급했듯이 우리는 감정을 느끼는 사고형 생명체라기보다는, 사고하는 감정형 생명체다. 감정형 캐릭터 2와 3의 회로망이 캐릭터 1과

◆ 아데닌adenine, 티아민thymine, 구아닌guanine, 시토신cytosine이 DNA 염기서열을 구성한다.
◆◆ Derek E. Wildman et al., 「Implications of natural selection in shaping 99.4% nonsynonymous DNA identity between humans and chimpanzees: Enlarging genus Homo」, Proceedings of the National Academy of Sciences of the United States of America vol. 100, no. 12(June 10, 2003), 7181-7188. http://doi.org/10.1073/pnas.1232172100.

2부 네 가지 캐릭터

4로 구성된 고차적 사고 회로망보다 훨씬 더 많이 발달한 상태로 태어난다. 두 감정형 캐릭터 2와 3이 완전히 활동하게 되면, 외부 세계에서 마구 밀어닥치는 감각들을 걸러내는 일에 전체적으로 관심이 쏠린다. 우리는 캐릭터 2와 3으로 정보를 처리하기 시작하면서, 좀 더 미묘하고 전능한 캐릭터 4의 의식을 인식하는 일에서 거리를 두게 된다.

기능적으로 보면 캐릭터 4의 세포들은 캐릭터 3의 경험적이고 육체적인 삶과 우주의 무한한 의식 사이의 신경해부학적 연결 지점에 존재한다. 즉 육체적 경험을 하는 영적 존재가 바로 우리 뇌의 캐릭터 4다. 그래서 캐릭터 4는 우리가 무한한 존재의 일부로서 실재할 수 있게 하는 '보다 위대한 힘Higher Power'과의 연결점이다. 이 힘을 지칭할 때는 각자 신념 체계에 따라 편한 용어를 쓰면 된다. 중요한 사실은 이 캐릭터가 우주적 의식으로서 존재한다는 것이다.

캐릭터 4의 의식인 에너지 공은 우주의 생명력이자 우리 세포의 의식으로, 시간이 흐르면서 우리 지각 과정의 배후로 조용히 옮겨간다. 무한히 평화로운 이 상태를 다시 불러오는 방법 가운데 내가 아는 가장 쉬운 방법은 의식적으로 현재 상태에 집중한 다음, 의식을 확장하여 깊이 감사하는 마음을 구현하는 것이다. 나는 두뇌 회담을 연습하면서 규칙적으로 이렇게 한다. 이에 대해서는 다음 장에서 자세히 다룰 것이다.

캐릭터 4의 확장된 의식 속에서 우리는 어떤 육체적 한계도 고유한 개별성도 느끼지 못한다. 자신을 우주만큼 거대한 존재인 동시에 우주적 흐름의 깊고 무한한 사랑에 싸인 존재로 지각한다. 우주를 '느끼고', 내면의 깊은 평화와 사랑이 고루 퍼지는 경험을 '감각'하는 일을 살아 있는 동안에도 할 수 있다. 죽을 때가 되면 이 느낌과 감각으로 돌아갈 것이다. 물리적 환경과는 상관없이 안전하다는 인식 속에서, 깊이 평화롭고 만족스러운 이 경험 속으로 흘러들 수 있다. 이 경험 속에서 우리는 완벽하고 온전하며 아름답다.

> 진정한 깨달음의 길이란, 이 무한한 평화가 우리 미래이자 현재이고 과거라는 사실을 아는 것이다.

이 주제에 관해 내가 좋아하는 책 중 하나는 앤드루 뉴버그Andrew Newberg와 유진 다킬리Eugene D'Aquili의 『신은 왜 우리 곁을 떠나지 않는가Why God Won't Go Away』다. 이 과학자들은 불교 수도승들과 프란체스코회 수녀들이 명상하거나 기도를 할 때 그들 뇌에 무슨 일이 일어나는지 알아내기 위해 SPECT◆기계를 써서 뇌를 스캔했다. 과학자들은 그들이 영원이나 하느님과 연결되었다고 느끼거나, 우주와 함께 일자一者를 느낄 때 뇌의 어떤 부위가 활동하는지 알고자 했다. 그런데 과학자들이 얻은 연구 결과는 그런 경험은 할 때는 언어 및 다른 좌뇌 중추가 활동을 쉰다는 것이었다.

◆ 단일광자 단층촬영Single Photon Emission Computed Tomography으로, 체내에 방사성추적자를 투여한 다음 생체 내 분포를 단층영상으로 얻는 검사를 일컫는다.

세상을 살아가는 캐릭터 4의 모습

좌뇌 캐릭터 1과 2는 어떤 두 '사물'이든 그 사이에 공간이 있으면 그 것들이 떨어져 있다고 해석한다. 과학적 설명에 따르면 우리 주변에는 원자와 분자의 전자기장이 있고, 우리는 그 안에 존재하며 또 우리 안에 전자기장이 존재한다. 좌뇌는 이 에너지의 바다를 인식하지 못하는데, 두정부위의 작은 세포 집단이 신체의 경계를 정의하고 우리의 분리성을 추정하기 때문이다. 우리에게 생각과 감정을 통해 이 에너지의 영역에 영향을 끼칠 힘이 있다는 사실을 이해한다면, 우리 세계는 얼마나 달라질까? 아마 이 앎을 구하여 뇌 전체를 활용하는 전뇌적 삶으로 가는 길이 인류 모두가 떠나는 영웅의 여정일 것이고, 우리가 목적을 가지고 삶을 사는 종으로서 진화하는 방법일 것이다.

인간은 하나의 에너지 형태를 다른 형태로 변화시키는 에너지적 존재다. 예를 들어, 우리는 감각 체계를 통해 진동 패턴을 청각이나 시각으로 바꾼다. 이는 특정 뉴런의 구조와 기능에 완전히 기대고 있다. 우리는 신체 경험을 하는 에너지적 존재로, 단순히 근육과 팔다리를 써서 진동을 수신하거나 기계적으로 목적을 달성하는 도구가 아니다. 대신 생각을 조직하고 목소리의 떨림과 억양을 이용하여 언어로 의사소통을 하는 능력이 있다. 또한 앞서 캐릭터 3의 타고난 재능으로 살펴본, 더 미묘한 형태의 의사소통 방식들도 많다.

행성과 항성의 움직임에 연료를 공급하는 에너지는 정확히 우주 전체와 캐릭터 4 두 존재의 의식을 형성하는 에너지와 같다. 모든 것을 구성하는 입자상 물질에는 어떤 경계도 없으며, 그 물질은 모두 움직이고 있다. 우리는 우주적 흐름과 연결이 끊어진 것도 분리된 것도 아니기에 정신과 감정을 집중하여 의도적으로 에너지를 옮겨갈 힘을 가지고 있다. 기도의 힘과 집중의 힘을 통해 의식적으로 에너지가 흐르는 길을 바꾸는 힘을 얻는다.

우리가 의도적으로 집중하며 그 진동을 거대한 미지의 존재로 보낼 때 변화가 일어난다. 우리는 대단히 강력한 존재다. 뇌가 강력할 뿐만 아니라 우리가 에너지장 및 주변 세계에 영향을 미치기 위하여 뇌를 사용하는 방식 또한 강력하다. 그렇기에 책 『시크릿』과 그 영화가 엄청난 인기를 끈 것이다. 에너지의 차원에서 우리와 우리를 둘러싼 공간 사이의 관계는 실재한다.

지금 이 순간에 관심을 기울인다. 호흡에 집중한다. 마음이 확장되며, 내 얼굴을 쓸어내리는 동시에 나뭇잎을 바스락대는 바람과 연결되는 것을 느낀다. 이렇게 나는 영원한 흐름 속에 존재하는 캐릭터 4의 의식으로 들어간다. 좌뇌가 인식한 신체적 경계에서 벗어나 에너지 속으로 녹아든다. 나는 우주적 흐름 속에서 움직이며, 그 불가해한 흐름 자체가 되기도 한다. 나는 나뭇잎이기도 하고 잎을 움직이는 에너지이기도 하다. 날아오르는 새일 뿐 아니라 그 새가 훨씬 높이 돌아다니도록 날개를 들어주는 에너지다. 나는 얼굴을 만지며 입 맞추는 산들바람일 뿐 아니라 그 안의 따뜻함이기도 하다. 나는 새끼고양이의 털일 뿐 아니라 그 흔들림 속에서 뿜어져 나오는 사랑의 에너지다.

나는 빛을 발한다는 것이 어떤 느낌인지 기억하면서, 무지개처럼 알록달록한 빛을 향해 자신을 확장하며 캐릭터 4와 연결된다. 나는 어머니와 아기 사이의 사랑스러운 시선 속 에너지로 흘러들며 캐릭터 4로 옮겨간다. 내 캐릭터 4는 어디에나 있고 어느 것에나 있다. 이 순간나는 그저 살아 있다는 영광스러운 행복 속에서 기뻐한다. 크고 푸른왜가리가 아침 인사를 하며 꽥꽥거릴 때 유대감을 느끼고, 내 캐릭터4는 기뻐한다. 땅거미가 질 무렵 부엉이가 짝에게 저녁 먹으러 돌아오라고 소리칠 때는 부엉이에게 공감한다. 다 함께 공유하는 성스러운의식 속에서 우리는 하나의 에너지 공으로서 모두 가족이다.

캐릭터 4의 행복을 몸소 보여주는 경이로운 시인과 음악가가 많다. 신과 분리되지 않은 가운데 신의 모습에서 자신을 보고, 다른 사람과 그 사실을 공유하는 아름다운 영혼들이다. 음악적 형식을 갖춘 시는 우리 존재의 벌어진 틈새로 액체가 스미듯 의미가 배어들게 하는선물이다. 싱어송라이터 캐리 뉴커머Carrie Newcomer의 〈뼈까지 드러낸Bare to the Bone〉은 내 캐릭터 4의 정신을 가장 잘 요약한다.

여기에 나는 메시지 없이 존재한다.

여기에 나는 빈손으로 서 있다.

그저 이 땅을 이방인처럼 헤매는 데 지친 영혼,

눈을 크게 뜨고 이 세상을 걷는 것만이 내가 아는 방법.

희망과 선량한 마음에 푹 빠져

뼈까지 드러낸….

캐릭터 4는 우리가 주고받는 말에 심오한 영향을 끼쳐서, 영혼을 깊이 뒤흔드는 방식으로 대화를 나누게끔 한다. 이렇듯 의식의 이 부분은 개방적이고 상황을 잘 인식하며, 모든 것이 정확히 제대로 존재한다는 사실을 받아들인다. 캐릭터 4는 판단을 내리지 않는다. 그저 생명이 살아 있다는 사실을 경이로워하며 축하할 뿐이다. 캐릭터 4는 다른 캐릭터들에 우리가 그저 사랑받을 가치가 있는 존재일 뿐 아니라, 우리라는 존재 자체가 사랑이라고 알려준다. 좌뇌 캐릭터들이 완전하고 온전한 우뇌 캐릭터 4에 마음을 열면, 결핍의 감정이 금방 사라진다. 우리 자신을 사랑받을 가치가 없는 존재로 여기면서, 동시에 우주의 사랑이라고 여길 수는 없는 일이다.

우리 뇌가 발달하는 방식 때문에, 어른보다는 아이가 캐릭터 4를 더 편안하게 느끼곤 한다. 나이가 들면서 좌뇌 캐릭터의 기술과 의식에 더 높은 가치를 부여하게 되면 좌뇌의 외적 현실이 더 편안하게 다가오며, 무의식적이고 잘 알 수 없게 된 것은 불편해진다. 물론 이해가 된다. 우리는 일찍부터 사회의 규칙을 배우고 사물에 집중하는 법을 배우기 때문이다. 우리는 장난감을 어떻게 고를지, 식료품점에서 어떻게 길을 잃지 않을지, 내적 목소리를 어떻게 사용할지 배운다. 아주 어릴 때 사회의 규칙을 어떻게 따라야 하는지, 세상의 가치를 어떻게 존중해야 하는지 학습한다.

그렇기에 정체성에 주력하는 좌뇌를 내려두라는 소리는, 우리 중 다수에게 생각만 해도 끔찍한 죽음처럼 느껴진다. 그렇지만 이것은 사실 뜨거운 여름날 차가운 계곡물에 걸어 들어가는 상황에 더 가깝다. 처음에는 깜짝 놀랄 것이다. 하지만 물속으로 더 깊이 들어가면 몸이 적응하기 시작한다. 자신도 모르게 물은 허리 높이까지 차오른다. 이 계곡물이 이제껏 경험한 가운데 가장 차가운 물일 수도 있겠지만, 몸은 얼얼하고 온 영혼이 물에 들어오며 느낀 놀라움으로 가득 찬다. 물에 첫발을 내딛는 것은 당신이 영웅의 여정의 부름에 응하는 일이다. 결국에 당신의 자아는 옆으로 잠시 밀려나 있어도 죽지 않는다는 사실을 깨닫게 된다. 자아는 그 자리에서 대기하며, 언제든 당신의 선택에 따라 곧바로 다시 활동할 수 있다. 그렇지만 당신이 여정을 시작하기로 한다면, 통찰과 성장 모두를 만나게 될 것이다.

판단을, 일정을, 근심을 내려놓고 지금 이 순간의 영역으로 들어가기를 선택한다면 이 미지의 의식으로 쉽게 갈 수 있다. 진흙 웅덩이 속으로 뛰어들어가라. 지저분하다는 생각이나 나중 일에 대한 생각은 말라. 기념비적인 엄청난 느낌이 마음에서 쏟아져 나오도록 북돋우라. 한때 경험한 아이의 기쁨을 기억하는가? 그 기쁨을 생각만 해도 마음 깊이 와닿는 미소가 피어난다. 우리가 걸친 적당한 옷, 우리 자아, 혹은 우리가 품은 가치에 대한 정당화에서 벗어나 지금 여기에 착지하자. 삶은 복잡하다. 그러니 삶 본연의 모습으로 있게 하고 그 안에서 즐기자.

자기 자신에 대한 회의와 판단, 비판을 내려놓으면 어떤 모습이 될까? 캐릭터 4가 우리를 믿듯이 우리가 자신을 믿는다면 어떤 모습이 될까? 매일 매 순간 우리 안의 이 부분을 확인하고 그 모습을 구현한다면 어떤 모습이 될 수 있을까? 좌뇌의 경계와 한계에서 풀려난다면 얼마나 드넓은 존재가 될 수 있을까? 캐릭터 4는 언제나 그 자리에 있다. 모든 것과 연결되어 있고 우리 자신을 영원히 사랑한다. 캐릭터 4는 우리가 산에서 잠시 생각을 멈추고 호흡할 때 그 산의 웅장함이며, 수면 위에서 춤추는 잔물결의 에너지 안에도 있다.

캐릭터 4가 품은 성스러운 인식은 전능하며 우리 초점 바로 너머에 있다. 아무도 우리를 그곳으로 데려갈 수 없으며 오직 우리만이 갈 수 있다. 혼자 있을지라도 캐릭터 4는 외로울 수가 없다. 캐릭터 4는 모든 것의 의식과 함께 얽혀 있는 사랑이기 때문이다. 캐릭터 4는 삶이라는 선물에 감사하며 그 존재를 있는 그대로 받아들이고 시간의 흐름 속에서 기뻐한다.

이에 대해 시인 루미Rumi는 아주 유려하게 표현하고 있다.

그릇된 행동과 올바른 행동에 대한 생각 너머에 드넓은 곳이 있다. 나는 그곳에서 당신을 만나리라. 영혼이 그 풀 위에 누우면 세상은 말로 다 못 담아낼 만큼 풍요롭다.

캐릭터 4는 우리 존재의 핵심에도, 저 너머 미지의 존재를 가린 베일의 가장자리에도 있는 우리 일부다. 나는 그곳에서 당신을 만날 것이다.

일할 때와 놀 때의 캐릭터 4

일할 때의 캐릭터 4

회사를 배에 비유하면 캐릭터 4는 어떤 배에서든 닻 역할을 한다. 나머지 세 캐릭터는 각각 자신만의 방법으로 문제를 일으킨다. 하지만 캐릭터 4는 일 전체가 아귀가 맞는지, 어떻게 진행되는지, 잘되고 있는지 살핀다. 예측할 수 있고, 합리적이며, 거시적 시선을 갖춘 편견 없는 관점이다. 캐릭터 4는 어떤 상황이든 재정 문제를 겁내지 않으며 자아 중추에 집착하지도 않는데, 캐릭터 4에겐 그런 것이 없어서다. 캐릭터 4는 다른 이들의 자아를 인식하면서도, 일이 전체적으로 돌아가는 모습을 거시적으로 평가할 수 있다. '우리가 이렇게 한다면 저렇게 될 테니, 균형을 맞추려면 이 일에 대해 저 일로 대응할 필요가 있다.' 캐릭터 4는 이렇게 체계적으로 생각한다.

캐릭터 4는 동시에 아홉 가지 정보를 처리할 수 있으며, 복잡한 업무에 겁이 나서 몸이 굳어버리거나 어쩔 줄 몰라 하는 일도 없다. 캐릭터 4는 각 업무를 전체의 일부로 바라본다. 그러면서 일이 체계적으로 흘러가게 하기 위해 능력과 통찰을 발휘하여 부분을 전체로 모은다. 그 결과 캐릭터 4는 어떤 조직에서든 베타테스터 역할을 한다. 아이디어가 있는데 잘될지 안 될지 확신할 수 없다면, 나는 캐릭터 4에게 그 아이디어를 가지고 갈 것이다. 캐릭터 4는 그 일에 대해 예상을 해본다. 캐릭터 4가 "된다"라고 하면 시도해봐도 좋다. "안 된다"라고 하면 그 말이 맞을 것이다. 우리가 시도를 해볼 수 있지만 해야 하는지 확신할 수 없을 때도 캐릭터 4는 "된다"라고 말할 수 있다. 캐릭터 4는 뭔가 더 추가할 때 전체적으로 가치가 증가할지 확신이 안 선다면, 복잡한 상황보다는 단순하고 명료한 상황 쪽을 선택할 것이다.

사업 문제에 있어 캐릭터 1은 이윤을 내기를 바라고, 캐릭터 2는 발상이나 세부 사항을 가지고 부산스럽게 움직이며, 캐릭터 3은 재미있길 바란다. 그리고 캐릭터 4는 보다 큰 선善을 위해 기여하길 원한다.

해변의 캐릭터 4

캐릭터 4는 해변에 다다르기 한참 전부터 해변의 소리를 듣는다. 부서지는 파도 소리, 새들이 지저귀는 소리 등을 느낀다. 마음이 무한히 넓은 바다와 이어져 그저 감사할 뿐이다. 절망의 기운이 조금 서려 있다 해도, 희망과 가능성에 대한 생각이 바로 그 기운을 밀어낸다. 이 공간에서 자신보다 더 큰 뭔가와 연결되어 있다는 기분 속에서, 너무나 풍요롭고 다 내려놓는 듯한 감각을 느낀다. 모든 것이 정확히 제대로 존재한다는 전능한 인식으로 통하는 감각이다.

우리가 해변에서 혼자일 수 있어도 캐릭터 4는 절대 외롭지 않다. 캐릭터 4일 때 우리는 태생적으로 편안하며, 모든 것과 연결되어 지금 여기에 온전히 존재한다. 새들의 노랫소리에 빠져 생각보다 더 오래 새들을 바라본다. 존재의 본질이 파도처럼 리듬에 맞춰 밀려왔다 밀려간다. 새들과 함께 하늘로 솟구쳐 만족감을 발산한다. 태양이 피부를 따뜻이 데우면 우리는 눈을 감고 팔을 하늘로 올려 삶과 주변의 생명 모두에 감사한다. 우리는 숨을 내쉰다.

은총을 받은 기분에 푹 빠진 가운데, 우리가 완벽하고 온전하며 있는 그대로 아름답다는 것을 이해한다. 타인과 자신을 비교하지 않는다. 지금 완벽하게 여기에 존재하며 마음에 다른 공간이나 시간이 존재하지 않기 때문이다. 우리에게는 삶이 있다. 우리가 삶 자체이고 삶을 공유하고 있어 감사하다. 펠리컨이 추는 재미난 춤을 보며 즐거움을 느끼고, 구름에서 의미를 찾으며, 주변에 가득한 마법 같은 아름다움을 느낀다. 모두 하나 되어 움직이는 흐름 속에서 우리가 속한 태피스트리를 인식한다.

해변의 캐릭터 4는 편안하게 웃음을 띠고 지나가는 사람들과 시선을 주고받는다. 이들은 활기차게 움직인다. 심지어 몸을 안 쓴다고 해도 놀이하는 아이들의 거친 함성을 들으며 즐거워하고, 낮잠 자는 노인을 보며 미소 짓는다. 우리가 캐릭터 4에게 마음을 연다면, 그 어떤 존재에게도 보내는 이들의 사랑을 느낄 수 있다. 가끔 해변의 사람들이 보는, 모두에게 그토록 큰 기쁨을 가져다주는 돌고래들은 캐릭터 4와 교감하여 오는 것이다.

캐릭터 4에 대한 간략한 묘사

- **인식**: 나는 존재하는 모든 것과 연결되어 있다. 주변 모든 것과 같은 의식을 공유하며, 내가 그 안에 있고 그것이 내 안에 있음을 인식한다. 눈에 안 보여도 우리는 서로 영향을 주고받는다. 우리는 그것을 느끼고 아는 법을 학습할 수 있다.

- **광활함**: 나는 가능성에 열려 있고 거시적 관점과 내 존재의 완전함을 중시한다. 나는 자아가 부재해도 두렵지 않은데, 내가 완벽하고 온전하며 있는 그대로 아름답다는 사실을 알기 때문이다. 우리는 일자—者의 에너지 속에 존재한다.

- **연결**: 우주적 흐름의 의식 속에서 나는 모든 존재와 연결된, 내 속의 무한한 전지全知의 부분을 받아들인다. 나는 명상이나 기도를 하며 이 공간으로 퍼져나간다. 우리 각각은 인류의 회로망 속 뉴런에 해당한다. 우리는 흐름의 일부로서 분자들처럼 복잡하게 이어져 있다.

- **수용**: 나는 삶의 방식대로 삶을 수용하면서 모든 것이 응당하게 존재한다는 것을 알고 평화를 느낀다. 내가 원하는 방식에 집착하며 내 예상과 현실이 맞지 않는다고 괴로워하지 않는다.

- **변화의 포용**: 나는 지금 내 앞에 있는 것들을 사랑하고 축하한다. 지금 이 순간, 이 삶, 이 사랑, 이 경험이 과거로 흘러가면 내가 그것들을 누렸다는 사실에 감사한다. 삶은 순간에서 순간으로 이어지는 변화의 연속으로, 열린 마음으로 이 모든 것을 포용하며 다음 순간에 어떤 일이 일어나든 감사한다.

- **고유함**: 나는 외부 세계에 보여주는 모습을 하나씩 벗어던지고, 캐릭터 1의 페르소나와 캐릭터 2의 그림자와 캐릭터 3의 아니마/아니무스까지 하나씩 넘어서며, 내 힘을 소유하고 최고의 자신으로 전진한다. 이것이 나를 관통하는 '보다 위대한 힘'의 의식이기 때문이다.

- **풍부한 영혼**: 나는 전체의 부분이다. 내가 당신을 위하는 일은, 나 자신의 일부를 위하는 일과도 같다. 당신을 도우면 우리 모두에게 도움

이 된다. 당신을 사랑할 때는 당신을 있는 그대로 받아들이고, 우리
는 모두 번영한다.

• **명확함**: 외부 세계가 영향을 미쳐 혼란해지는 일은 더 이상 없다. 우
리가 사랑하고 사랑받아야 한다고 굳게 믿는다. 인생에서 최고의 일
은 서로를 사랑하는 일이다. 확실하다.

• **의도**: 나는 모든 것이 연결되어 하나로 흐른다고 믿는다. 내 의도는
이 믿음을 실현하는 것이다. 뭔가를 표현하기 위해 마음과 정신의 힘
을 사용할 때면, 나는 우주 속 원자와 분자의 배치를 바꾸기 위해 자
신의 힘을 사용하고 있는 것이다. 그리고 나는 그대로 쭉 나아간다.

• **취약함**: 우주의 의식을 지닌 존재로서, 나는 있는 그대로의 내 캐릭
터 4에 들어갈 수 있으며 약점이 있어도 굳세게 버틸 수 있다. 내가
누구인지 당신에게 보여주면서, 당신도 똑같이 하도록 격려한다.

연
습

당신의 캐릭터 4를 알아보자

다른 캐릭터의 경우에도 그랬듯 다음 질문을 넘기고 계속 읽어나가고 싶다
면, 그렇게 해도 좋다. 나중에 제대로 살펴볼 시간이 있을 때 이 부분을 다시
찾아봐도 된다.

1. 당신은 캐릭터 4를 인식하고 있는가? 잠시 생각을 멈추고 캐릭터 4가 되
   어 있는 당신의 모습을 상상해보라.

   뇌졸중을 겪은 날 아침, 내 존재의 이 부분에 정말 친숙해졌다. 좌뇌 캐릭
   터 1과 2로부터 완전히 떠난 때였다. 전에 알던 개인으로서의 내 모습이
   하나도 남지 않은 것 같았지만, 나는 여전히 이 육체와 이 삶에 묶여 있었
   다. 성장하며 얻은 모든 모습이 부재한 가운데 나는 모든 것을 아는 우주
   의 의식 속에서 순수한 행복과 은총을 느꼈다. 나는 죽지는 않았지만 최대
   한 단절되어 있었고, 그럼에도 여전히 살아 있었다.

2. 캐릭터 4는 당신의 몸속에서 어떻게 느껴지는가? 이 캐릭터는 당신의 신
   체를 어떤 식으로 이끄는가? 목소리는 어떤 식으로 나오는가?

   좌뇌 캐릭터들이 없는 가운데 내 캐릭터 4의 의식은 온전한 평화와 희열
   그 자체였다. 나는 하루에도 몇 번씩 일부러 이 상태로 돌아온다. 캐릭터
   4의 의식을 구현할 때면, 시야는 흐려지고 감각은 활기를 띠며 가슴은 팽
   창하는 느낌이다. 나는 지금 이 순간에 관심을 집중한다. 몸의 경계며 말
   단의 인식이 사라지고 무한히 은총을 받은 듯한 만족스러움 속에서 내

2부 네 가지 캐릭터

존재의 핵심이 부풀어 오른다. 말을 하면 목소리는 낮은 음역으로 떨어지고 발음은 또렷해진다. 캐릭터 4는 놀라울 만큼 아름다운 의식으로, 나는 언젠가 다시 하루하루를 온전히 그 안에서 보내게 될 것이다. 그것이 진정 제자리로 돌아가는 일이다.

3. 우뇌 캐릭터 4를 인식하지 못한다면 어떻게 된 것일까?

캐릭터 4가 완전히 낯설고 이 부분을 인식할 수 없을 뿐만 아니라, 완전히 터무니없거나 생경하거나 위험하다고 느껴질 수도 있다. 믿어도 좋다. 당신만 그런 것이 아니다. 캐릭터 3의 경우에 그랬듯이 우리의 성스러운 개별성 밖으로 나가는 일은 좌뇌 캐릭터 1과 2에 아주 위협적으로 느껴질 수 있다. 그렇지만 이 깊은 내적 평화의 장소를 찾도록 사람들에게 기술과 도구를 제공하는 분야는 수십억 달러 규모의 잘나가는 시장을 형성하고 있다. 만일 그곳에 가닿기 위해 도구를 사용하기로 결심할 경우 선택지는 많다.

우리는 좌뇌의 위계적이고 물질적인 가치에 편향된 사회에 살고 있으며, 좌뇌는 '나'라는 개인에게 집중한다. 그래서 우리는 자신의 존재와 상관없이 행위에 따라 보상받는다. 우뇌 캐릭터 4는 모든 것과 연결되어 있다는 평화롭고 더없이 행복한 기분 속에서 생명으로서 그저 존재한다. 따라서 삶 자체가 보상이며 그 기저에는 감사하는 마음이 있다. 캐릭터 1이 캐릭터 4로 가는 길을 선형적으로 설명하거나 사고하는 일은 불가능하다. 대신 우리는 캐릭터 4에 자신을 내맡겨야 하는데, 이는 두렵게 느껴질 수 있다.

당신의 좌뇌 캐릭터 1과 2가 정말로 힘이 세다면, 당신이 캐릭터 4로 들어가는 일은 어려울 수 있다. 안심하는 상태에서만 캐릭터 4로 갈 수 있기 때문이다. 신체적으로 안심해야 할 뿐만 아니라, 캐릭터 4를 중요하게 여기지 않는 다른 캐릭터들이 비판을 해도 감정적으로 안심할 수 있어야 한다. 강한 좌뇌 캐릭터는 자신의 우뇌가 지닌 가치를 부정적으로 판단하며, 그저 오감으로 제한되는 현실만을 믿는다. 게다가 종교, 영성, 무형의 믿음 체계만큼 겁을 주고 적의와 말다툼을 부르는 주제는 없다. 우리는 이유가 있어서 믿음을 가진다. 그리고 우리 믿음에 대한 도전은 종종 개인적 위험으로 해석된다.

그렇긴 해도 종교와 관련된 신조와 서사는 좌뇌 언어 중추의 기능이다. 한편 영성을 경험하고, '보다 위대한 힘'과 연결되는 일은 우뇌에서 일어난다. 당신이 지켜본 종교, 혹은 수행 의식이 어떤 것이든 관련 없이 이 점은 다 같다. 기도, 만트라, 명상의 궁극적 목적은 (신경해부학적 차원에서) 우리를 개별적 존재로 경험하게 하는 좌뇌의 한계에서 벗어나서 캐릭터 4의 우뇌 의식으로 들어가게 하는 것이다. 캐릭터 4를 통해 우리는 무한한 존재와 유동적으로 연결되는 경험을 한다.

당신이 무신론자, 불가지론자, 혹은 믿음이 없는 사람이라면 당신은 혼자가 아니다. 많은 사람들이 무엇을 믿어야 할지 잘 모른다. 그래서 아마도 자신의 힘과 오감을 제외하고는 아무것도 믿지 않는 쪽을 택하는 듯하다. 그렇지만 믿음 수준이나 믿음 그 자체와는 상관없이, 뇌 문제의 경우 캐릭터 4의 의식에 관심을 기울이면 신체적, 정서적, 영적으로 치유의 힘이 나타날 수 있다. 치유를 위해 우주의 의식과 협력하기로 한다면, 놀라운 회복을 경험할 수 있다. 내 뇌를 보라. 내 좌뇌 캐릭터들을 다시 활동하게 한 것은 좌뇌 캐릭터들 자체의 힘이 아니라, 내 세포가 회복하도록 캐릭터 4의 의식과 함께 일한 우주의 힘이었다고 장담할 수 있다.

캐릭터 4를 여전히 확인할 수 없다면, 인생에서 당신의 마음이 커지거나 열렸다고 느낀 순간을 생각해보라. 무지개나 반딧불이를 보거나, 해 질 무렵 나무 뒤로 달려가는 레프러콘leprechaun◆을 닮은 그림자만 보아도 영혼이 설레는 사람이 많다. 이런 기분을 느껴본 적이 있는지조차 모르는 경우라면, 도움을 줄 도구들이 있다. 그 도구들을 통해 당신은 전지의 존재를 더 잘 알 수 있고, 그 존재에게 마음을 더 열게 되며, 그 존재와 더 이어질 것이다. 기꺼이 경험을 확장할 뜻이 있고 또 불가해한 존재에게 관심을 옮기는 일을 연습할 뜻이 있다면, 스스로 당신을 둘러싼 에너지가 '되도록' 연습할 수 있다.

4. 우뇌 사고형 캐릭터 4가 당신의 삶을 차지하는 시간은 얼마나 되는가? 그럴 때 어떤 느낌인가?

나의 이 부분은, 내가 벌새의 노래를 들으며 설레거나 별똥별의 궤적을 보며 조용히 소원을 비는 순간과 결코 멀리 있지 않다. 왜 아니겠나. 캐릭터 4는 내 다른 캐릭터들이 내는 소음 몰래 언제나 움직이고 있다. 그리고 이 부분은 모든 것을 알고 모든 것을 사랑하며 모든 존재와 연결된 내 진짜 자아다.

내 뇌의 이 부분은 이 세상에서 우리를 에워싼 것들, 혹은 우리가 몸담은 환경과는 상관없이 우리가 완벽하고 온전하며 아름다운 존재임을 알고 있다. 도리스 데이Doris Day가 부르는 〈케세라, 세라Que Sera, Sera〉를 듣다가 불쑥 노래를 따라 부르기 시작할 때 나는 확실히 캐릭터 4에 있다. 바비 맥페린Bobby Mcferrin의 〈돈 워리, 비 해피Don't Worry, Be Happy〉나 〈라이언 킹The Lion King〉의 〈하쿠나 마타타Hakuna Matata〉를 들을 때 캐릭터 4가 되는 사람도 있을 것이다. 나이, 시대와 상관없이 이 노래들은 우리의 캐릭터 4를 약속하는 노래다.

숨을 내쉬면서 나 자신보다 더 큰 뭔가에 나를 맡기며, 나는 의도적으

◆ 아일랜드 전설 속에 나오는 작은 남자 요정이다.

로 캐릭터 4로 들어간다. 신은 내쉬는 숨에 존재한다. 들이마시는 숨에는 우리의 기대, 꼭 해야 할 일, 활동, 자립정신, 자기 판단, 불안이 담겨 있다. 그렇지만 그것들을 그냥 떠나보낼 때, 현실에 반하는 욕망에 그만 집착할 때, 캐릭터 4가 나와서 축하를 해준다.

연습을 통해 나는 보통의 관심 상태에서 의식을 끌어낸다. 끊임없이 소음이 들려오는 세상을 배경으로 밀어내고, 뭐라 말할 수 없는 대상에 집중한다. 호흡에 신경 쓰며 바로 지금 이 순간을 인식한다. 호흡을 생각하면 과거나 미래에서 벗어난다. 지금 이 순간에 있게 되면 나는 감사하는 마음과 이어지고, 의식은 졸졸 흐르는 개울 소리로 흘러든다. 타인의 웃음, 눈물, 공포와 교감하게 된다.

나는 자신이 확장되도록 한다. 저 너머 들판의 밀들 사이에 내 에너지를 엮는다. 나는 저기 풀과 관목의 움직임 속에 있다. 『마태복음』 6장 28절, "들의 백합이 어떻게 자라는지 생각해보라. 그들은 힘들게 일하지도 않고 옷감을 짜는 일도 없느니라." 그들은 그저 존재한다. 그리고 그 상태로 정확히 조물주가 자기 존재와 행위에 대해 품은 뜻을 따르고 있다고 믿는다.

캐릭터 4는 신비로운 우리 자신이다. 우리는 자연에 의해 생긴 존재일 뿐 아니라, 곤충들이 다 함께 소리를 낼 때 점점 커지는 음이다. 우리는 구름 사이로 영광스럽게 쏟아져 나오는 햇빛이다. 지금은 멀리 떠난 사랑하는 사람들이 수면의 잔물결에 사랑의 편지를 써서 보내면, 그 잔물결에서 그것을 읽어내는 존재가 바로 나의 캐릭터 4다.

5. 우뇌 사고형 캐릭터 4를 생각할 때 적절한 이름을 지어줄 수 있는가?

나는 캐릭터 4를 장난스럽고 힘차게 '여왕 두꺼비Queen Toad'라고 부른다. 이렇게 지칭하는 것은, 내 캐릭터 4가 정말 여왕이라서 그렇다. 내 캐릭터 4는 장엄하고 전능한 존재와 연결된 내 일부분이다. 두꺼비라고 부르는

　　　　　　　　　　　　　　　2부　네 가지 캐릭터

것은 내가 괴짜이고 연못의 수련 잎과도 같은, '뇌파들BrainWaves'이라는 보트 위에서 살기 때문이다. 나는 그 보트에서 1년 중 5개월을 보내고 있다. 나는 자신을 너무 심각하게 받아들이지 않는 것이 중요하다는 사실을 배웠다. 나란 존재는 우주의 중심인 동시에 한 톨의 먼지 알갱이에 불과하다. 내 캐릭터 4는 내 삶을 넘어선다. 어디에나 있는 나의 일부분이며 영원한 사랑 같이 느껴지는 존재이다.

6. 긍정적인 방향이든 부정적인 방향이든 인생을 살면서 당신에게 영향을 끼친 사람들 가운데 캐릭터 4는 누구인가? 당신의 캐릭터 4는 그들의 캐릭터 4에 힘을 얻는가, 아니면 위축되는가?

뇌졸중 이후 나는 우리가 진실로 완벽하고 온전하며 존재하는 그 자체로 아름답다는 인식을 포기하고 싶지 않았다. 그래서 나를 제외한 나머지 인류가 나를 정상이라고 받아들이기 위해 필요한 딱 그만큼만 회복하자고 결심했다. 당연히 다시 완전히 인간적인 상태가 되기 위해서, 나는 무한한 존재와의 완전한 연결을 잃어야 했다. 나는 회복을 결심했는데, 뇌졸중을 겪고 신과 연결된 경험은 돌아가서 사람들에게 알리지 않으면 의미가 없기 때문이었다.

마음대로 캐릭터 4의 공간으로 돌아갈 수 있느냐는 질문을 종종 받는다. 대체로 나는 여기에 살면서 거기를 방문하는 대신, 거기에 살면서 여기를 방문하는 쪽을 택한다. 나는 캐릭터 4이고, 여기에다 다른 캐릭터 3, 2, 1의 기술과 회로망을 추가한다. 여기 이 세상에서 생활하는 존재로 기능하기 위해서다. 그렇지만 여왕 두꺼비는, 융의 언어로 말하자면 나의 '자기'이고 내 의식의 나머지는 그저 내가 인간으로서 살기 위해 사용하는 다른 캐릭터들일 뿐이다.

나는 다른 캐릭터 4들을 만나는 일을 아주 좋아한다. 그들은 진실로 삶이라는 케이크에 입힌 설탕 역할을 한다. 캐릭터 4 몇몇을 함께 모아둔 다음 불꽃이 튀고 번개가 치며 사랑이 폭발하는 모습을 지켜보라. 우리는 성스럽다.

7. 인생에서 당신의 캐릭터 4를 인정하고, 신경 써주고, 동감하고, 시간을 같이 보내기를 원하는 사람은 누구인가? 그 사람과의 관계는 어떤가?

이제껏 내가 들어본 가장 지혜로운 말 중에는 나의 좋은 친구이자 의사인 제리 제시프Jerry Jesseph가 한 말도 있다. "우리는 인간이라서 혼란스럽고 더욱 혼란스럽다." 우리 가운데 가장 혼란스러운 이들은, 캐릭터 4를 하나도 모르고 우리나 타인의 캐릭터 4를 무례하게 대하거나 무시하는 사람이라고 말해도 될 것 같다.

나와 아주 가까운 친구 중 다수는 강한 캐릭터 4의 삶을 살고 있다. 그들은 서로 잘 받아주고, 애정이 깊으며, 상대를 지지하고 보살피며, 공감을 잘 해주고 다정하다. 캐릭터 4끼리는 만나면 서로를 알아본다. 그리고 개인들이 접할 수 있는 가장 만족스러운 관계를 형성한다.

나의 이 부분을 좋아하는 사람은 또 누가 있을까? 스스로 캐릭터 4를 찾고 있거나 알고 있는 동료 여행자들이 그렇다. 이 영역에 존재하는 사람들은 나와 함께 별들 사이에서 춤춘다. 공간과 시간 사이에 구분이 없다는 것을 알기에, 우리는 반드시 현세에서 만날 필요가 없다. 그렇지만 우리가 만난다면, 그 만남은 서로 연결된 성스러운 순간이자 깨달음을 공유하는 순간이 된다.

8. 당신의 캐릭터 4와 잘 지내지 못하는 주변 사람은 누구인가?

나의 이 부분은 순수한 사랑으로 상대가 어떤 상황에 처해 있다 해도 아름다움을 본다. 이는 조건 없이 아이를 사랑하며 다른 사람들의 아이들까지도 사랑하는 어머니의 마음이다. 누구든 친숙하게 여기는 우리 자신의 부분이자, "저들을 용서하소서, 아버지. 저들은 자신들이 무엇을 하는지 모릅니다"라고 말할 때 우리 안에 있는 예수이기도 하다. 캐릭터 4는 조건 없이 언제나 사랑을 베푼다.

캐릭터 4는 안전한 공간이다. 연민이 가득하고 상냥하며 마음이 열려 있기 때문이다. 누군가 운수 나쁜 날을 보내면 내 캐릭터 4는 친절하게 돕는 모습을 보일 수 있다. 당신이 성질을 내고 있다 해도 나는 당신에게 미소를 지어 보이고 따뜻한 손길로 위로할 수 있다. 괴로움에 빠진 캐릭터 2는 캐릭터 4가 곁에 있어주면 힘과 용기, 사랑을 느낀다. 캐릭터 4는 자신이나 타인의 고통을 줄이기 위해 우리가 지닌 가장 강력한 도구다.

9. 당신의 캐릭터 4는 어떤 유형의 부모, 파트너, 혹은 친구인가?

아이들이 강한 캐릭터 4를 키울 수 있도록 돕는 일은 중요한데, 이는 스스로 치유 기능을 하는 의미 있는 부분이기 때문이다. 무엇보다도 건강한 아이들은 타인과 진짜 관계를 맺고 싶어 한다. 그들의 부모나 친구로서 우리는 '보다 위대한 힘'과 건강한 관계를 맺는 일이 어떤 의미인지 아이들에게 모범을 보여줄 수 있다. 누구에게나 무엇에나 드리워진 일자─놈의 한 가닥을 인식하고 소중히 여긴다면, 마음을 열고 날선 비판을 좀 부드럽게 다듬을 수 있을 것이다. 우리는 아이들에게 지금 이 순간을 인식하라고 안내할 수 있다. 그런데 아이들이 캐릭터 4와 통하는 대화로 우리를 이끌 가능성이 더 크다. 인간은 캐릭터 4의 의식으로 태어나기 때문이다.

유년 시절 어머니가 준 가장 훌륭한 선물 가운데 하나는, 어머니가 언제나 나를 사랑하고 있다는 확신이었다. 자신이 그리 좋아하지 않았을 법할 행동을 내가 했을 때나, 심지어 내가 속상하게 만든 순간에도 어머니는 언제나 내가 성장하는 길이 되어주었다. 평생 자라고 변화할 수 있게 해주었고, 내가 어제의 나를 넘어서지 못하도록 막는 일이 없었다. 어머니는 내가 나쁜 행동을 버리고 성장하게 해주었으며 내 발전에 방해가 된 적이 없었다.

대학을 졸업한 나는 잠시 아메리칸강American River의 안내원으로 일하기 위해 인디애나주를 떠나 차를 몰고 캘리포니아주로 갔다. 체격이 나와 비슷한 어느 멋진 여성이 나의 급류 타기 훈련에 자원했다. 그때 경력 13년의 베테랑 안내원 라기나Ragina가 나를 가르쳤는데, 나는 작은 몸집 탓에 등보다는 머리를 써서 노 젓는 법을 배워야 했다. 남자들은 힘으로 밀어붙여 곤경에서 빠져나갈 수 있었으나 몸집 작은 여자들은 그렇지 못했다. 나는 그해 여름 그 강에서 나의 최고 모습, 내가 되고 싶었던 나의 일부를 만나면서 성장했다. 내 캐릭터 4를 만난 것이다.

집으로 돌아오니 어머니는 내가 이전과는 다른 여성이 되었다는 사실을 알아보았다. 그리고 더 작은 내 모습으로 묶어두려 하지 않았다. 내가 뇌졸중을 겪었을 때 어머니는 내 캐릭터 4를 알고 있었고, 자신이 할 일이란 딸이 스스로 치유하도록 도와 다시 성공적으로 일으켜주는 것이라고 완벽히 믿었다. 나의 어머니는 내 최초의 축복이자 최고의 축복으로 나를 두 번이나 키워주셨다.

우리가 다른 사람들에게 자연의 단순한 생명체에서 신성함과 성스러움을 찾는 법을 보여준다면, 그들은 그 도움으로 캐릭터 4를 더 확실히 볼 수 있을 것이다. 산책을 할 때면 보도에서 언제나 지렁이를 집어다가 뜰로 던져주는 친구가 있었다. 훌륭한 일이긴 했다. 비오는 날에 수천 마리의 지렁이가 밖으로 나오는 경우를 제외하면 말이다. 그때 내 좌뇌는 우리가 하는 행동이 타당한지 질문을 제기했지만, 내 우뇌는 지금은 물고기 낚시를 가야 할 때가 아닌가 하고 생각했다.

10. 당신의 머릿속에서 캐릭터들은 얼마나 우호적인 관계를 맺고 있는가?
캐릭터 4는 다른 캐릭터들과 어떤 관계를 맺고 있는가?

여왕 두꺼비는 그저 모두를 사랑하는 것이 아니다. 사랑 그 자체다. 그는
내 캐릭터 1 헬렌을 존중하고 도우며 우리 삶에 질서를 갖추려는 헬렌의
노력을 찬양한다. 내 어린 캐릭터 2 애비가 공포나 고통에 빠지면, 여왕
두꺼비는 때맞춰 애비를 보살피러 간다. 여왕 두꺼비는 캐릭터 3 피그펜
을 아주 좋아하나, 피그펜에 종종 알려주어야 한다. 우리는 죽음을 맞을
것이고, 죽어가는 과정에 있어도 괜찮으며, 우리가 자신으로 살아 있도록
협력해준다면 고마울 것이라고. 이제껏 피그펜은 이 요청을 받아들여왔
고, 이제 우리는 천둥 번개를 전보다 빨리 피할 수 있게 되었다.

당신의 캐릭터 4를 알아보자

1. 당신은 캐릭터 4를 인식하고 있는가? 잠시 생각을 멈추고 캐릭터 4가 되어 있는 당신의 모습을 상상해보라.

_____

_____

2. 캐릭터 4는 당신의 몸속에서 어떻게 느껴지는가? 이 캐릭터는 당신의 신체를 어떤 식으로 이끄는가? 목소리는 어떤 식으로 나오는가?

_____

_____

3. 우뇌 캐릭터 4를 인식하지 못한다면 어떻게 된 것일까?

_____

_____

4. 우뇌 사고형 캐릭터 4가 당신의 삶을 차지하는 시간은 얼마나 되는가? 그럴 때 어떤 느낌인가?

_____

_____

5. 우뇌 사고형 캐릭터 4를 생각할 떼 적절한 이름을 지어줄 수 있는가?

_____

_____

6. 긍정적인 방향이든 부정적인 방향이든 인생을 살면서 당신에게 영향을 끼친 사람들 가운데 캐릭터 4는 누구인가? 당신의 캐릭터 4는 그들의 캐릭터 4에 힘을 얻는가, 아니면 위축되는가?

_____

_____

7. 인생에서 당신의 캐릭터 4를 인정하고, 신경 써주고, 동감하고, 시간을 같이 보내기를 원하는 사람은 누구인가? 그 사람과의 관계는 어떤가?

_____

_____

8. 당신의 캐릭터 4와 잘 지내지 못하는 주변 사람은 누구인가?

_____

_____

9. 당신의 캐릭터 4는 어떤 유형의 부모, 파트너, 혹은 친구인가?

_____

_____

10. 당신의 머릿속에서 캐릭터들은 얼마나 우호적인 관계를 맺고 있는가? 캐릭터 4는 다른 캐릭터들과 어떤 관계를 맺고 있는가?

_____

_____

8장
두뇌 회담:
전뇌적 삶을 위한 기술

네 가지 캐릭터가 함께 나의 삶을 살아가면서 상호작용하는 모습을
바라보면 즐겁다. 네 가지 캐릭터는 시시각각 차례로 우세한 상태를
점했다가 빠져나가고, 나는 진실로 이 네 가지 캐릭터 모두를 독립적
으로 구현한다. 나는 캐릭터 1 헬렌과 함께 무대 위에서 대담하며 뇌
에 대해 강의할 수 있다. 캐릭터 3 피그펜이 바로 내 의식으로 뛰어올
라, 마이크를 쥐고 내 몸 전체를 소품처럼 쓰면서 예시를 들어가며 진
행할 수도 있다. 분명 헬렌은 절대 그런 식으로 움직이지 않을 것이다.
그렇지만 헬렌은 이제 충격을 받거나 당황하는 대신 피그펜을 인정하
는 법을 배웠다. 피그펜이 분위기를 띄워주는 멋진 존재임을 청중이
알게 되었듯 헬렌도 그 사실을 안다. 헬렌이 건조하게 가르치는 내용
에 대해 피그펜보다 더 훌륭한 경험적 예시를 들어줄 존재는 없다. 우
리가 내면의 존재에게 더 친숙해지고 그들 각각을 더 편하게 드러내
면, 그만큼 더 전뇌적 삶을 살게 될 것이다.

지난 몇 년 동안 네 가지 캐릭터를 지켜보며 나는 이들 행동의 많은 부분이 비교적 예측 가능하다는 것을 알게 되었다. 헬렌은 사무실에서, 혹은 전화를 하면서 시간 보내기를 좋아한다. 한편 여왕 두꺼비는 내가 자연 속을 산책하면 늘 예상대로 나타난다. 정말 재미있는 일이 일어날 때면 아드레날린이 마구 솟구치며 피그펜이 불쑥 튀어나온다. 네 가지 캐릭터 각각은 행동 패턴이 어느 정도 정형화되어 있어서, 일상의 자연스러운 상태에서 더 적극적으로 자신을 관찰할수록 더 자유로이 전뇌적 삶을 살 수 있다.

나는 우리 자신과 다른 사람들의 네 가지 캐릭터들이 건강한 관계를 맺기를 바란다. 캐릭터들이 대체로 긍정적이고 활기 있게 상호작용한다면 더욱 좋다. 우리는 매 순간 이 세상에서 우리가 바라는 캐릭터를 선택하여 존재할 힘이 있다. 이 캐릭터들을 두뇌 회담으로 모으면 우리는 그다음 순간 최고의 행동을 취할 수 있다.

두뇌 회담을 여는 일이 실제로 어떤 의미인지 더 자세히 알아보자. 우리는 인생의 매 순간 일어나는 일에 대해 네 가지 캐릭터가 의식적 대화를 나누도록 할 수 있다. 두뇌 회담은 이 세상에 자신을 어떤 모습으로 어떻게 드러낼 것인지 결정하고 그에 완전히 책임지는 일이다. 그렇게 자신의 힘을 소유하는 것이다. 이것은 세상이 우리 생각, 감정, 느낌, 행동에 영향을 미치게 할지 말지 선택하는 일이기도 하다.

삶이 자동적으로 흘러가게 놔두면, 네 가지 캐릭터는 우리가 실제로 어떤 행위를 '선택'할 수 있는지 현실적인 고려 따위는 하지 않고 그저 마음에 드는 일을 할 것이다. 하지만 두뇌 회담을 위해 스포츠 경기의 한 팀처럼 한데 모이면, 네 가지 캐릭터는 각자의 입장을 알린 다음 최고의 전략적 행동을 함께 선택한다. 밖에서 어떤 일이 일어나든 상관없이, 정기적으로 두뇌 회담을 하면 적절하고 평화로운 해결책을 구할 수 있다.

두뇌 회담을 열기로 선택한다면, 성공하기 위해 스스로 서는 셈이다. 정말 목적 지향적 삶을 살고 싶다면, 체계적이고도 열정적인 방식으로 그렇게 해보자. 게다가 두뇌 회담을 열고 캐릭터 4가 대화에 참여하게 하면 분명 좋은 결과가 나온다.

마음에 내리는 닻

살면서 힘들지 않은 때에 두뇌 회담을 연습해두면 그만큼 해당 회로망이 더 강해진다. 뇌의 다른 뉴런 회로망과 마찬가지다. 나중에는 새로운 습관처럼 두뇌 회담을 자동으로 열게 된다. 일상에서 두뇌 회담을 자연스럽게 열면 삶이 얼마나 달라질지 상상해보라. 연습을 해두면 감정을 촉발하는 버튼이 눌릴 때도 뇌는 자연스럽게 두뇌 회담을 열게 된다.

단언할 수 있다. 네 가지 캐릭터를 알고 캐릭터들이 두뇌 회담을 쉽게 열도록 연습하면서 나는 가장 훌륭한 선물을 얻었다고 말이다. 캐릭터 2의 서사나 감정적 고통에 사로잡혀 외로울 때도 나는 혼자가 아니라고 깨닫게 된 것이다. 애비가 반복되는 슬픔, 혹은 무력감에 사로잡혀 있을 때, 우리는 바로 두뇌 회담을 소집한다. 그러면 고립감, 절망 등 그 어떤 감정도 바로 사라진다. 내 우뇌 캐릭터 3과 4가 감정적 외로움을 느끼는 일은 불가능하다. 그들은 집단적인 전체의 의식 속에 존재하기 때문이다.

그렇지만 좌뇌 감정형 캐릭터 2 애비는 좌뇌 캐릭터 1의 이성적 뇌 및 우뇌 캐릭터 3, 4의 집단적 의식과 단절되었다고 느끼는 순간, 눈앞을 가리는 안개 같은 절망에 완전히 먹혀버리는 기분을 느낀다. 이런 압박을 경험할 때, 나는 나의 네 가지 캐릭터가 그 자리에 그대로 있고 그들을 두뇌 회담에 부를 수 있다는 사실을 인식하기만 해도 마음에 닻을 내리는 셈이다.

나는 두뇌 회담의 습관화가 보다 더 전뇌적인 삶을 향하는 길임을 입증해 보일 수 있다. 가끔 캐릭터 2 애비는 불안 발작을 겪어 몸이 허약해진다. 이런 일이 언제 일어날지는 짐작도 할 수 없다. 그렇지만 불안 발작이 일어나면 내 뇌가 내적 폭풍 같은 감정적 반응성에 휘말리는 기분이 든다. 도움이 필요한 순간이다. 이때 네 가지 캐릭터를 불러모아 두뇌 회담으로 소집하면 진정 내 삶을 구할 수 있다. 이제 어린 캐릭터 2의 감정적 스트레스 회로망이 활성화해도 내겐 마음의 평화를 구하고 생리적 상태를 진정시키기 위해 사용할, 잘 발달한 도구가 있다.

불안을 경험하는 사람이라면 알 것이다. 불안 회로가 작동하면 뇌를 완벽하게 장악할 수 있다. 불안, 심한 공포, 혹은 공황 발작 같은 것들은 그런 위력을 가지고 있다는 사실을 말이다. 우리는 감정적으로 무력해지고, 겁에 질리며, 절망을 느끼고, 약해지고, 고립된 기분을 느낀다.

이렇게 내가 완전히 공포에 사로잡힌 순간이면 나의 다른 캐릭터들이 여전히 제자리에 있다는 사실을 아는 것만으로 위안이 된다.

심지어 내가 그들을 느낄 수 없다 해도 그들은 그 자리에서 지켜보면서, 이 응축된 에너지의 파도가 잦아들고 흩어져서 다시 자기들끼리 연결되어 잘 맞물려 돌아갈 수 있기를 기다리고 있다. 두뇌 회담이라는 도구는 도움이 필요할 때에 당신을 도와줄 것이다. 내 영혼의 어두웠던 시간을 버티도록 도와주었듯이 말이다.

개인적으로 심한 불안을 겪은 적이 없거나 그것이 어떤 느낌인지 모른다면, 뇌와 몸에 있는 모든 에너지가 당신의 투쟁-도피 변연계 회로망을 구성하는 세포 집단으로 갑자기 몰려갔다고 상상해보라. 귓가에 혈액이 외치는 고함이 들린다. 심장이 너무나 시끄럽게 피를 내보내고 있어 이를 경고하는 소리다. 제대로 생각할 수 없고 눈앞을 똑바로 볼 수도 없다. 몸 전체가 지독한 생리적 발작을 겪는 느낌에 휩싸이면서 평정을 잃는다. 캐릭터 2가 완전히 무방비한 상태로 빠져들게 되는 것이다. 앞서 몇 번이나 강조했듯이 우리는 감각을 느끼는 사고형 생명체라기보다는 생각하는 감정형 생명체라는 사실을 기억해야 한다. 감정형 캐릭터 2의 경보 장치가 공포, 분노, 불안 발작으로 인해 거세게 울릴 때는, 다른 캐릭터들이 두뇌 회담을 열 준비가 되어 있음을 알기만 해도 구명 밧줄을 붙잡는 셈이 된다.

두뇌 회담 습관이 내 삶에 가져다준 또 하나의 경이로운 선물은, 네 가지 캐릭터를 쉽게 확인하고 마음껏 구현하는 연습을 할 수 있게 되었다는 점이다. 이제 나는 의식을 끌어당기는 캐릭터 2의 감정적 반응성에 미묘하게 끌려도, 캐릭터 2와 얽히는 대신 그저 관찰하는 쪽을 택할 수 있다. 다른 캐릭터들과 단절되어 있긴 하지만 그 캐릭터들이 여전히 제자리에 있다고 이성적으로 판단할 수 있기 때문이다.

이렇게 캐릭터 2에 휩쓸리지 않고 지켜보는 쪽으로 지각 과정을 달리하면, 감정 회로를 자극하는 데 몰려 있던 에너지 공이 사라지기 시작한다. 한곳에 묶여 있던 에너지가 널리 퍼져나가며 뇌의 다른 부분으로 다시 스며든다. 그러면 바로 나의 다른 캐릭터들이 다시 활동하며 의식으로 들어올 수 있다. 그들이 다시 나타나 캐릭터 2를 두뇌 회담으로 데려가면, 캐릭터 1이 나서서 지금 우리 몸은 안전하다고 확인시켜준다. 캐릭터 3은 성공적으로 놀기 위해서 어떤 계획을 세울지 상상의 시나리오를 펼치기 시작한다. 그리고 캐릭터 4는 우리 모두의 곁에 있어준다. 최악의 상황이 펼쳐진다 해도, 무슨 일이 일어난다 해도, 우리는 괜찮다고 깨닫게 해준다.

우리의 힘센 50조 개의 세포

뇌졸중으로 좌뇌가 작동을 멈추었을 때 나는 50조 개의 세포가 각자

제 의식을 갖춘 아름답고 작은 생명체로서 내 몸과 뇌를 구성하고 있는 모습을 그렸다. 나는 세포들에 귀를 기울였다. 그들과 의사소통을 했다. 그들의 노력을 소중히 하고 내가 낫기 위해서 그들을 얼마나 필요로 하는지를 알렸다. 그들이 노력하도록 격려했다. 나는 여전히 나의 회복에 기여한 내 뇌세포들을 믿는다. 내 상처를 낫게 하려고 그들이 매일 노력해주어 영광이다.

나는 우리 세포에 우리를 낫게 할 힘이 있다고 믿는다. 물론 나는 전통 의학을 소중히 여긴다. 특히 응급 상황의 경우에는 더 그렇다. 그렇지만 자신에게 있는 치유의 힘을 조금만 신뢰한다면 우리 세포들에 존경스럽고 건강한 공동체 정신이 생길 것이다. 50조 개의 분자적 천재들의 집합으로서 우리는 캐릭터 4의 공통 의식을 공유한다. 우주의 의식과 우리 세포적 캐릭터 4의 의식이 결합한 힘을 기꺼이 활용한다면, 우리는 치유된다.

뇌가 파괴된 때에도 내 캐릭터 4의 의식은 그대로 남아 있었다. 나는 회복을 위해 노력하기로 결심하면서, 힘들어도 외부 사물에 계속 관심을 보이는 일을 포기하지 않겠다고 다짐했다. 캐릭터 4는 치유를 위해 애쓰는 모든 세포를 사랑하고 이끄는 책임을 맡아 회복의 여정에 올랐다. 집단적 의식으로서 뇌와 몸의 모든 세포가 함께 움직였다. 장기적으로 볼 때 내가 얼마나 치유되거나 회복할지 알 수 없었지만, 내 세포와 나는 우주의 의식이라는 힘을 공동으로 활용하면서 짝이 되었다.

완전히 회복한 나는 네 가지 캐릭터를 비슷한 방식으로 정의하고 소중히 여기게 되었다. 그들이 각자 내 뇌 전체의 일부를 맡고 있음에도 나는 그들을 개별적 존재로 본다. 그리고 그들의 요구를 잘 듣고 그에 맞게 요청을 한다. 많은 면에서 네 가지 캐릭터는 귀 기울이고 지켜봐줄 가치가 있는 네 아이와도 같다. 캐릭터 각각을 알아가니, 삶의 작은 순간들을 더 잘 예측할 수 있었다. 나도 그렇고 주변 사람 모두 그랬다. 예를 들어, 내 캐릭터 1은 전화벨이 한 번 울리면 바로 전화를 받을 것이다. 그렇지만 친구가 전화했는데 바로 음성 메시지 녹음으로 넘어가면, 그때는 내 캐릭터 3이 바쁜 상태다.

나의 네 가지 캐릭터는 각각 장점이 있지만, 개별적 존재로서 자신만의 가치관에 따라 산다. 캐릭터 1은 옷을 잘 차려입고 저녁 약속 자리에 제시간에 나타날 것이다. 반면에 캐릭터 4는 행사를 그냥 놓치기로 마음먹고 밖에서 시간을 보내며 일몰을 감상할 수도 있다. 일정이 빡빡하지 않다면 나는 네 가지 캐릭터가 삶을 이끌도록 놔둔다. 기운찬 상태로 밖에 나가 헬렌으로서 에너지를 나눌 준비가 되었는가? 아니면, 여왕 두꺼비로서 재충전을 하고 자연과 어우러지고 싶은가? 우리가 자신의 네 가지 캐릭터뿐 아니라 다른 사람들의 네 가지 캐릭터도 완전히 품을 때, 서로에게 그리고 세상에 가져다줄 진짜 평화를 상상해보자.

두뇌 회담의 혜택

좋은 결정을 내리기 위해서는 선택지가 무엇인지 알 필요가 있다. 내가 네 가지 캐릭터의 성질을 완전히 이해하기 전에는, 이분법적이고 뻔한 대안 말고 무엇을 선택할 수 있는지 정말 몰랐다. 나는 내 결정에 대체로 만족하는 편이다. 하지만 가끔 (아마도 피그펜이나 애비가) 결정을 내린 후에, 잠시 숨을 돌리고 두뇌 회담을 열었다면 더 현명한 결정을 내렸으리라는 사실을 깨달을 때가 있다. 두뇌 회담은 불안을 달래고 나의 진짜 목소리를 일깨운다. 이 목소리는 진실로 내 모든 목소리의 합이다.

이 도구를 사용하면 몇 가지 이득이 있다.

첫째, 두뇌 회담을 열려면 정지 버튼을 눌러야 하는데, 정지 버튼 누르기는 기본적으로 1부에서 설명한 90초 법칙과 같다. 90초 동안 기다리면 혈류를 타고 흐르던 어떤 화학 물질이든 흘러나가 완전히 없어진다. 정신이 다시 맑아지고 그 전에 느낀 감정이 무엇이든 더 이상 안 느끼게 되는 것이다. 그러면 네 가지 캐릭터가 대화를 나누어 더 좋은 결정을 내릴 수 있다.

둘째, 두뇌 회담은 네 가지 캐릭터 모두 제 의견을 내도록 독려한다. 나는 어떤 캐릭터든 똑같이 한 표를 행사하는 민주주의 체제로 뇌를 운영한다. 이 원칙은 내가 위험에 처하지 않는 한 늘 지켜진다. 캐릭터들은 각각 제 의사가 받아들여진다고 느끼면, 다른 캐릭터들의 의견과 요구와 필요 사항과 발상에 관심을 기울이며 만장일치로 합의에 도달하게 된다.

그 결과, 이 도구를 사용하여 어떤 결정을 내리든 네 가지 캐릭터가 지지와 합의로 밀어주게 된다. 이것이 아주 확실한 셋째 이득이다. 이렇게 힘을 소유하면 최고의 결정을 내렸다고 확신할 수 있다. 그러니 가장 진정한 삶이란 건강한 전뇌적 삶을 고취하는 두뇌 회담의 지지를 받는 삶이다.

이때 또 중요한 점은, 네 가지 캐릭터가 어떤 존재이고 그들의 가치는 무엇인지 이해하면 주변 사람들의 삶에서 캐릭터들이 어떤 모습을 보이는지 알게 된다는 것이다. 상대가 누구인지 알면 상대와 어떤 식으로 교류할지 결정할 때 대단한 도움이 된다. 상대에 비해 유리한 입장에 서게 되는 것은 아니지만, 가장 효과적으로 상대를 도우며 관계를 맺는 방법을 잘 알 수 있게 된다. 내가 바라는 것은 언제나 더 평화로운 대화, 협상, 해결이다.

타인의 관점을 이해하면 우리는 명확하게 소통할 준비를 하게 된다. 사람들을 있는 그대로 사랑하면서, 우리가 편하자고 그들에게 변화를 요구하는 일이 없어지니 이 또한 선물이다. 나와 타인의 관계에는 여덟 명의 캐릭터가 존재하며 각각 개인적 요구, 의견, 욕구를 가지고 있다. 상대의 네 가지 캐릭터와 그들의 요구를 인식하게 되면, 서로 소통하며 평화롭게 어우러지는 길을 알 수 있다. 예를 들어, 내가 당신과 갈등하는 상황임을 깨달으면 두뇌 회담은 내가 갈등에 자동적으로 반응하는 대신 뒤로 한 걸음 물러나 차분하게 나의 대응을 점검하도록 도와준다. 그러면 나는 당면 상황을 평가하고 당신의 말에 귀 기울이기 위해 보다 공감적 태도를 취할 수 있다.

두뇌 회담은 빠르고 정확한 소통을 돕는 환상적인 도구로 제 역할을 해왔다. 예를 들어, 어느 날 나는 주요 캐릭터가 4인 한 친구에게 전화를 했다. 친구가 전화를 받아 우리는 대화를 나누기 시작했다. "잠깐, 우리가 캐릭터 4로 가기 전에 물어볼게. 네 캐릭터 1은 잘 지내니?" 친구는 자기 캐릭터 1이 맡은 프로젝트에 대해 알려주었다. 그다음 나는 친구의 캐릭터 2에 대해 물었다. 친구는 자신의 캐릭터 2가 마음이 특히 약해진 상태라면서, 전날 건강이 좋지 않은 가족을 만나서 그렇다고 했다. 친구는 캐릭터 3이 푹 빠진 모험 이야기를 쏟아냈다. 그런 다음 우리는 캐릭터 4에 대해 이야기하며 대화를 마쳤다. 5분 동안 친구와 나는 두 사람의 여덟 캐릭터에 대해 놀라울 만큼 의미 있고 뜻이 잘 통하는 대화를 나누며 서로의 안부를 확인했다. 재미있고 명료하며 아주 만족스러운 대화였다. 우리 둘 다 네 가지 캐릭터를 알고 있다는 점에 감사했다.

두뇌 회담을 자기반성에 활용하면, 타인 앞에 비치는 우리 모습을 어떻게 바꿀지 선택할 때 유용하다. 타인과의 관계 문제에서도 마찬가지다. 어머니를 만나러 갈 때마다 나는 캐릭터 1보다는 캐릭터 3을 내세워야 한다는 것을 깨달았다. 어머니는 일정을 짜고 싶어 했고, 할 일에 관해 결정을 내리고 싶어 했다. 그러니 평화롭게 지내고 싶으면, 어머니 집으로 가는 동안 의식적으로 헬렌을 조용히 시킨 다음 피그펜을 불러내는 편이 좋았다. 이 방법은 우리 모녀 관계에 마법처럼 잘 통했다. 당신의 삶에도 이런 관계들이 있을 것이다. 이런 식으로 관계를 다루는 법을 알면 주변의 소중한 사람들과 소통하고 사랑할 때 도움이 된다.

무엇보다 내가 두뇌 회담을 정기적으로 활용하는 가장 중요한 이유는, 두뇌 회담이 내 최고의 모습으로 살기 위한 지침이기 때문이다.

이 도구를 통해 내 양측 대뇌반구의 자아들이 목소리를 낼 수 있다. 사실 내가 정말로 대화에 끌어내고 싶은 목소리는 조건 없이 다정한 캐릭터 4의 목소리다. 두뇌 회담을 시작하면, 네 가지 캐릭터 모두 참여할 때까지는 결정을 내리거나 회담을 끝내지 않는다. 예상하겠지만, 캐릭터 4인 여왕 두꺼비가 나타나 회담에 참여하면 캐릭터 1, 2, 3은 안심하고 나는 가장 훌륭하고 다정한 한 걸음을 내딛는다.

머릿속 대화가 작동하는 법

두뇌 회담을 여는 행위는 우리 존재 전체에 연고를 바르는 일이 될 수 있다. 3장에서 언급했듯이 의식적이고 계획적으로 네 가지 캐릭터를 대화로 끌어오는 과정이란, 힘을 발휘하면서 힘이 나는 일이다. 또 발에 땅이 닿듯 마음이 안정되고 위안을 주는 일이기도 하다. 나는 이 도구가 평화를 위한 '전동 공구'라고 생각한다.

이제 성공적인 두뇌 회담을 여는 과정과 각 단계가 전해줄 힘을 상세히 알려주겠다. 앞서 보았듯이 두뇌 회담의 단계는 '브레인' 영문 철자와 같은 'B-R-A-I-N'으로 이루어져 공포나 불안으로 아주 기운 없는 상태에서도 기억하기 쉽다. 나는 스스로가 감정적으로 반응하고 있는 것 같거나 어찌할 바를 모를 때, 취약해진 기분이 들 때 뇌를 다시 조율하기 위해 두뇌 회담에 의지한다. 이 도구가 효과적이라는 것을 모두 알게 되길 바란다.

B BREATH: 호흡

호흡은 내가 정지 버튼을 누르고 지금 이 순간에 집중하는 방법이다.

신경해부학적으로 두뇌의 힘은 세포가 서로를 자극하는 데 있지 않고 서로를 억제하는 데 있다. 모든 세포가 활동하면서 흥분하여 통제되지 않게 하는 일은 정말 쉽다. 그렇지만 반응을 보이지 않고 회로가 자동적으로 돌아가는 일을 멈추게 하려면 성숙해야 한다. 정지 버튼을 누르고자 하는 뜻이 있어야 두뇌 회담의 힘을 쓸 수 있다.

생리학적 정지 상태가 되기 위한 최고의 방법은 지금 이 순간에 주의를 집중하고 몸과 호흡에 관심을 기울이는 것이다. 지금 여기에 집중하면, 사고 및 감정 회로망이 습관처럼 자동적으로 작동하는 패턴을 피할 수 있다. 내가 어떤 캐릭터를 구현하고 있는지는 중요하지 않다. 생각을 멈추고 호흡에 집중하면 회로를 끄고 새로운 뭔가를 위한 공간을 만들 수 있다.

호흡에 집중하기로 선택함으로써, 감각 체계에 흐르는 자극과 그 자극에 대한 내 자동 반응 사이에 있는 정지 버튼을 누르는 셈이다. 자동 반응은 생각이나 감정일 수 있고 행동일 수도 있다. 회로를 구성하는 뉴런 사이에 공간이 있듯이, 나에게는 세포적 수준의 의사소통을 즉시 멈출 힘이 있다. 과거를 기반으로 뇌에 깔린 구식의 패턴화된 반응을 작동시킬 필요는 없다. 나는 새로운 선택을 할 수 있고 의식적으로 새로운 회로망을 구축할 수 있다. 뇌 회로망의 경우 연습을 하면 완벽해진다. 매번 의식적으로 회로망을 작동시키면 그 망이 더 강해지기 때문이다.

이제 호흡에 집중하면, 내 존재 전체에 안전하고 밀접하게 연결된다. 내 호흡을 완전히 믿는다. 호흡은 언제나 편안한 곰 인형 같으며, 내가 살아 있는 한 내 곁에 있을 것이다. 캐릭터 4의 의식에 우주란 내가 호흡하는 안전한 공간이다. 나는 무한한 흐름 속 전지적 의식에 의해 숨을 쉬고 있음을 자각한다. 우주가 나를 호흡하고 있고, 우주가 내 삶을 지탱하고 있기에 나는 살고 있다. 호흡에 대해 이런 식으로 생각하면 의식이 팽창되는 기분이다. 이런 생각은 특히 강한 적의나 불안을 느끼고 있을 때 도움이 된다.

두뇌 회담으로 뛰어들기 전에 캐릭터 1의 기술을 쓰고 있었다면, 호흡에 집중하여 이제 한결 차분해진 상태이므로 캐릭터 1의 의식으로 다시 돌아가는 쪽을 택할 수도 있다. 뇌의 이 부분은 삶을 세세하게 잘 다룬다. 그래서 캐릭터 1에 쉽게 들락날락하면서 주기적으로 휴식을 취하여 활기를 되찾으면 전체적으로 몸과 마음의 건강에 도움이 될 수 있다. 잠깐 몸을 움직이고 원기 회복을 위한 낮잠을 청하거나, 혹은 좌뇌가 계속 하던 일을 그만두고 머리를 마음껏 식히는 것은 신경해부학적으로 우리 두뇌에 힘이 되는 일이다. 스트레스 회로망을 중단시키고, 초기화 버튼을 눌러 활기를 되찾으며, 새로운 앎과 가능성을 받아들이도록 북돋우는 일인 것이다. 이런 휴식은 좌뇌가 문제를 해결하거나 지적인 글을 쓰려고 끙끙거리고 있을 때 특히 효과적이다.

호흡에 집중하면서 의도적으로 몸에 대한 인식을 마음 맨 앞으로 끌고 오면, 나는 완전히 캐릭터 4의 상태로 옮겨가곤 한다. 이 상태에서 자신이 기적 같은 생명체라는 사실에 엄청난 고마움을 느낀다. 이런 인식의 단계에서, 나는 자율 신경계를 신경 차원에서 의식적으로 조절하기 위해 호흡을 사용한다. 나는 신경해부학자인 입장에서 공기에서 산소를 걸러내는 내 폐의 반투과성 막과, 어떤 것에는 끌려가고 또 어떤 것에는 밀려나는 단일 세포의 반투과성 막이 유사하다는 점을 인지하지 않을 수 없다. 이 생명과 생명의 부재 사이에는 아주 얇은 경계가 있다. 호흡이 핵심이다.

R RECOGNIZE : 인식

먼저 네 가지 캐릭터 중 어떤 캐릭터가 표현되고 있는지 인식해야 한다.

바로 지금, 바로 여기에서 잠시 멈추고 심호흡하며 나로 존재하는 것이 어떤 느낌인지 마음을 집중한다. 이제껏 내가 어떤 캐릭터의 회로망을 작동시켜왔는지, 타인의 어떤 캐릭터가 주위에 있는지 인식한다. 이때 네 가지 캐릭터 모두 마이크 앞에서 말을 더듬고 있다는 사실을 인식하게 될지 모른다. 다들 어떤 중요한 의견을 가지고 있다고 하면서 말이다.

세세한 부분에 관심을 기울이며 집중하고 정보를 모아서 조직화하거나 최종 목표를 위해 체계적으로 일할 때 나는 자신이 캐릭터 1에 있다고 인식한다. 캐릭터 1로서 나는 규칙을 잘 지키며 상사의 위치를 즐긴다. 이때는 자기 자신이나 상황, 혹은 타인을 통제할 수 있을 때 일을 잘한다. 일을 하는 데는 제대로 된 방법과 그렇지 않은 방법이 있는데, 나는 효율적인 체계를 세운 다음 시간이 지남에 따라 그 체계의 성과를 잘 다듬는 일에 특히 빼어나다. 나는 정확하고 효율적이며 능력 있는 사람으로 알려져 있다. 그래서 일을 잘 해내면 개인적으로 만족한다.

캐릭터 1로서 나는 선형적으로 사고하고, 여러 단계를 거쳐 끝내야 하는 프로젝트가 있으면 적절한 시점에 일을 시작한다. 나는 타고난 감독형으로, 문제를 해결하는 일에 잘 맞는다. 캐릭터 1의 '일을 시작하라'와 '일을 끝내라' 회로망이 작동하고 있는 때를 인식하기란 쉬운 일이다. 타인에게서 캐릭터 1을 인식하는 일도 어렵지 않다.

내가 상처받고 외롭고 버림받은 기분이거나, 혹은 과거에 일어난 어떤 일 때문에 감정이 북받칠 때, 혹은 머릿속에서 사라지지 않는 해묵은 적의나 부당함을 느낄 때는 내 캐릭터 2가 촉발되었다고 쉽게 인식할 수 있다. 언제든 나는 미래에 대한 불안에 시달릴 수 있다. 또 다른 사람들이 나와 내 의견을 무시하거나 내 오래된 상처를 근거로 나를 평가하고 있다는 생각에 소스라칠 수 있다. 이럴 때면 내 캐릭터 2

가 나를 보호하기 위해서, 또한 내 요구를 충족시키기 위해서 고개를 쳐들었음을 어렵지 않게 알 수 있다.

다행히 나는 캐릭터 2가 내 몸과 의식을 사로잡는 순간을 즉각적으로 인식한다. 캐릭터 2는 내게 무겁게 느껴진다. 짐을 진 것 같다. 절망적이다. 마치 최후의 심판이 위협적으로 닥친 것만 같다. 캐릭터 2는 몸 안에서 꺼끌꺼끌한 느낌으로 목구멍이 당기는 감각으로 느껴지고, 턱관절의 왼쪽 절반이 아픈 것으로 느껴질 때도 있다. 신경이 곤두서고 머릿속에 짙은 구름이 가득한 듯하다. 다른 캐릭터들에게서 격리된 것 같다. 수치, 죄책감, 당혹감을 느끼고 전에 일어난 일에 대해 다른 누군가를 충동적으로 비난하고 싶은데, 이는 내 캐릭터 2가 위협을 막기 위해 다듬어온 해묵고 패턴화된 반응이다. 캐릭터 2가 활동하게 되면 즉시 인식하도록 연습해야 한다. 그러면 캐릭터 2가 우리 관계, 혹은 삶을 파괴하기 전에, 온전히 책임을 지고 그 고통과 잠재적 분노를 통제하고 누그러뜨릴 수 있다.

나는 캐릭터 2가 촉발된 상태임을 인식함으로써 캐릭터 2의 적의를 완화한다. 그다음 얼른 정지 버튼을 누른다. 나중에 후회할 수도 있는 말이나 행동을 하기 전에 캐릭터 2를 의도적으로 달랜다. 캐릭터 2의 배선에 대해 수치, 혹은 죄책감을 느껴봐야 그저 캐릭터 2를 치유하려는 시도에 성가신 일이 될 뿐이다. 그러니 캐릭터 2가 촉발되면 90초 법칙을 활용한다. 휴식 시간을 가지거나 열까지 세는 일 등으로 다시 시작할 시간을 주는 것이다. 극도의 압박 속에서 내 캐릭터 2는 자신이 쥐어짜인 상태임을 인식한다. 그리고 마음속에 'B-R-A-I-N'

을 떠올려, 자신이 혼자가 아님을 기억하는 데 도움을 받는다.

반대로 내가 정말 활기 넘치고 조금 초조하거나 과열된 나머지 펄쩍 뛸 때면, 자신이 혈기왕성한 캐릭터 3 상태임을 인식한다. 아드레날린이 밀려드는 느낌이니, 에너지의 폭발을 바로 인식할 수 있다. 현재를 느끼며 지금 이 순간에 관심을 기울이고 타인과 놀거나 관계를 맺고 싶으면 내가 캐릭터 3에 있음을 알아챈다. 또한 미술이나 음악 분야에서 창조성, 혹은 호기심이 생긴 상태일 때도 내 캐릭터 3이 나선 것이다.

캐릭터 3이 언제나 행복하지는 않다. 때로 즉각적 위협으로 감정이 동요되어 우뇌가 경고 반응을 보일 수 있는데, 이는 인식하기 쉬울 뿐 아니라 캐릭터 2의 위협 반응과도 쉽게 차이가 난다. 캐릭터 2의 경우에는 감정적으로 촉발되었을 때 무겁고 기가 빠진 느낌이 들거나 심란한 반면에, 캐릭터 3은 피가 팔다리로 즉시 흘러나가 에너지가 요동치는 듯하며 투쟁-도피 반응을 준비하게 한다. 내가 내 피부 밖으로 뛰쳐나가고 싶은 마음이 들며, 움직임이 더 빨라지는 듯한 묘한 감각을 느끼게 된다. 성가신 열기의 흐름이 내 척추를 타고 힘차게 퍼지며 용암인 양 땀으로 터져나온다.

이런 식으로 캐릭터 3이 촉발되면 주변 사람 누구든 놀라고 불편해할 수 있는데, 나 자신도 내적 고통을 느끼며 불안해진다. 이런 반응성이란 내 생명을 구하기 위해 뇌에 배선되어 있는 것이니, 일단 수문이 열린 기분이 들고 그 정체가 무엇인지 인지하면 뒤로 물러나 그 반응이 사라지도록 개인적으로 최선을 다한다. 감옥에는 캐릭터 3이 순간적으로 심한 공격 행위를 저질러 범죄자가 된 초범들이 가득하다. 네 가지 캐릭터를 회담 자리로 불러낼 능력이 있었다면, 이들은 아마 나중에 후회할 행동을 저지르지 않았을 것이다.

후광 가득한 캐릭터 4는 언제나 기쁨 그 자체다. 나는 캐릭터 4를 쉽게 알아보고 즐거워한다. 정말 만족스럽고 가슴이 드넓게 확장되는 기분이 들고, 삶이 준 무엇이든 깊이 감사하는 기분을 느낄 때면 캐릭터 4가 바로 지금 작동 중인 회로망임을 수월하게 인식할 수 있다. 이 상태에서는 평화롭고 존재하는 모든 것에 깊이 감사하는 마음이 가득하다. 내 다른 부분은 뭔가 다른 것을 바랄 수도 있지만 말이다. 나는 캐릭터 4가 언제나 내 안에 존재하며 관심을 기울이면 일치될 수 있음을 안다. 캐릭터 2가 모든 관심을 다 앗아가서 내가 캐릭터 4를 감지할 수 없을 때도 그렇다.

지금 자신이 어떤 캐릭터인지 인식하면 일단 수용한다. 그러면 그 캐릭터에 대해 더 잘 알게 된다. 현재 구현 중인 캐릭터가 어떤 캐릭터인지 알 만큼 충분히 관심을 기울이고 신경을 쓰면 그 캐릭터와 연결된다. 그렇게 하는 것만으로도 자신과 연결되는 것이다. 네 가지 캐릭터의 가치를 인식하면 자기 존재를 인정하기 위해 어떤 외부인도 필요치 않게 된다. 대신 네 가지 캐릭터가 어떤 존재인지 확실히 알고 자기 존재가 충분하다는 것을 안다. 자신이 사랑받을 가치가 있는 존재일 뿐 아니라 자신의 존재 자체가 사랑이라는 것을 안다.

내가 당신과 연결될 때도 똑같다. 당신이 네 가지 캐릭터 중 어떤 캐릭터로 존재하는지 어떤 순간이든 내가 인식할 만큼 관심을 기울여야, 나는 당신과 진실로 이어질 수 있다. 당신을 완전히 이해하고 받아들이고 싶다면, 나는 먼저 우리가 만날 때 당신이 어떤 캐릭터인지 인식해야 한다. 당신이 캐릭터 1로서 온다면, 아마 당신은 "잘했어요"라는 단언을 듣게 될 것이다. 한편 캐릭터 4로 온다면 "당신이 세상을 빛으로 밝혔어요"와 같은 유형의 칭찬을 들을 것이다.

특히 당신이 캐릭터 2의 상태로 온다면 나는 이를 인식해야 하고, 당신이 괴로운 상태임을 받아들여야 한다. 또 당신의 에너지에 부응하고 당신을 환영하는 쪽으로 마음을 써야 한다. 당신이 관심을 받도록 도와야 하고 애정을 보내야 한다. 당신의 고통이 아픔인지 슬픔인지 인식해야 한다. 그래야 당신을 달래기 위해 캐릭터 4로 나타날 수 있다. 당신의 고통이 공포, 혹은 불안 쪽이라면 아마 내 캐릭터 1이 당신을 보호하기 위해 나타나야 할 것이다. 당신이 캐릭터 2로 왔는데 당신에게 무엇이 필요한지 내가 모른다면, 나는 당신이라는 존재의 가장 연약하고 취약한 부분과 진심으로 이어질 수 있는 황금 같은 기회를 놓칠 것이다. 상대가 어떤 캐릭터를 표현하고 있는지 공들여 인식하면, 서로를 자세히 들여다보는 진실하고 친밀한 관계로 갈 수 있다.

A APPRECIATE : 감사

현재 작동 중인 어떤 캐릭터에도 감사하고, 네 가지 캐릭터가 항상 우리 안에 있다는 현실에도 감사해야 한다. 네 가지 캐릭터를 인식하든 아니든 간에 말이다.

어느 때고 지금 내가 표현하는 어떤 캐릭터의 내적 가치에도 감사한 마음을 품을 경우, 캐릭터를 그냥 인지하는 차원을 넘어선다. 나의 일부분인 그 캐릭터의 기술을 의식적으로 존경하고 존중하게 되는 것이다. 네 가지 캐릭터에 집중하고, 네 가지 캐릭터를 인정하고 각각의 힘에 감사하면 네 가지 캐릭터와 함께하는 능력을 키우게 된다. 자신에 대한 존중보다 더 중요한 것은 없다. 또한 다른 사람들의 네 가지 캐릭터 각각이 보여주는 재능을 존중하고 그에 감사하면 그들과 더욱 잘 통하게 된다.

정말 불안하고 두렵거나 화가 나서 내 캐릭터 2의 경고 회로가 촉발되어 다른 캐릭터들과 단절된 기분이 들어도, 그들이 여전히 내 안에 있다는 사실에 감사하기만 하면 나는 괜찮다고 안심하게 된다. 절망적인 상태에서도 이 감정의 에너지가 뇌의 다른 부분으로 흩어지면 바로 다른 캐릭터들이 다시 활동하리라는 사실을 알고 있기 때문이다.

캐릭터 2가 경고음을 내는 과정에서 약간 거북하게 굴 수 있어도 (시끄럽고, 공격적이고, 부적절하게 군다) 감사하자. 캐릭터 2는 나를 사랑하고 보호하고 싶어 하지만 더 좋은 방법을 모르기 때문에 이렇게 군다는 것을 기억하자. 그러면 지각된 위협과 맞선 캐릭터 2가 정말 용감하다고 더 쉽게 칭찬할 수 있다. 캐릭터 2를 세심히 지켜보면서 그의도와 노력에 감사하면, 캐릭터 2는 안심할 것이다.

두뇌 회담 자리에서 나는 네 가지 캐릭터 각각에 감사한다. 캐릭터 1이 내 삶에 권한을 가지고 일거수일투족을 통제하고 싶어 하는 덕분에 나는 최고의 삶을 살 수 있다. 캐릭터 1은 나를 잘 보살피고 업무를 정말 잘 해낸다. 많은 일을 비롯하여 공간, 행사, 주변 사람 및 그들의 일정까지도 관리를 잘해주어서 고맙다.

내 캐릭터 2는 나를 보호하기 위해 나타나는 충직한 하인이다. 내가 안심하고 잘 살도록 캐릭터 2가 역할을 기꺼이 수행해주어 감사한다. 내가 경험하고 있는 감정이 무엇이든 감사하면, 삶이 풍요로워진다. 캐릭터 2가 지금 이 순간의 의식 밖으로 나오고자 애쓴 덕에 내가 과거, 현재, 미래를 선형적으로 경험할 수 있게 되었으니 고마운 마음이다. 자신에게 감사하고 자신을 소중히 여기면, 나는 힘 있는 위치에서 움직일 수 있다. 내 감정을 부인하면 불만 가득한 내적 다툼을 부채질하게 된다.

캐릭터 3은 내 존재의 설렘을 포용한다. 흘러가는 모든 순간과 경험을 만끽하는 그 능력에 감사한다. 무엇보다도 캐릭터 3의 열린 마음, 타인과 함께 놀고 진심으로 교감하려 하는 열의에 감사를 표한다.

캐릭터 4는 현존하는 모든 것의 은총 속에서 비난도 판단도 하지 않고 그냥 그대로 있다. 나는 이음매 없이 함께 움직이는 50조 개의 분자적 천재들에 감사한다. 그들 덕분에 내가 존재할 수 있을 뿐 아니라, 나와 함께하는 당신도 지금 여기에 있다.

나의 네 가지 캐릭터에 감사하는 똑같은 이유로 당신의 네 가지 캐릭터에도 고맙다. 우리의 관계를 돈독하게 만드는 것은 서로에 대한 감사의 마음이다. 휴대폰을 충전기에 연결하면 휴대폰이 인식하듯, 우리는 서로를 인식할 수 있다. 하지만 만일 충전기 끝을 제대로 끼우지 않아 확실히 이어지지 않으면 벽의 콘센트에서 휴대폰으로 에너지가 흘러오지 않게 된다. 당신은 내가 어떤 캐릭터를 보이고 있는지 인식할 수 있다. 그렇지만 당신이 그 가치에 진심으로 감사하고 그 존재에 고마워해야, 그때 비로소 우리는 서로 발맞추며 영속적이고 의미 있는 관계를 가질 수 있을 것이다.

INQUIRE : 질문

마음속으로 질문을 던지고 네 가지 캐릭터를 모두 회담으로 부를 차례다.

앞서 정지 버튼을 누르고 호흡에 관심을 기울였다. 이어 자신이 그동안 네 가지 캐릭터 중 어떤 캐릭터를 구현해왔으며, 주변에는 어떤 캐릭터가 있는지 인식했다. 그다음 모든 캐릭터에게 감사하는 마음을 가졌다. 이제 두뇌 회담에 네 가지 캐릭터를 모두 모으고 그다음 취할 최선의 행동이 무엇인지 질문할 때다. 우리는 호기심이 있으면 질문을 한다. 그리고 관심을 기울이면 호기심이 생긴다. 두뇌 회담이라는 도구를 사용하면, 네 가지 캐릭터는 한데 모여 자기 의견을 낸다. 이때는 먼저 자신을 관찰하여 질문한다. 두 번째로 주변을 관찰하여 질문한다. 세 번째로 주변에 대해 반응하는 자신을 관찰하여 질문한다. 네 번째로 주변 사람들이 어떻게 반응하는지 관찰하여 질문한다.

예를 들어, 어느 커플이 두 명의 캐릭터 2로서 말씨름 중인 방에 들어간다면, 그 순간 나의 네 가지 캐릭터가 은밀히 두뇌 회담을 열어서 다음에 어떤 행동을 할지 질문하는 것이다. 내 캐릭터 4는 이미 그 방에 흐르는 긴장을 알아챘을 것이다. 그러면 캐릭터 3이 재미있게 기분을 풀어주는 시도를 해보는 것도 괜찮다. 하지만 방 안의 사람들에 대해 잘 모른다면, 이 전략은 완전히 실패할 수 있다. 대신 캐릭터 1을 불러오자고 결정하는 것은 비교적 안전할 것이다. 캐릭터 1은 상황을 분석할 수 있을 것이고 필요하다면 아마 도움을 제공할 것이다. 그것이 최고의 계획이 될 수도 있다.

얼마 전에 고속도로를 따라 차를 몰고 있는데 내 앞의 차가 방향을 틀다가 그만 토끼를 치어버렸다. 더 가보니 토끼가 확실히 다치긴 했는데 아직 죽지는 않은 상태임을 알 수 있었다. 그 순간 엄청난 감정이 밀려들었다. 나는 반사적으로 네 가지 캐릭터를 두뇌 회담으로 소집했다. 질문을 던지면서 모든 캐릭터들이 상황을 공유했다. 어린 애비는 바로 큰 슬픔에 휩싸였고 상황에 대한 반응으로 소스라치게 놀라기만 했다. 캐릭터 1 헬렌은 그 동물을 돕기 위해 차를 돌려세울지, 아니면 참을성 없는 뒤차 운전자가 내 차 뒤에 바짝 붙어 있으니 그냥 앞으로 계속 달릴지 결정하고자 했다. 피그펜은 '참, 내가 모은 포유류 뇌 수집품에 토끼는 없지'라고 생각했으며 여왕 두꺼비는 멀리 따뜻한 곳에 토끼를 옮겨 두자고 결정하면서 질문을 마무리했다. 나의 네 가지 캐릭터 모두 조용히 기도를 드리며, 그 동물의 운명이 어떻게 되든 사랑을 보내기로 합의를 보았다.

캐릭터 1로 시간 대부분을 보내는 경우라면 질문을 자주 던지는 건 천성과 맞지 않을 것이다. 우리의 캐릭터 1은 새로운 가능성을 탐색하는 쪽보다는 업무를 처리하기 바쁘기에, 캐릭터 1이 잠시 한숨 돌리고 두뇌 회담 상태로 옮겨가서 다른 캐릭터들의 의견이 무엇인지 알아보게끔 하는 편이 대체로 유용하다. 나는 질문을 던질 때의 내가 어떤 모습인지 궁금하다. 당신 또한 어떤 모습인지 궁금하다. 우리가 질문을 던지며 호기심을 품으면 우뇌 캐릭터 3과 4에 관여하게 된다. 이 두 캐릭터는 신선한 관점을 제시하고 신경 차원에서의 재시작을 가능케 한다.

질문은 우리가 타인에게 제공하는 위대한 선물이다. 질문 덕분에 우리가 진정한 관계를 맺을 의사가 있음을 상대도 알게 된다. 자신과 다른 사람들 모두에게 질문을 던질 때, 우리는 모두의 네 가지 캐릭터를 수용하고 북돋우며, 그들이 회담에 참여하여 인생이라는 경기에서 어떤 전략적 행동을 취할지 선택하게끔 이끈다. 이것은 누군가 불만족스럽거나 올바르게 굴어야 한다는 기분을 느낄 때 특히 중요하다. 모두의 네 가지 캐릭터가 자신만의 고유한 통찰을 가지고 회담에 참여하기 때문이다. 내가 구현하는 캐릭터에 책임을 지면서, 내가 방으로 가져가는 에너지에 대한 책임도 진다.

N NAVIGATE : 통과

아주 좋은 활약을 펼치고 있는 네 가지 캐릭터와 함께 새로운 현실을 통과할 차례다.

두뇌 회담을 위해 우리는 의식적으로 잠시 멈추고 심호흡을 했다. 그래서 지금 이 순간 마음의 맨 앞에 자신이 자리할 수 있다. 이어 자신이 어떤 캐릭터를 드러내고 있었는지 인식하고 그 특별한 기량에 감사의 뜻을 표시했다. 다른 캐릭터들도 행동에 나설 수 있다는 사실 또한 인식하고 역시 감사의 뜻을 전했다. 그다음 네 가지 캐릭터 모두 두뇌 회담에 합류하여 현재 상황에 대해 집중적으로 질문을 던졌다. 이제 네 가지 캐릭터가 한 팀이 되어 새로운 현실을 헤쳐나갈 때다.

삶은 움직이는 표적과도 같아서 변화만이 유일하게 고정된 상수다. 두뇌 회담을 통해 우리는 자동적으로 반응하는 타고난 경향을 의식적으로 피하게 된다. 우리가 이 세상에서 어떤 모습으로 살아갈지, 또 어떻게 그런 모습이 될지 책임지게 된다. 우리 환경은 계속 변하므로, 움직이는 표적에 똑같은 반응을 하면 실패를 피할 수 없을 것이다.

성공을 위해 네 가지 캐릭터는 우리 삶을 통과해야 한다. 타인 앞에 어떤 캐릭터를 구현할지 유연하게 대처해야 한다. 예를 들어, 내가 셔츠를 한 벌 샀는데 가게에서 나와 주차장에 갈 때까지 셔츠에 얼룩이 묻어 있는 사실을 몰랐다고 하자. 당연히 나의 네 가지 캐릭터는 각각 의견이 있을 것이다. 애비는 기분이 언짢고 화가 난다. 헬렌은 당장 가게로 돌아가서 바로 셔츠를 바꾸어야 한다. 피그펜은 옷이 더 재미있어 보여 만족한다. 여왕 두꺼비는 우리에게 충분한 시간이 있으니 다 괜찮다는 사실을 알린다.

나의 네 가지 캐릭터는 질문을 던져본 다음 이 일은 헬렌에게 완벽한 업무라고 결정한다. 그래서 가게로 돌아간 다음 헬렌이 주도하여 물건을 같은 제품과 바꾸도록 한다. 고객 안내처에서는 네 가지 캐릭터 중 어떤 캐릭터든 마주칠 수 있다. 캐릭터 1인 직원은 셔츠가 있는 곳으로 안내한 다음 내게 다른 제품을 고르도록 도울 것이다. 그들은 나를 손님으로서 소중히 여기고 내 만족을 바란다. 캐릭터 2인 직원은 깐깐하게 규칙을 지키며 내게 반품 양식 서류를 다 쓰라고 할 것이다. 나는 새 셔츠를 찾고 다시 사기 위해 줄을 서야 할 것이다. 캐릭터 3이나 4인 직원을 만날 경우 그들은 내게 그냥 손짓을 할 것이고, 나는 이리저리 따지는 일 없이 교환해갈 수 있을 것이다. 나의 네 가지 캐릭터 각각은 어떤 캐릭터를 마주하든 유연하게 통과할 수 있다. 우리가 캐릭터 2인 상대와 같이 있으면, 헬렌은 의도적으로 애비의 접근을 막은 다음 심호흡을 할 것이다. 한편 여왕 두꺼비는 상대에게 칭찬의 말을 건네면서 친절하게 대할 것이다. 우리는 매 순간 우리가 마주하는 상대가 누구인지에 따라 다른 모습으로 대한다.

우리에겐 진실로 이 세상에 내보이고 싶은 모습을 결정할 힘이, 또 그 방법을 결정할 힘이 있다. 머릿속에서 진행되는 일에 대해서도 이제껏 배운 것보다 훨씬 더 많은 힘이 있다. 나의 훌륭한 친구 윌리엄 유리William Ury는 아주 멋진 책 『하버드는 어떻게 최고의 협상을 하는가』에서 강도 높은 협상을 수행, 통과해야 할 때 "마음의 발코니로 가보는" 전략을 소개한다. 네 가지 캐릭터의 언어로 말하자면 윌리엄은 사람들에게 캐릭터 4의 의식으로 들어가보라고 권하고 있다. 그러면 전체를 아우르는 관점을 가지고 대화에 임할 수 있다는 것이다. 양측이 공통으로 무엇을 가지고 있는지 기꺼이 탐색하고, 감정을 넘어서 길을 찾는다면 우리는 양측 모두 성공적이라고 느낄 결과를 도출하는 길에 설 수 있다.

초기화

앞서 살펴보았듯이, 두뇌 회담은 곤란한 상황이 아닌 때에 네 가지 캐릭터가 정기적으로 찾는 환상적인 도구가 될 수 있다. 나는 일상에서 자신이 어떤 모습으로 나타나는지 그냥 단서를 구하려고 이 도구를 하루에 여러 번 쓴다. 이 회로망을 강화하고 정기적으로 이 도구를 사용하여, 언제든 네 가지 캐릭터를 호출할 수 있음을 확인하는 것이다. 내 캐릭터들이 일상에서 움직이는 모습을 지켜보면 재미있다.

극도의 압박을 받는 상황에서 내가 두뇌 회담 도구를 어떻게 사용해왔는지 앞서 설명했다. 생명줄이 가장 필요한 순간 두뇌 회담은 내게 생명줄을 건네주었다. 'B-R-A-I-N'이라는 머리글자를 생각하면 캐릭터를 모두 언제나 부를 수 있음을 떠올리게 된다. 내 안에서 캐릭터들을 느끼지 못할 때도 말이다. 그러면 나는 혼자가 아니며 괜찮다는 생각이 더 단단해진다.

두뇌 회담은 갈등이나 고통을 겪을 때 타인과의 관계를 '초기화'하는 강력한 도구이기도 하다. 두 사람이 마주하는 모든 관계나 만남에는 마이크를 차지하려고 경쟁하는 여덟 명의 캐릭터가 함께한다는 사실을 꼭 기억해두자. 나머지 캐릭터들이 다들 잘 지내려고 애쓰는데, 캐릭터 2들 중 하나가 예상치 못하게 자극을 받는 일은 드물지 않다. 감정형 캐릭터 2가 촉발되었을 때 그 감정이 흘러나가 사라지는 데는 90초밖에 걸리지 않는다고 하지만, 아직 취약한 느낌이 들 때 상황에 너무 빨리 다시 관여하게 되면 캐릭터 2는 다시 촉발될 수 있다.

우리가 타인과 다투면 자신뿐만 아니라, 그 사이의 공간에 있는 에너지에도 힘이 차오른다는 사실을 꼭 인식하자. 뉴런 회로를 끄는 일은 전기 회로를 끄는 일과 어느 정도 닮았다. 에너지가 완전히 흩어저 중성으로 돌아오는 데 시간이 약간 걸린다는 점에서 그렇다. 우리의 네 가지 캐릭터가 긴장감 어린 상황이나 아주 불쾌한 상황으로 다시 돌아가기 전에 완전히 초기화되려면 시간이 어느 정도 필요하다는 사실은 중요하다.

그래서 우리와 타인 사이에 물리적 공간을 만드는 것이 좋다. 그저 다른 방에 들어가는 것도 괜찮다. 그다음 양측이 자신의 네 가지 캐릭터에 대해 인식하고 각각 두뇌 회담을 연다면, 긍정적이고 새로운 연결을 위한 훌륭한 첫걸음을 내딛게 된다. 한쪽만 캐릭터 2의 상태에서 빠져나와 두뇌 회담을 연다고 해도 다시 연결될 희망의 가능성이 있다. 그렇지만 다시 말하겠다. 두 사람 다 캐릭터 2라면, 둘 중 한 명이 캐릭터 2에서 빠져나와 다른 캐릭터를 구현하기 전까지는 절대 해결책을 찾을 수 없다.

다른 사람과 만날 때 어려움을 겪거나, 감정적으로 촉발되어 혼자 시련을 겪고 있다면, 두뇌 회담은 상황을 초기화할 수 있는 강력한 기회다. 'B-R-A-I-N'은 평범하고 건강한 사람을 위한 환상적인 도구로, 부정적인 감정을 겪는 힘겨운 순간 눈앞이 안 보일 때 안개를 뚫고 비치는 네온 불빛 같은 힘을 지닌다. 절망적인 상황에서 스스로를 구해야 한다면, 두뇌 회담을 닻으로 삼자.

삶 속에서의 네 가지 캐릭터

지금까지 네 가지 캐릭터를 자세히 살펴보고, 이들을 두뇌 회담이라는 도구에 불러모으면 위기관리와 실생활에 어떤 도움이 되는지도 살펴보았다. 이제 실제 삶의 여러 장면에서 네 가지 캐릭터가 어떤 모습으로 나타나는지 알아볼 것이다.

9장에서는 네 가지 캐릭터 사이의 내밀한 관계 및 이들이 서로 관계를 맺는 방법, 네 가지 캐릭터가 건강과 질병의 차원에서 신체를 다루는 방법 등을 알아볼 것이다. 우리에게 가장 중요한 관계는 분명 뇌와 몸의 관계다. 네 가지 캐릭터가 이 중요한 관계를 어떻게 바라보고, 돌보고, 키워가는지는 쉽게 예측할 수 있다.

10장에서는 네 가지 캐릭터가 인간관계, 특히 연애 관계에서 어떻게 상호작용하는지 알아볼 것이다. 이 세상은 우리가 타인과 어떤 관계를 맺는지, 또 타인이 우리와 어떤 관계를 맺는지에 따라 돌아간다. 네 가지 캐릭터는 가치관이 서로 다르다. 이들은 삶을 살면서 자신의 가치에 근거하여 타인과 관계를 맺는다. 여기서는 누가 어떤 사람에게 끌리기 쉬운지, 그 관계는 어떻게 진행될 가능성이 큰지, 네 가지 캐릭터에 대한 지식을 근거로 관계의 역학에 대해 예측해볼 것이다. 이를 통해 자기 자신의 패턴을 인식하고, 운이 좋다면 자신의 관계에 대해 약간의 통찰도 얻을 것이다.

11장에서는 네 가지 캐릭터를 완전히 다른 관점으로 살핀다. 지금까지는 건강한 뇌를 전제로 삼아 네 가지 캐릭터를 살펴보았다. 이제껏 건강한 연결의 창조를 통해 자신의 뇌 속 캐릭터들과 건강한 관계 맺기, 혹은 타인과 건강한 관계 맺기에 도움이 될 내용을 다루어왔다. 이 장에서는 알코올 의존증, 중독, 혹은 회복을 겪는 뇌에서 어떤 일이 일어나는지 살필 것이다. 약물과 알코올은 뇌세포끼리의 연결이 아니라 단절을 부르기에 뇌의 작동과 기능을 방해할 뿐만 아니라, 대인 관계에서 문제를 일으키며 관계에서 멀어지게 한다.

11장은 '익명의 알코올 중독자 협회'에서 진행하는 12단계 프로그램 같은 회복 프로그램을 성공적으로 마치는 데 네 가지 캐릭터가 어떤 도움이 될지 살펴볼 것이다. 뇌의 가소성과 신경 생성 덕분에 우리는 온갖 종류의 외상에서 회복할 수 있다. 약물과 알코올 중독 또한 회복 가능하다. 성공적 회복을 위해 뇌에서 어떤 일이 일어나는지 네 가지 캐릭터의 차원에서 짚어본다. 익명의 알코올 중독자 협회의 12단계 프로그램과 두뇌 회담, 영웅의 여정이 여러모로 치유를 향하는 같은 여정임을 알게 될 것이다.

12장에서는 마침내 우리 뇌와 네 가지 캐릭터에 대한 앎을 보다 확장하여 인류 전체를 바라보고자 한다. 지난 100년간 미국에서 네 가지 캐릭터가 어떻게 진화했는지 '세대'라는 기준을 가지고 살펴볼 것이다. 또한 기술이 우리 뇌와 네 가지 캐릭터의 표현에 어떤 영향을 미쳤는지 자세히 다룰 것이다. 특히 네 가지 캐릭터 차원에서 살폈을 때 각 세대는 신경학적으로 어떻게 다른지도 알아볼 것이다.

이어지는 내용을 읽으며 당신은 각 장이 다루는 구체적인 주제와는 상관없이 네 가지 캐릭터 각각의 행동이 일관되고 예측 가능하다는 사실을 알게 될 것이다. 따라서 자신의 태도와 행동을 꽤 쉽게 인식할 수 있을 것이다. 자신의 여러 캐릭터를 여러 상황에서 확인할 준비가 되어 있는지 알아두는 일이 중요하다. 우리는 각자 우세 캐릭터를 가지고 있을 수 있지만, 실제로는 여러 상황에 따라 네 가지 캐릭터를 다 드러내는 경향이 있다. 이것은 옳고 그름의 문제가 아님을 기억하면서, 스스로에 대해 즐겁게 배우기를 바란다.

당신의 일부 성향이 과거 행동에서 생겨났음을 인식하게 될 수도 있다. 그렇다고 당신이 오래전에 프로그래밍된 그 성향에 묶여 있어야 하는 것은 아니다. 많은 사람이 너무 오랫동안 자동적으로 행동하며 살아와서 건강과 안녕을 챙기기 힘들었을 것이다. 이제는 선택할 힘이 있다는 사실을 알고, 네 가지 캐릭터의 선택지가 무엇인지도 알며, 두뇌 회담으로 이 캐릭터들을 모으는 방법도 안다. 그러니 전과는 다른 결정을 내릴 수 있다. 예를 들어, 원래 캐릭터 2로서 병을 관리해 왔다면 이제 캐릭터 1에 그 역할을 넘겨줄 수 있는 것이다. 혹은 캐릭터 1로서 아이를 양육했다면, 상황을 확 바꾸어서 재미를 즐기는 캐릭터 3으로서 그 임무를 수행할 수도 있다.

앞서 말했듯이 우리는 이제껏 알려진 것보다 뇌 속에서 일어나는 일을 통제하는 데 더 큰 힘을 가지고 있다. 인류 역사는 끔찍한 처우와 사건을 견뎌내고 살아남았을 뿐 아니라, 스스로 정서적 힘과 지적 힘을 기른 대단한 사람들의 이야기로 가득하다. 시민 불복종 운동 이후 폭행을 당한 마하트마 간디Mahatma Gandhi는 이렇게 선언했다. "내 허락 없이는 아무도 나에게 상처를 줄 수 없다." 본질적으로 간디는 자신의 뇌가 자신의 영토임을 천명한 것이다. 이것이 우리 네 가지 캐릭터의 궁극적인 힘이다.

Whole

3부

우리 삶 속
네 가지 캐릭터

Brain
Living

9장
나와의 관계:
네 가지 캐릭터와 몸

이론의 여지 없이 우리에게 가장 중요한 관계란 뇌와 몸 사이의 관계다. 네 가지 캐릭터는 이 중요한 관계를 어떻게 보고 있을까?

- 캐릭터 1은 우리의 몸을 탈것으로 본다.
- 캐릭터 2는 우리의 몸을 책임져야 할 것으로 본다.
- 캐릭터 3은 우리의 몸을 장난감으로 본다.
- 캐릭터 4는 우리의 몸을 영혼이 머무는 신전으로 본다.

캐릭터 1

캐릭터 1에게 신체란 이 세상에서 성과를 내기 위해 사용하는 탈것이다. 그래서 이들은 자신의 '기계'가 얼마나 잘 돌아가는지 면밀히 관찰한다. 이들이 차나 다른 기계들을 어떻게 다루는지 생각해보라. 캐릭터 1은 몸 전체가 제대로 기능하는지 확인하기 위해 매해 건강 검진을 열심히 받는다. 이들은 정보를 좋아하고 지식이 힘이라고 믿는다. 목적은 문제를 미리 방지하는 것이기에 정기 검진은 의미가 있다.

캐릭터 1은 의사와의 관계를 다지는 일에 관심을 보이는데, 문제가 생기면 권위자와 상의하고 직접 전문가가 되는 일에 흥미가 있기 때문이다. 캐릭터 1은 목표 달성에 돈이 얼마나 들든 신경 쓰지 않는다. 또 자신의 건강에 관심이 많고 건강을 유지하는 데 주의를 기울인다. 기계 활동을 면밀히 살펴보는 캐릭터 1이기에, 자기 몸에 대해서도 아주 잘 파악한다. 몸의 느낌이 어떤지 잘 알아채며 어딘가 좋지 않으면 확인해본다. 캐릭터 1은 본인 몸에 스스로 책임을 지며 의사나 코치, 개인 트레이너에게 책임을 넘기지 않는다.

캐릭터 1은 건강 검진을 받으며 1년 정도 앞서 검진 일정도 잘 잡고, 건강 보조제도 신뢰한다. 중량 운동이 싫어도 건강에 도움이 된다고 생각하면 아침에 일어나 체육관에 가서 그런 운동을 할 것이다. 이들은 운동 일정을 하루 일과에 포함하는데, 몸에 좋은 일을 한다는 것에 자부심을 느끼기 때문이다. 이들은 완벽주의자이고 외모를 중시하는 경향이 있으므로, 겉모습을 유지하며 잘 가꾸고자 하는 의욕이 충만하다. 이 집단은 오랫동안 질 좋은 삶을 살 계획을 꾸린다. 그래서 자기 자신을 가꾸기 위해 해야 한다고 믿는 일을 책임감을 가지고 한다.

캐릭터 2

캐릭터 2가 신체와의 관계를 맡게 된다면, 캐릭터 1과는 완전히 반대되는 방식으로 관리할 것이다. 이들은 몸에 대해 잘 알지 못하기에, 건강과 관련된 무엇이든 두려운 미지의 영역으로 느낀다. 기본적으로 울적한 관점으로 신체에 대한 지식에 접근하며, 백만 가지 것들이 잘못될 수 있고 또 그렇게 될 것이라고 생각한다. 이들에게 의학 세계는 전부 나쁜 소식만 가득하고 좋은 소식은 없는 곳이다. 이들은 자잘한 문제도 모두 잠재적 사형선고나 마찬가지로 본다. 죽음이란 생각만으로도 너무 끔찍해서, 마음속에서 일찌감치 천 번도 더 죽는다. 실제로 이들이 갈 때가 되기 한참 전에 말이다.

그 결과 캐릭터 2가 건강과 관련된 상황에서 활동하면, 몸 관리 전략을 둘 중 한 가지 방식으로 짠다. 현실도피를 한 채 매해 돌아오는 검진을 두려워하며 의사에게 가기를 저항하거나, 아니면 침소봉대하며 응급실에 자주 가는 것이다. 엎친 데 덮친 격으로 캐릭터 2는 '친구 중에 같은 문제를 겪던 사람이 있었는데 나중에 팔이 빠졌다'는 식의 불행한 이야기들을 모아다가 사람들에게 말하고 다닌다. 이들은 심한 스트레스를 받고 살면서, 몸이 통제가 안 되면 건강이 빠르게 나빠지게 될까 걱정한다.

캐릭터 2는 건강 검진을 받는 일이나 체육관에 가는 일에는 관심이 없지만, 그저 이야기를 들어줄 사람이 있으면 그냥 누구에게나 두통과 통증이 있다고 불평을 늘어놓기도 한다. 이들은 적절한 때에 합병증에 관심을 기울이지 않는 편이라, 만성 통증 때문에 응급실에 뛰어가도 그다음에는 자조 차원에서 해야 할 일을 최소한만 한다. 친구나 회사 건강 프로그램에 자극을 받아 건물 주변을 10분 동안 걸어 다닐 수는 있지만, 뭔가 기분이 불편해지면 바로 걸음을 멈출 것이다. 캐릭터 2에게 건강이란 '무엇이 제대로 돌아가고 있는가'의 문제가 아니라 '무엇이 잘못되고 있는가'와 관련된 모든 것이다. 그래서 이들은 자기 건강 문제에 방관자처럼 굴면서 활동적인 일을 하는 게 몸에 나쁜 온갖 이유를 가장 먼저 떠들어댈 것이다.

캐릭터 1이 의사를 직접 만나고 싶어 하는 이유는 자신의 상태에 대해 본인이 전문가가 되고 싶어 하기 때문이다. 이와 비슷하게, 캐릭터 2는 접근성이 보다 용이한 임상 간호사에게 이야기를 털어놓고 싶어 한다. 의학 전문가의 자격증에 관심을 기울이는 대신 자신의 고통을 나눌 수 있는 의학적 청중을 더 중시하는 것이다.

캐릭터 3

캐릭터 3은 의학적 문제라면 일단 흥분하는데, 그게 재미있고 멋져 보이기 때문이다. 캐릭터 3은 이렇게 말할 것이다. "와, 내 활력 징후 좀 봐!" 신체는 캐릭터 3에게 장난감과 같다. 이들에게 몸은 장난감 집이기에 사용하고 싶고, 시험해보고 싶고, 잘 보살피고 싶다. 몸은 캐릭터 3에게 큰 호기심을 부르는 대상이다. "그러니까, 내 발끝을 좀 봐! 내가 흥분하면 꼬리처럼 왔다 갔다 꼼지락거려! 내가 얼마나 높이 뛸 수 있는지 봐! 내가 얼마나 빠르게 헤엄칠 수 있는지 봐!"

캐릭터 3에게는 다른 누구보다도 깊고 내밀한 신체 의식이 있다. 이들은 근력 운동, 운동의 질, 시간 조절에 관심을 기울인다. 캐릭터 3은 자신의 신체로 얼마나 많은 성취를 이룰 수 있는지, 또 그것을 얼마나 멋지게 해낼 수 있는지 궁금해한다. 캐릭터 3은 자신의 몸을 이끌고 최적의 성과를 내기 위해 밀어붙일 것이다. "나는 80분 내로 저 길을 다 걸을 수 있지. 그럼 9킬로그램을 등에 짊어지고 90분 내로 걷는 건 어떨까?" 신체 단련이란 캐릭터 3에게 시간을 보내는 재미있고 훌륭한 방법이다.

캐릭터 3은 정기 검진을 일정에 넣지 않을 수도 있지만, 우연히 지역 공동체의 건강 프로그램을 발견하면 적극 활용할 것이다. 이들은 자신의 신체를 찬양한다. 그래서 아주 활동적인 삶을 사는 모습이 자연스럽다. 운동의 경우 체육관에서 그냥 중량 운동을 하는 대신, 밖에 나가 뭔가 재미있고 모험적인 일을 찾아 할 것이다. 체육관을 일상적으로 방문하는 대신, 40킬로그램씩 나가는 디딤돌로 길을 만들거나 동네 공원의 벽에서 클라이밍을 하는 편이다.

전체적으로 캐릭터 3은 갑자기 뼈가 부러지거나 운이 나빠서 응급실에 가는 횟수가 잦은데, 이렇게 매번 몸을 밀어붙이다가 사고가 일어나기 때문이다.

캐릭터 4

캐릭터 4에게 신체란 영혼이 머무는 신성한 신전과도 같다. 그렇기에 이들은 삶이라는 기적 같은 선물을 감사히 여기며 마음 건강이라는 틀 안에서 몸 건강을 살핀다. 신전의 안녕을 책임지고 돌보는 식이다. 캐릭터 4는 자기 관리를 하여 마음/몸/영혼을 보살핀다. 이들은 몸을 가꾸고 감각을 자극하는 전체론적이고 대안적인 방법을 받아들인다.

마사지, 요가, 명상 등 전체론적 방식들이 캐릭터 4의 마음에 와 닿는 건강 관리법이다. 가능하면 이들은 생활협동조합의 회원이 되며, 화학적 독성을 최소화하기 위하여 유기농 음식을 섭취한다. 캐릭터 4는 공동체의 활동적 회원으로 지역 농부들의 시장을 돕는 일을 중시한다. 글루텐과 육류 제품은 식단에 포함할 수도 있고 안 할 수도 있다. 천연 보충제에 대해서는 열린 태도를 취한다.

캐릭터 4는 정기적으로 건강을 챙기기 위해 동네 침술사, 접골사, 지압사, 두뇌 움직임 전문가를 방문하면 좋다고 믿는다. 특히 뭔가 살펴야 할 문제가 있을 때는 더 그렇다. 캐릭터 4는 날씨가 좋은 날이면 밖에서 열심히 산책하고, TV를 볼 때는 바닥에서 열심히 스트레칭을 한다. 아마 공원이나 집 근처에서 친구, 혹은 반려 동물과 함께 야단법석을 떨기도 할 것이다. 이들은 걸음을 멈추고 다람쥐와 의미 있는 대화를 즐겁게 나누고 자주 보는 나무를 끌어안으며 주변의 자연에 마음을 연다. 캐릭터 4는 모든 생명체와 깊이 연결되어 있다. 공원의 야생 동물들에게 주려고 먹이를 챙겨 가는 일을 잊지 않을 뿐 아니라, 가

다가 먹이를 더 사려고 어딘가에 들른다. 그때그때 하는 친절한 행위들은 이들에게 중요하며 이들의 전체적인 안녕에 직접 도움이 된다.

네 가지 캐릭터가 병을 관리하는 법

캐릭터 1

질병 관리 문제에서 캐릭터 1은 정보에 밝은 환자다. 선형적 사고가 시작되고 이성적 정신이 활동하여, 이들은 전문가가 되기 위해 공부한다. 진단이 이들의 정규 업무가 된다. 그래서 이들은 문제를 빠르게 평가하고 병에 대해 알아야 할 모든 것을 배우며 절대적 정확함으로 상황을 통제한다. 제1형 당뇨 같은 만성 질병을 예로 들어보자. 병을 통제하기 위해서 캐릭터 1은 식습관을 바꾸고 무슨 수를 써서라도 설탕을 먹지 않을 것이다. 이들은 몸에 관심을 기울이며 최첨단 기술과 통계를 이용하려 할 것이다. 그래서 가장 정확하고 끊김 없이 작동하는 혈당 측정기와 휴대폰 앱을 통해 바로 수치를 전달해주는 웨어러블 인슐린 펌프에 돈을 쓸 것이다.

캐릭터 2

캐릭터 2는 의료계가 나쁜 소식투성이라고 여기므로 제1형 당뇨 같은 진짜 병을 마주하면 완전히 압도되어 공포로 마비되고 말 것이다. 그 결과 이들은 무척이나 심란해진다. 그리고 현실에서 도피한 채 가능한 한 오랫동안 문제를 무시하려고 애쓴다. 캐릭터 2는 설탕을 몰래 먹으면서 자신을 위한 건강 관리법을 절대 다 받아들이지 않는 사람들이다.

관심이 없어서 그러는 것이 아니다. 미성숙한 캐릭터 2는 공포와 불안을 너무 크게 느껴서 건강을 되찾기 위해 어떤 일을 해야 하는지 명확하게 사고할 수 없는 것이다.

아주 건강한 캐릭터 1, 3, 4 중에 아프면 겁에 질린 캐릭터 2의 상태로 변하는 사람도 있다. 그저 우리 다수가 죽음에 대해 품고 있는 공포 때문이다. 우리가 심각한 질병에 걸려 캐릭터 2의 상태로 악화하면, 자조의 방법이 아닌 건강 관리법을 교묘히 어길 방법에 관심을 더 가지게 된다. 기억하자. 우리의 캐릭터 2는 잠재적으로 자기 파괴적인 다섯 살 어린이를 표현한다.

진단이 두려운 나머지 캐릭터 2로 뛰어드는 사람이라면, 기꺼이 도와주는 책임감 있는 캐릭터 1이나 보살펴줄 수 있는 캐릭터 4가 주변에 있을 것이다. 타인이 자신의 병을 통제한다는 것은 불가능한 일인데도 캐릭터 2는 타인에게 그 일을 떠넘기려 할 수도 있다. 이때 그 '타인'은 캐릭터 2의 협력을 조금도 얻지 못한 채 책임을 다 지게 될 것이다.

설상가상으로 캐릭터 2는 최신 의학 기술을 살펴보는 일에 관심이 없다. 기계에 매이게 되는 느낌이 들어서 그럴 수도 있겠으나, 사실을 직시하자. 진짜 이유는 누군가 수치를 관찰한다면 설탕 섭취를 속일 수 없어서다.

캐릭터 3

캐릭터 3은 진단의 심각성을 가볍게 받아들이고 이렇게 말할 것이다. "그렇게 큰일은 아니네." 이들은 단것을 포기하고 싶지 않기 때문에 문제에서 우회하는 길을 찾아 당을 확 올리지 않는 무설탕 사탕과 쿠키를 찾아낼 것이다. 이들은 대체 감미료가 당 수치에 어떤 영향을 미치는지 살펴볼 것이다. 또 최신 웨어러블 인슐린 펌프 기술을 사용하고 싶어 할 텐데, 그것이 멋지고 빠르고 사용이 쉽기 때문이다. 캐릭터 3은 혈당 수치를 2시간에 한 번씩 측정할 만큼 규칙을 잘 지키는 사람은 아니다. 그래서 최신 기술과 휴대폰 앱을 어디로 가든 지니고 다닐 수 있는 식도락 생활의 입장표라고 여긴다.

캐릭터 4

캐릭터 4는 주어진 선택지가 무엇인지 알려고 하며 진단에 친숙해질 것이다. 이 캐릭터는 건강과 몸/마음/영혼의 전체성에 무척 관심이 많다. 캐릭터 4는 책임지고 문제를 관리하는데, 이때 보통 대체 의학적 방법을 사용할 것이다. 자연 요법의, 척추 지압사, 침술사, 그 외 다양한 유형의 기 치료사를 만날 것이다. 제1형 당뇨의 경우 캐릭터 3과 마찬가지로 캐릭터 4는 꿀, 아가베, 치커리, 코코넛 설탕이 당 수치에 미치는 영향을 살펴볼 것이다. 이들은 몸이 편하길 바란다. 그래서 고통과 혈압, 혈중 당 수치를 낮추기 위해 명상을 할 것이다.

캐릭터 4는 당 수치를 좋게 만들기 위해 규칙적으로 몸을 움직이고 운동하는 일정을 잡아둘 것이다. 이들은 새로운 기술이 주는 편의를 환영할 것이고 최신식 검사며 펌프는 어떤지 살펴볼 것이다. 캐릭터 4는 자기 자신과 현실을 받아들이며 긍정적 예후를 위해서 필요한 일을 할 것이다. 이 도전적 경험을 겪으면서도 한 가닥 희망을 찾아내고 감사하는 마음을 품는 존재가 바로 우리의 캐릭터 4다.

네 가지 캐릭터가 체중을 관리하는 법

캐릭터 1

몸을 살피는 문제의 경우 캐릭터 1은 현재 몸매에 직접 책임진다. 최고 몸무게를 찍으면 이들은 500그램도 더 찌지 않으려고 조치한다. 캐릭터 1은 규칙을 잘 지키는 사람들로, 자신의 '탈것'이 계속 잘 돌아가도록 하려고 필요한 만큼 운동을 하고 식단 조절을 한다. 이들은 바쁜 사람들로서 완수해야 할 일이 많다. 그러니 몸을 신경 써서 다루는 건 당연한 일이다.

캐릭터 1은 살을 빼고 싶으면 음식 성분을 따지고, 규칙에 따르고, 효과적으로 다이어트를 할 것이다. 이들은 부엌에 필요한 모든 것을 챙겨둘 것이고 체계를 익히고 능숙하게 움직일 것이다. 다이어트를 제대로 시작하기 위해 몸 안의 독소를 빼는 요법을 이용할 것이고, 파트너나 집에 있는 다른 사람들에게 같이 다이어트를 하자고 제안할 것이다. 이들은 타인을 돕고 지지하는 일에 능하기 때문이다.

캐릭터 2

우리의 캐릭터 2는 체중계 숫자에 겁을 먹고 임시방편으로 대처한다. 어떤 다이어트든 이들에게는 그저 형벌로 보일 뿐인데, 다이어트를 한다는 것은 좋아하는 뭔가를 자신에게서 스스로 빼앗아야 한다는 뜻이기 때문이다. 그 결과 캐릭터 2는 계획에 저항하고 속임수를 쓴다. 자신이 욕망 앞에서 무력하다고 느끼기 때문에 성공을 거두지 못한다. 캐릭터 2는 노력에 최소한의 에너지만 쓸 것이고, 불편해지거나 성공 가능성이 안 보이면 바로 서글퍼하며 더 많은 칼로리 섭취에 탐닉할 것이다. 그리고 조금이라도 살이 빠지면 이들은 불평할 것이다. "와, 이러다 사람 잡겠네!"

캐릭터 2는 음식의 성분을 확인하고 계산하는 복잡한 방식을 따를 만큼 규칙을 잘 지키는 사람들이 아니다. 그래서 단기간에 살을 빼준다는 최신 알약이나 근육에 전기적 자극을 가하는 기기를 이용할 것이다. 캐릭터 2는 다이어트 도시락을 기꺼이 주문할 텐데, 진짜로 애쓰는 것은 원치 않기 때문이다. 이들은 굶은 다음 폭식을 하고 다시 굶을 것이다. 운이 좋아서 음식 성분 계산에 전력을 다하는 캐릭터 1과 살고 있다면 캐릭터 2는 실제로 성공할지도 모른다. 그렇지만 캐릭터 1이 식료품 저장실을 감시하는 경우에 한해서다.

캐릭터 3

캐릭터 3은 도넛이나 아이스크림을 몇 개나 먹을 수 있는지 계산한 다음, 살이 안 찐다고 확신할 수 있을 만큼 운동할 것이다. 당장 미친 사람처럼 폭식하며 지난 사흘간 다이어트를 망친 후, 그다음 사흘 동안 이를 만회하기 위해 10킬로미터 걷기 운동을 하는 식이다. 캐릭터 3은 감자칩 한 봉지를 다 먹으면 이후 며칠 동안 채소만 먹는다. 체중을 몇 킬로그램을 빼고 싶은 의욕이 생기면, 스무디와 단백질 셰이크나 건강을 위한 그래놀라 바를 먹을 것이다.

캐릭터 3은 몸으로 흡수된 에너지가 어떻게 연소되는지 잘 안다. 칼로리를 계산하거나 음식 성분을 확인할 마음은 없더라도, 음식을 먹으면 어떤 기분인지에 따라 어떤 유형의 음식을 먹을지 제한을 둘 것이다. 캐릭터 3은 섭취한 음식이 어떤 효과가 있는지, 음식 섭취로 몸에 에너지가 얼마나 생기는지 신경을 많이 쓴다. 이들은 그저 재미있어 보인다는 이유만으로 단백질과 섬유질 섭취를 중시하는 사우스 비치 다이어트South Beach Diet◆를 시도할 것이다. "와, 나는 사우스 비치 다이어트를 할 거야! 이봐, 난 사우스 비치 다이어트를 하고 있어, 넌 어때?" 이들은 편리하다는 이유로 포장 판매되는 음식을 먹을 것이다. 가끔 빵을 뺀 채식용 버거를 폭식할 것인데, 그저 규칙에 완전히 순응하지 않으면서 다이어트를 얼마나 할 수 있나 알아보기 위해서다. 캐릭터 3은 대체로 눈에 보이는 것은 무엇이든 먹을 텐데, 몸을 계속 움직이다 보니 에너지를 쓰고 또 써서 언제나 배가 고프기 때문이다.

◆ 2000년대 초반 크게 유행한 다이어트법으로 '저인슐린 다이어트'라고도 한다. 혈당 지수가 낮은 음식을 먹는 것을 강조한다.

캐릭터 4

캐릭터 4는 일, 가족, 놀이, 친구, 자신이 믿는 '보다 위대한 힘' 등에 쓰는 시간 사이에서 건강하게 균형을 잡고자 한다. 이들은 요가 수업에 가고 마음챙김 여행도 떠나며 마사지를 받고 명상을 한다. 이들은 대체로 얼굴이 있거나 호흡을 하는 생명체는 먹고 싶어 하지 않는다. 그래서 일반 채식주의자vegetarian나 엄격한 채식주의자vegan일 때가 많고, 적어도 유기농 식품 섭취를 고수한다. 약간 늘어난 체중을 조절해야 할 때 이들은 음식 성분을 조절하여 칼로리를 제한하거나 과일과 야채를 더 많이 먹는다.

캐릭터 4는 운동을 아무리 해도 나쁜 식습관을 이길 수는 없다는 사실을 알고 있다. 이들은 더 많은 단백질이나 고섬유질을 섭취하면 기분이 좋아져서, 필요하다면 식습관 전체를 바꿀 것이다. 이들은 자연식품을 섭취하며 무엇이든 절제한다. 캐릭터 4는 머릿속에서 도넛을 상상한다. 혀끝에 달콤함을 전하는 첫맛부터 왼쪽 엉덩이 바로 위에 지방이 들러붙을 결말까지.

네 가지 캐릭터가 의학 전문가와 관계 맺는 법

캐릭터 1

캐릭터 1은 해결책으로 직행하는 길에 관심이 있다. 그래서 이들은 주치의의 진료실을 바로 찾을 것이다. 혹은 의학계 사람에게 전화를 걸거나 원격 진료를 활용할 것이다. 캐릭터 1은 문제에 대한 가장 분명한 해결책과 함께 의사 면허증을 원한다. 재차 말하지만, 이들이 전문가와의 대화를 원하는 것은 문제에 대해 가능한 모든 것을 배우고 스스로 전문가가 되고 싶어 하기 때문이다.

캐릭터 1은 치료 과정을 따르는 문제에서도 똑같이 직진한다. 이들은 의사의 명령과 문제 해결을 위해 고안된 프로그램을 따를 것이다. 건강해지기 위한 최소한의 노력을 넘어서서 애쓰며, 거의 불평 없이 음식 선택이며 운동 계획에 변화를 줄 것이다. 캐릭터 1은 건강을 다시 찾기 위한 가치 있는 도전으로서 변화가 필요하다고 여긴다.

캐릭터 2

우리의 캐릭터 2는 기분이 좋지 않을 때마다 죽어가기 때문에 응급실을 찾을 것이다. 그리고 이들은 사소한 문제에 엄청나게 심각한 해결책을 끌고 올 것이다. 병원의 임상 간호사를 자주 찾다가 그들과 친밀한 사이가 될 수도 있다. 캐릭터 2는 그저 빼먹은 것이 하나도 없다고 확신하고 싶은 마음에 모든 검사를 다 받고 싶어 한다. 그렇지만 가능한 최악의 결과가 나오리라 기대하다 보니 어쩔 줄 모르는 상태가 된다.

캐릭터 2는 거스러미로 사망할 확률을 인터넷에 검색해볼 것이고, 저녁 식사 시간에 자신의 말을 들어주는 사람이 있으면 그 확률 이야기를 대화의 소재로 삼을 것이다. 캐릭터 2는 자신이 정말 아프다고 확인받고 싶어 하지만 다시 건강해지기 위한 규칙에 대해서는 듣고 싶어 하지 않는다. 모든 의학적, 육체적 상황은 이들에게 끔찍하고 위협적이기 때문이다. 생활에 변화를 주라고 하는 의사의 말은 무엇이든 그저 이들의 삶의 질을 제한할 뿐이다. 그래서 이들은 정말로 귀 기울여 들으려 하지 않는다. 듣기는 하지만 진짜 주의를 기울이지는 않는 것이다.

캐릭터 2는 식습관과 생활 양식의 변화를 일종의 형벌, 자유의 박탈, 삶의 질 제한, 희생, 골칫거리로 받아들인다. 해치워야 하는 일이 하나 더 추가되는 것이다. 치료 계획을 따르려고 애를 쓴다 해도, 이들은 열의가 없거나 실제로 잘 따르지는 않을 것이다.

캐릭터 3

캐릭터 3은 예약이 필요 없는 진료소들을 편리하게 잘 활용한다. 이들은 바로 진료받을 수 있는 의사를 원하므로 약속을 따로 잡지 않고 기분 내키면 진료소로 향한다. 이런 응급 센터들은 빨리 들어갔다 나올 수 있으며 캐릭터 3은 이런 특성을 좋아한다. 그곳의 의사는 이들이 더 좋아지기 위해 알 필요가 있는 지식을 알려주며, 이들은 그곳의 의사와 따로 친해질 필요가 없다. 만일 임상 간호사를 만난다면, 그것도 좋다. 그 간호사가 이들이 필요로 하는 전문 지식을 가지고 있는 한에서 말이다.

캐릭터 3이 처방전을 받거나 치료를 받는다면, 이들은 일정을 잡기 위해 최신 기술을 사용할 것이고, 문제 해결을 위한 방법을 찾아볼 것이다. 이들은 어떤 것들에 대해서는 엄격할 수 있고 다른 사람들과 함께 희박한 가능성에 도전해볼 수 있다.

캐릭터 3은 때맞춰 약을 복용하기 위해 휴대폰에 알람을 설정해둘 것이고, 성공적 치료를 위해서 노력할 수 있는 한계가 무엇인지 알아볼 것이다. 캐릭터 1처럼 캐릭터 3도 가장 좋은 진료를 받으려고 알아보며, 목적을 달성하는 방법을 찾아낼 것이다. 캐릭터 3은 타인과 협동하는 것을 좋아하기에 환자 지지 모임에 가입할 수도 있다. 이들은 단체로 노력하며 상황을 잘 극복한다.

캐릭터 4

캐릭터 4는 전체론적 접근에 끌린다. 이들은 몸 전체를 거시적인 관점에서 생각하고, 노력 대비 최대한의 결과를 얻기 위해 해야 할 최소한의 실천법에 대해 알아내려 한다. 캐릭터 4의 관심은 예방이다. 이들은 자가 치유를 돕기 위해 대체 의학 분야 종사자를 찾을 것이다. 캐릭터 4는 덜 외과적인 대안적 기관에 잘 다니며, 어떤 병이든 생기기 한참 전부터 자신의 건강을 챙기는 경향이 있다.

캐릭터 4는 응급 상황을 진정시키는 정도로만 의료 기관을 이용하고 장기적 건강 문제를 조절하는 대안적 방식을 찾아볼 것이다. 예를 들어, 높은 콜레스테롤 수치를 낮추기 위해 스타틴statin을 복용하는 대신 꿀과 시나몬의 조합에 통달하는 것이다. 캐릭터 4는 집중적인 물리치료 프로그램으로 회전근개를 최대한 재활하는 대신, 어깨 기능의 완전한 복구를 위해 장기간에 걸쳐 아낫 바니엘Anat Baniel◆의 뉴로무브먼트NeuroMovement 치료사를 찾을 것이다.

네 가지 캐릭터가 나이 드는 방식:
신체적, 정신적, 정서적, 영적으로

캐릭터 1

캐릭터 1은 스스로를 보살피고 평생에 걸쳐 신체라는 기계를 유지하기 위해 해야 할 일을 한다. 자신의 몸을 의식하고 나이 듦에 엄청나게 신경 쓴다. 이들은 몸매 유지와 운동의 필요성에 주목하는데, 경쟁하고 싶어서가 아니라 신체를 관리한 결과를 원해서다. 캐릭터 1은 자기 자신에게 관심을 쏟고 나이가 들면 피부과 시술도 고려할 것이다. 이들은 대학 시절 입던 반바지 한 벌을 계속 챙겨두는 사람들인데, 그냥 계속 그 바지를 입을 수 있나 확인하고 싶어서 그러는 것이다.

캐릭터 1이 연말 동안 열량 높은 음식을 마구 먹어치운다면(이들은 한계를 딱 정해놓는 사람들이므로), 살이 찐 만큼 빼기 위해 새해에 열심히 운동할 것이다. 캐릭터 1이 인공 관절 수술을 받는다면, 최고의 의료진과 최신 인공 보형물에 대해 직접 공부할 것이다. 책임감을 가지고 물리치료를 받을 것이고, 치료 일정 사이에 운동을 할 것이고, 몸에 삽입된 새 장치를 더 좋은 신체의 일부로 여기고 잘 사용할 것이다. 이후에는 일상에 복귀하여 계속 규칙적으로 운동할 것이다.

나이가 들면, '경직된 캐릭터 1' 가운데 다수는 냉혹히 평가하는

◆ 이스라엘 텔아비브 출신의 임상심리학자이자 무용가로, 두뇌가소성을 이용해 심신을 치료하는 뉴로무브먼트 요법을 창시했다.

태도에서 선회하여 부드럽게 감사하는 마음을 표현하는 쪽으로 바뀐다. 이런 변화와 더불어 자신의 신체, 자기 자신, 타인, '보다 위대한 힘'과 자연스럽게 더 깊은 관계를 맺게 된다. 삶은 우리의 모난 부분을 조금씩 깎아내는 경향이 있다. 그리고 은퇴와 함께 새로운 기회와 선택을 제시한다. '경직된 캐릭터 1'로서 생활하면 나이와는 상관없이 고립된다. 아끼는 집단이나 공동체를 보살피지 않았기 때문이다. 결국, '경직된 캐릭터 1'은 돈을 많이 벌어서 많은 것들을 살 수 있을지는 몰라도 헌신적인 낚시 친구나 완화 치료 간호사의 친절을 구매하지는 못한다.

캐릭터 2

캐릭터 2의 세포는 투쟁, 도피 혹은 경직에 동조하는 신경 체계로 프로그램화되어 있다. 따라서 캐릭터 2는 지금 이 순간의 정보를 가져온 다음, 이제껏 겪은 모든 경험과 비교하도록 신경 회로가 형성되어 있다. 캐릭터 2의 세포는 가능한 최악의 결과들을 분류하고 짝지은 뒤 현재 의식에 그 앎을 주입한다. 그 결과 상실, 고통, 공포, 불안, 위협의 감정에 빠지고 만다. 그저 뇌의 이 부분의 배선이 그렇게 되어 있기 때문이다.

문제가 더욱 복잡해지는 것은, 캐릭터 2를 구성하는 세포들이 우리 자신을 주변 세상과 구별되는 하나의 단단한 독립체로 인식하도록 특별히 고안된 바로 그 세포들이기 때문이다. 우리가 어머니의 포궁 안에서 공생하듯 존재하던 때는 이미 오래전이고, 우주적 사랑에 푹 감싸인 느낌만을 지각하던 때도 다 지나갔다.

캐릭터 2가 평생에 걸쳐 우리의 건강과 안녕을 책임진다면 건강하게 살기란 거의 불가능하며, 설사 건강하게 살 수 있다 해도 아주 힘들 것이다. 캐릭터 2가 의식 맨 앞으로 끌고 오는 공포로 인해 우리는 목이 조이는 듯 압박을 느낄 수 있다. 어떤 규칙을 설정하거나 체중 증가의 상한선을 정해놓지 않으면, 캐릭터 2는 자기 몸에 주인 의식도 책임감도 가지지 않는다. 나이가 들어 노인이 된 캐릭터 2는 과거의 영광스러운 나날 속에서 살 것이고, 자신이 이런저런 일들을 한때 어떻게 해냈는지 이야기하고 다닐 것이다.

캐릭터 2는 통증과 아픔을 느끼면 이를 변명거리로 삼아 더는 아무것도 못한다고 한다. 이들은 아직 할 수 있는 것들 말고 할 수 없는 것들에 관심을 기울인다. 인공 관절 같은 인공 보형물을 넣는 수술을 받으면, 캐릭터 2는 그것을 사용하기 겁낸다. 물리치료를 받으러 간다 해도 할 수 있는 한 최소한의 노력만을 기울이고, 그래서 크게 회복하지는 못한다. 하지만 이들은 나쁜 시스템 탓에 실패했다고 외부로 비난을 돌릴 것이다.

캐릭터 2가 조금이라도 기품 있게 나이 든다면, 분명 그 전에 마음가짐과 정신에 어떤 변화가 있었을 것이고 건강 문제를 개선하기 위해 다른 캐릭터들이 기꺼이 개입하도록 했을 것이다. 개인적으로 나는 이제 병원에 가는 일을 좋아하지 않는데, 오래전 (최악의 상황으로) 내 두개골을 절개해야 했기 때문이다. 누가 그런 일이 일어나는 상황을 또 보고 싶겠는가? 내 캐릭터 2는 내가 병원에 안 가면 아무도 내게서 문제를 찾지 못할 것이고, 절대 그런 일을 다시 겪을 필요가 없다고 믿는다. 정말 그럴까? 아니다. 내 캐릭터 2의 공포가 너무나 강력해서 어떤 예방적 조치도 따르지 않을 백만 가지의 변명을 만들어내는 것일 뿐이다.

분명 우리는 자유의지를 지닌 개별적이고 독립적인 인간이라는 신념을 품고 살기 위해 대가를 치러야 했는데, 그것이 바로 불안이나 공포를 느끼는 캐릭터 2의 존재다. 운 좋게도 우리 뇌의 이 부분은 캐릭터 1, 3, 4와 공존한다. 이들은 모두 상호작용하면서 우리의 행동을 가로막거나 통합하는 능력을 가지고 있다. 누구도 살아 있으면서 이상태에서 도망칠 수는 없다. 잘 살고 잘 죽는 것이 우리의 궁극적 목표임을 네 가지 캐릭터 모두가 동의한다면, 목표 달성을 위해 우리가 할 일이 무엇인지 전부 가늠해볼 수 있다.

캐릭터 3

캐릭터 3은 젊은 시절에 건강한 상태로 마구 날뛰듯 살아가는데, 운이 좋으면 별일 없이 넘어갈 수 있다. 그렇지만 어느 시점에는 한계를 인식할 필요가 있다. 청년 시절에는 자신이 얼마나 많은 물을 마시는지 확인할 필요가 없다. 그냥 목마름을 해소하기 위해 물을 마시면 그만이다. 하지만 나이가 들면 재미보다는 건강에 더 관심을 가져야 한다. 오래 살기와 위험 부담 사이에서 계산을 해야 하는 것이다. 캐릭터 3이 신체에 무엇이 필요한지, 위험을 각오하는 행동에 착수할 때는 어떤 한계를 두어야 하는지 더 잘 의식하고 계획적으로 행동하면, 우리의 전체적인 건강도 좋을 것이다.

캐릭터 4

캐릭터 4가 나이를 먹으면, 몸이 건네는 말에 더 관심을 기울여야 하며 몸에 대한 뇌의 인식을 확대할 행동을 취해야 한다. 성스러운 캐릭터 4가 더 강해질수록, 실제 세계와의 연결이 더 희미해진다. 요가, 태극권, 그 외 무엇이든 근육을 다지는 수행을 한다면 실제 세계와 계속 연결될 수 있을 것이다. 우리는 나이가 들면서 자연스럽게 신비스러운 영역에 더 관심을 쏟게 된다. 그러니 몸에 대한 뇌의 인식을 의도적으로 고양하는 것은 참으로 좋은 발상이다.

지금까지 네 가지 캐릭터가 건강과 질병 양쪽에서 우리 몸과 어떤 관계를 맺고 있는지 살펴보았다. 이제 이해의 범위를 확장하여, 네 가지 캐릭터가 타인에 대해 반응하고, 관계를 맺고, 상호작용하는 예측 가능한 방식을 알아보자.

10장
타인과의 관계:
네 가지 캐릭터와 인간관계

인간은 사회적 동물이다. 그렇지만 우리 다수에게 건강한 관계 맺기란 아마도 가장 어려운 과제일 것이다. 우리가 자신의 독특한 행동을 어떻게 견디느냐와는 상관없이, 서로 다른 타인과 함께 사는 것은 완전히 새로운 차원의 과제다. 이번 장에서는 네 가지 캐릭터가 타인과의 관계에서 어떤 모습을 보이는지 살필 것이다. 각 캐릭터는 일관되고 예상 가능한 모습을 보인다. 따라서 네 가지 캐릭터가 가족이나 친구 등 타인과의 정서적 관계에서 어떤 모습을 보일지 추론하는 일은 상대적으로 쉽다.

이 장에서 네 가지 캐릭터가 타인과 관계를 맺는 여러 다양한 방식을 모두 살펴볼 수는 없다. 그렇지만 각 캐릭터가 파트너의 어떤 점에 끌리는지, 자신을 어떤 예상 가능한 방식으로 선보이는지, 필요로 하고 소중히 여기는 것은 무엇인지, 또 종국에 찾는 것은 무엇인지 안다면 관계 맺기에 대한 약간의 힌트를 얻을 수 있을 것이다.

인간관계를 맺을 때 네 가지 캐릭터가 무엇에 관심을 갖는지 이해한다면 자기 자신의 감정과 패턴을 확인하는 데 도움이 될 것이다. 또한, 마음을 건강히 살찌우지 못할 관계에 우리를 구성하는 서로 다른 부분이 어떻게 일조하는지 잘 이해할 수 있을 것이다. 다행히 인간은 성장할 수 있으며, 네 가지 캐릭터가 타인과 관계를 맺을 때 선택지를 알면 상황을 더 분명하게 볼 수 있다.

우리는 모두 네 가지 캐릭터의 서식지다. 타인과 관계를 맺을 때 우리는 서로 다른 캐릭터들 사이를 긍정적이든 부정적이든 예상 가능한 방식으로 옮겨 다닐 것이다. 환경이 달라질 때 우세 캐릭터를 바꾸는 것은 아주 정상적인 일이다. 자신의 성향에 관심을 기울이면 미래의 행동을 예측할 수 있으며, 의지가 있다면 행동을 수정할 수 있다. 우리는 낡은 패턴을 반복할 필요가 없으며 관계에 위협적인 행동을 할 필요도 없다.

동반자 관계의 패턴

데이트 경험이 많은 사람이라면, 아마도 인생의 어느 시점에 네 가지 캐릭터 각각과 한 번씩은 데이트를 했을 것이다. 요즘 통계를 근거로 삼자면 결혼과 이혼을 한두 번 했을 수도 있다. 이번 장에서 네 가지 캐릭터 각각의 예측 가능한 역학과 패턴을 살펴보면서 우리 자신의 행동을 인식하고, 우리와 관계 맺은 사람들의 행동도 인식하게 되었으면 하는 바람이다.

누군가와 새롭게 사랑하게 되면, 자신을 사랑받을 가치가 있는 존재로 알아봐준 사람이 있다는 사실에 종종 의기양양해진다. 두 사람은 서로를 받아들이고, 이제 인생의 고락과 홀로 씨름할 필요가 없을지도 모른다는 희망을 공유한다. 그렇지만 관계를 약속한 초반에는 두 사람이 서로 좋은 짝일 수 있다고 생각해도, 시간이 지나고 이런저런 인생 경험을 겪으면 생각이 틀어진다. 관계의 끝에서 두 사람에게 어떤 일이 있었고 관계가 왜 실패로 돌아갔는지 이해하는 일은 중요하다. 그래야 자신의 패턴을 더 잘 인식하고 다음에는 다른 선택을 할 수 있다.

'매치Match', '범블Bumble', '아워타임OurTime' 등 플랫폼 기술을 통해 단시간에 많은 사람을 쉽게 만나는 시대가 되었다. 자신의 네 가지 캐릭터가 어떤 모습인지, 친밀한 관계에서 자신이 상대방과 어떻게 관계를 맺는지 생각해보면, 만남에 시간을 더 들여야 할지 아니면 그냥 만남을 끝내야 할지 확인할 때 도움이 될 것이다.

당신이 '사랑과 뇌'라는 주제에 관심이 있고 색다른 관점의 연구에 대해 호기심을 가지고 있다면, 내가 대단히 좋아하는 헬렌 피셔Helen Fisher 박사의 연구를 살펴보기를 추천한다. 그러면 사랑이라는 주제에 관한 피셔 박사와 나의 관점에 공통점이 많다는 사실을 알게 될 것이다. 그런 공통점은 사랑이 뇌의 해부학적 구조와 어떤 관련이 있는지, 연애를 할 때 어떤 상황이 진행되는지, 누가 누구에게 끌리게 되는지 등에 대한 내용에서 확인할 수 있다. 진실한 관계를 찾는 문제의 경우, 나는 우리 뇌와 가치관이 중요하다고 믿는 사람이다.

흔히 성향이 반대인 사람들끼리 끌린다고 한다. 연애하는 커플을 자세히 살펴보면, 한쪽이 좀 더 좌뇌 우세형이고 다른 한쪽이 좀 더 우뇌 우세형인 경우가 종종 있다. 이런 경우 커플은 전뇌Whole Brain를 구성하게 되고, 이들의 관심거리, 서로를 돕는 모습, 자잘한 일들은 예상 가능한 모습을 보인다. 이들은 보통 자신에게 없는 기술을 키우는 대신 상대에게 의존하게 된다. 이번 장을 통해 우뇌/좌뇌 커플이 서로에게 의존하며 스스로 성장하지 못하는 덫과 같은 상황을 피하는 데 도움을 얻길 바란다.

정반대인 사람들은 관계를 시작할 때는 서로에게 끌려도, 처음에는 사랑스러웠던 귀엽고 특이한 상대의 면모를 나중에는 못 견딜 것 같고 신경에 거슬리는 부분으로 느끼게 된다. 이번 장의 통찰을 통해 앞으로의 길을 잘 다듬고, 관계에서 얻은 경험 및 과거와 현재와 미래에 대한 전반적인 이해에 도움을 받기를 바란다.

이번 장에서는 각 캐릭터를 구체적인 한 명의 사람인 양 설명한다. 물론 인간관계에서든 삶의 어떤 경로에서든 어떤 사람을 단순히 하나의 캐릭터로 봐도 된다는 뜻은 아니다. 각각의 네 가지 캐릭터는 자신이 보기에 적절한 방식으로 나타나 자신을 표현할 권리가 있다. 이 장의 기술 방식은 이해를 돕기 위한 것이며, 캐릭터들의 욕망이나 요구를 해치거나 과소평가하려는 의도와는 관계가 없다.

캐릭터 1

캐릭터 1과 정서적 관계를 맺는다면 어떨지 상상해보자. 정의상 이 캐릭터는 감정보다 사고를 중시한다. 캐릭터 1은 생활에 편리한 외부적인 것들을 챙기는 일을 잘할 수 있고, 어떤 경우에는 이 정도로 충분할수 있다. 그렇지만 캐릭터 1이 열정적이고 사랑을 쏟는 관계에 계속초점을 두게 만들려면 때로 힘이 들고 끊임없는 협상이 필요하다.

캐릭터 1은 잘 정리된 스프레드시트를 좋아한다. 심지어 인생의대소사며 개인적 일정도 도표로 기록한다. 삶의 각 단계에서 어떤 모습을 선보여야 하는지에 대해 선입견을 가지고 있으며 세세한 부분까지 잘 챙기고 일정을 중시한다. 캐릭터 1은 두 사람이 정확히 어떤 관계인지 정의를 내려야 한다. 그러면 위험 부담을 줄이면서, 연애 관계가 시간이 지남에 따라 얼마나 정확하게 진전하고 있는지를 친구들과가족들에게 말해줄 수 있다.

따라서 캐릭터 1은 상황을 정확하게 정의하려고 노력할 것이다. '우리는 그냥 가볍게 데이트를 하는 걸까, 아니면 진지하게 데이트를하는 걸까? 우리는 독점적인 관계일까, 아니면 그냥 잠만 같이 자는사이일까? 우리가 진지한 관계가 되어 약혼하고 결혼하는 사이로 진전할까? 만일 그렇다면 언제 그렇게 될까?' 캐릭터 1은 관계를 분석하고 질문을 던지며 정의 내리고 싶어 안달을 한다. "당신에게 내가 어떤사람이 되어야 하지? 당신의 보호자가 되어야 하나? 당신을 구원해야하나? 당신의 놀이 친구가 되어야 하나? 생계 부양자가 되어야 하나?

당신에게 내가 성적 매력이 있어야 하나, 아니면 아이를 함께 기르는 공동 양육자가 되어야 하나?"

다들 알겠지만, 캐릭터 1은 예측 가능한 상황에서 안심한다. 캐릭터 1이 첫 데이트를 계획할 때면 장소며 일정을 미리 정하고 시간을 꽉 채울 것이다. 캐릭터 1은 자신이 어떤 모습으로 보이는지 체취는 어떨지 세세하게 관심을 기울이며, 의식적으로 최고의 모습을 선보일 것이다. 캐릭터 1은 데이트에는 목표가 있다고 본다. 그 목표란 타인에게 깊은 인상을 남기고, 또 깊은 인상을 받는 것이다. 시간은 소중하다. 그래서 데이트는 그냥 시간을 함께 보내는 단순한 기회가 아니라 면접에 더 가까워 보일 수 있다.

캐릭터 1은 가치 있는 뭔가를 발전시키는 일을 중시한다. 그래서 삶을 함께 꾸려나갈 수 있는, 오랜 시간을 함께할 동반자를 찾는다. 캐릭터 1은 우뇌 캐릭터 3이나 4와 함께 있을 때 흥이 난 나머지 그들과 데이트를 할 수 있을지 몰라도, 예측 가능한 모습을 보이는 좌뇌 캐릭터 1이나 2와 같이 있을 때 가장 편안해하고 안심한다.

관계에서 캐릭터 1은 같은 캐릭터 1에게 편안함을 느낀다. 자기 자신이 그렇듯, 캐릭터 1 유형이 믿을 수 있고 예측 가능하다는 사실을 알게 되기 때문이다. 그렇지만 우두머리형 캐릭터 1 둘이 관계를 맺을 때는 각자가 통제하는 영역을 한정하는 데 기꺼이 협상해야 한다. 당연히 우두머리들은 자기만의 생각이 있고 각자 자신의 역량을 발휘하려고 한다. 캐릭터 1은 타인에게 있는 캐릭터 1의 기량을 중시하며, 특히 좀 더 협력적 태도를 보이는 '부드러운 캐릭터 1'을 대할 때 더 그렇다. 그래도 이들은 캐릭터 2와 사귀는 일이 많을 것이다. 캐릭터 2는 옆으로 물러나 캐릭터 1에게 주도권을 쥐라고 격려할 테니 말이다.

캐릭터 1이 캐릭터 2와 계획을 세워서 데이트하면, 심한 스트레스와 높은 수준의 불안이 가득한 세상에서 지내는 캐릭터 2에게 구원이 되기도 한다. 캐릭터 1은 자신의 조직 기술, 자신감, 힘, 인내심을 이용하여 캐릭터 2가 좀 더 예측 가능한 삶을 살도록 돕는다. 캐릭터 1이 캐릭터 2에게 끼어들어 제 권한으로 상황을 통제하고, 일이 문제없이 진행되게 하고, 삶을 좀 더 편하게 만들어준다면 캐릭터 2는 보호받는 기분을 느끼고 안심하며 보살핌을 받는다고 느끼게 된다.

캐릭터 2

캐릭터 2는 우두머리형 캐릭터 1을 오랜 시간 함께할 동반자로 선호한다. 캐릭터 1은 예측 가능하고 믿을 만하며 도움이 되기 때문이다. 캐릭터 1은 상대를 도우면서 자신의 유능함을 느끼니 둘은 공생 관계를 맺는 셈이다. 캐릭터 1은 타인을 부양하고 체계를 잡아주는 데 유능하며 관계를 통제할 때 잘 지낸다. 이런 방식으로 좌뇌 캐릭터 1과 2는 서로가 만족하는 안전한 짝이 된다.

캐릭터 2는 같은 캐릭터 2 유형과 만날 때 공통점을 발견하고 편안함을 느낄 수도 있다. 이들은 종종 세상이 근본적으로 감정적 포식자로 가득한 불안한 장소라는 두려움을 공유한다. 캐릭터 2가 만성적

부신 피로로 인해 감정적으로 둔화된 상태이면, 기본적으로 불신과 공포를 품는다. 좌뇌 캐릭터 1과 2 모두 제로섬 게임처럼 감정을 주고받는데, 이는 게임 플레이어 한 명이 이기면 다른 한 명은 지게 된다는 뜻이다. 캐릭터 1과 2는 계속해서 바뀌는 득점표를 쥐고 누가 앞서고 있는지 언제나 의식한다.

삶을 본전치기로 여긴다는 점에서 캐릭터 2인 두 사람은 '이 세상에 맞선 너와 나'라는 피해 의식을 나누는 짝이 될 수 있다. 하지만 함께 있을 때 언제나 행복하다는 뜻은 아니고, 이들이 서로를 진정 좋아한다는 뜻도 아니다. 캐릭터 2 커플은 서로에게 삶이 얼마나 불공평한지 모른다며 불만을 토로할 수 있다. 이야기를 들어줄 사람이면 누구에게라도 그렇게 할 것이다. 그렇지만 이들은 시간이 지나면 자신들의 뻔뻔한 적의에 압도당하는 경향이 있다. 그래서 공개된 장소에 있을 때조차 캐릭터 2 커플은 시끄럽게 서로를 괴롭히고 위압하거나 비난한다. 그러고는 친구나 가족, 혹은 잘 모르는 사람들마저도 왜 자신들과 교류하기를 피하는지 전혀 이해하지 못한다.

가뭄에 콩나듯 좌뇌 캐릭터 1과 2가 우뇌 캐릭터 3의 들뜬 모습에 끌릴 수도 있다. 그렇지만 좌뇌 캐릭터 1과 2는 친밀한 관계의 경계가 확실히 정해져야 잘 지내는 반면에, 캐릭터 3은 꼼짝 못 하는 기분이 드는 것을 제일 원치 않는다. 사실 좌뇌 캐릭터들은 관계를 정의 내려야 하는 유형인데, 캐릭터 3들은 바로 그 점 때문에 그들과 멀어질 수 있다. 캐릭터 3은 시간에 따라 관계가 저절로 자기만의 속도로 전개되길 바란다.

캐릭터 3

우뇌 캐릭터 3은 사회 규범을 제쳐놓고 멋대로 굴면서, 길게 잡으면 삼십 대 후반까지 방탕한 삶을 살지도 모른다. 캐릭터 3과 프랑스 남부에서 긴 주말을 같이 보낼 수 있을지 몰라도, 이들에게 일부일처제와 "죽음이 우리를 갈라놓을 때까지" 같은 말을 기대할 수는 없을 것이다. 캐릭터 3에게 이것은 행복한 삶의 약속이 아니라 사형선고처럼 들리기 때문이다. 여러 사람을 자유롭고 무분별하게 만나며 시간을 보내던 캐릭터 3 유형의 '선수'가 나중에 일부일처제식 관계를 맺기도 한다. 그렇지만 캐릭터 3을 결혼식 식장으로 들여보내고 배우자에게 충실하게 살기를 권하는 일은 이들의 본성에 어긋나는 투쟁이었음이 밝혀질지도 모른다.

우뇌 캐릭터 3은 에너지를 많이 쓰는 만남에 열광한다. 아드레날린 분출을 즐기기 때문이다. 캐릭터 3은 혁신적이고 창조적인 유형으로 예측 가능성보다는 다양성에, 확률보다는 가능성에 끌린다. 캐릭터 1은 캐릭터 3과의 데이트가 정말 신나고 유혹적이고 모험적이라고 여길 수 있다. 그래서 살아 있다는 기분을 느끼게 될지 몰라도, 이 아드레날린 중독자와의 데이트는 위험이 너무 크므로 곧 지쳐서 더 안전하고 심심한 것을 갈망하게 된다. 캐릭터 1은 캐릭터 3의 격한 감정에 휩쓸릴 수 있지만, 이것이 피곤해지면 다시 캐릭터 1이나 2의 예측 가능성으로 돌아가는 쪽을 선택할 수 있는 것이다.

나빠진 관계

캐릭터 3의 나빠진 관계에 대해 예를 들어보겠다. 캐릭터 1은 둘의 감정을 풀어내는 일에 전념하나, 캐릭터 3은 경험이 주는 자극만을 전부로 생각한다. 결국에 캐릭터 1은 캐릭터 3의 너무나 무모한 모습을 두려워하게 되고 감정형 캐릭터 2로 옮겨가는 쪽으로 반응한다.

두려움으로 인해 감정형 캐릭터 2로 후퇴한 강한 캐릭터 1은 보통 불안정하며 필사적이 된다. 이들은 관계에 브레이크를 밟아서 물러나 빈 공간을 만들어낸다. 그렇게 하면 안전감을 다시 느낄 수 있기 때문이다. 강한 캐릭터 1이 공포에 근거한 캐릭터 2로 옮겨가면, 이들은 통제적이고 적대적이며 지나치게 비판을 잘하는 상태가 되어 좋지 않다.

한때 근심 없고 놀기 좋아하던 캐릭터 3은 사랑하는 캐릭터 1의 위축을 관계에 대한 위협으로 인지한다. 그래서 이들은 강한 캐릭터 3 상태를 유지하며 떠나버리거나, 본인도 공포에 근거한 캐릭터 2로 옮겨간다. 이제 방어적 캐릭터 2로 변신한 캐릭터 3은 새로운 연애 서사로 꾸며낸 관계를 지키기 위해 노력한다. 캐릭터 1에게 둘의 연애 관계를 유지할 가치가 있음을 확인시키려 하는 것이다. 캐릭터 1이 상대의 주장을 받아들이고 자신들의 안녕을 위해 관계 유지가 필요하다고 판단한다면, 또 강한 캐릭터 1이라는 자신의 주요 정체성을 묻어두고 캐릭터 2로서 연애 관계를 더 우선한다면 감정적 고통이 계속될 것이다.

캐릭터 3도 마찬가지다. 강한 캐릭터 3이 자신들의 정서적 안녕에 연애 관계가 필요하다고 보고 관계를 중시한다면, 또 원래 주된 캐릭터 3이라는 주요 정체성을 묻어두고 캐릭터 2로서 연애를 더 우선시한다면, 감정적 고통이 계속될 것이다.

이 지점에서 캐릭터 1과 재미나게 사는 태평한 캐릭터 3이 시작한 관계는 적대적이고도 종속적인 캐릭터 2와 냉담한 캐릭터 2의 관계로 바뀐다. 강하고 건강한 두 캐릭터가 흥미롭고 신나는 관계로 시작했지만, 고통과 두려움에 푹 빠진 가운데 질투와 부러움과 불만족을 느끼는 관계로 옮겨가는 것이다.

강한 캐릭터 1의 경우, 이제 관계에서 정서적으로 의존적인 캐릭터 2로 행동한다. 선택지는 두 가지다. 먼저 자신의 힘을 되찾아 후퇴하여 문을 닫은 다음, 원래 정체성과 분별력을 찾는 것이다. 그렇지 않으면 공포에 근거한 캐릭터 2로서 관계에 머무르며, 정서적으로 채워지지 않는 허전함에 휘둘리며 비참하게 지내야 한다.

캐릭터 1의 사고방식에 따르면, 떠난다는 것은 그만둔다는 뜻이다. 하지만 승자는 절대 그만두지 않으며 그만두는 사람은 절대 승자가 될 수 없다. 그렇기에 캐릭터 1은 일시적으로 관계에서 문을 닫을 수는 있어도 실제로 핸들에서 손을 놓고 영원히 떠나지는 못한다. 관계에서 오는 감정적 고통과 괴로움은 시간이 지나면서 주기적으로 반복된다. 캐릭터 1의 감정형 캐릭터 2가 관계를 바로잡고 상대와 다시 교류하고 싶다고 절박하게 느끼는 때가 오는 것이다. 이쯤 해서 캐릭터 1이 한수 접고 캐릭터 2가 관계의 문을 다시 열면, 캐릭터 1이 자신의 본래 모습을 희생하게 된다.

스스로 진실하기 위하여

캐릭터 1이 어떤 캐릭터와 관계를 맺든, 일단 감정형 캐릭터 2로 옮겨가면 두 가지 가능성이 생긴다. 관계가 끝이 나고 강한 캐릭터 1이라는 진짜 자아로 돌아가거나, 불행한 캐릭터 2로서 관계를 지속하는 것이다. 다음은 캐릭터 1이 병들고 남 보기 부끄러운 관계를 지속하기 위해 할 수 있는 변명이다.

- 나는 그들에게 상처 주고 싶지 않아.
- 그들에게는 나밖에 없어.
- 우리는 함께 있을 때는 정말 좋아.
- 모두 우리가 정말 잘 어울린다고 생각해.
- 처음에는 완벽했어.
- 본성이 그렇게 나쁜 건 아니야.
- 난 그저 조금만 더 해보고 싶어.
- 곧 바뀔 거야….
- 이 관계에서 벗어나도 더 좋은 건 없어.
- 아는 악마가 모르는 악마보다 나아.

여기서 교훈은 우리의 어떤 캐릭터든 진짜 자기와 맞서면서 관계를 유지하기 위해 반응적이고 수동적인 캐릭터 2로 옮겨갈 때, 단절이라는 벽의 첫 벽돌을 쌓게 된다는 것이다. 이 벽은 이들이 다른 사람, 다른 장소, 혹은 다른 대상에 자신의 힘을 넘길 때 더 높아진다. 그리고 상대에게 넘겨준 힘의 양만큼 이들은 더 분노하게 된다.

캐릭터 1, 3, 4가 캐릭터 2가 되어 그 감정적 고통으로 끌려들어가면, 이들은 자신의 주요 캐릭터로 다시 돌아갈 때까지는 행복해질 수가 없다. 두 명의 캐릭터 2가 다투면 절대 의견 합의를 보지 못하고 장기간 평화롭지도 못할 것이다. 이런 일은 불가능하다. 누군가 먼저 고통을 기꺼이 내려놓고 캐릭터 2의 상태에서 빠져 나와야 한다. 그래야 화해의 말을 꺼낼 수 있고 열린 대화와 사과와 협상, 혹은 평화를 구할 수 있다.

갈등 중인 캐릭터 2 두 사람 중 한 명이 캐릭터 1, 3, 4 중 하나로 돌아가면, 남은 캐릭터 2는 계속 적대감을 보이면서 곱씹어 생각하거나 파트너와 마찬가지로 더 이상 화내지 않게 될 것이다. 한 명이 여전히 캐릭터 2로서 고통스러워하는 동안 관계가 끝나버리면, 당사자들은 수십 년 동안 원한을 품고 상대방 생각이 날 때마다 바로 캐릭터 2가 될 것이다. 관계가 끝날 때 진정한 치유가 이루어지려면 두 사람은 주요 캐릭터로 되돌아가서 다정한 마음으로 서로를 용서하고 고마워하며 관계를 마무리해야 한다.

전뇌적 인간으로 성장하기 위해서는, 감정형 캐릭터 2의 공포와 고통에서 벗어나서 주요 캐릭터 1, 2, 4로 돌아갈 수 있어야 한다. 그렇지만 돌아가기 전에 먼저 본인이 캐릭터 2에게 장악된 상태임을 인식해야 한다. 캐릭터 2가 투쟁, 도피, 혹은 경직 반응을 보일 때 자기 자신을 구하는 법은, 우리가 배워야 할 가장 중요한 기술일 것이다.

강한 캐릭터 2가 주요 캐릭터인 사람이라면 캐릭터 1과의 관계를 추구할 수 있는데, 캐릭터 1은 예측 가능하며 안정감을 주기 때문이다. 주요 캐릭터 2인 사람은 캐릭터 3과 있으면 신이 나고 마음 편하고 재미있어서 데이트할 수 있지만, 얼마 지나지 않아 캐릭터 3이 변할 것이다. 주요 캐릭터 2는 현재에 집중하는 본성을 지닌 캐릭터 4가 매력 있는 선택이라고 여길 수 있는데, 캐릭터 4는 세상 모든 것이 존재 그대로 좋다는 감각을 느끼게 해주기 때문이다. 속넓은 캐릭터 4는 연민과 공감의 마음으로 캐릭터 2에게 다가갈 수 있다.

그렇지만 과장해서 설명하자면, 캐릭터 2는 기본적으로 내적 평화를 유지해줄 수 있는 관계란 없다는 생각을 가지고 있다. 마약, 알코올, 혹은 그 외의 다른 중독까지 어떤 외부 요소도 그럴 수 없다고 느낀다. 캐릭터 2가 행복을 경험할 수 있는 능력을 타인이나 다른 외부 요소에 넘길 때마다, 오히려 외적 요소 때문에 심리적으로 불안정해지는 경향이 있다. 내가 누구든 나는 당신을 행복하게, 혹은 슬프게 할 수 없고 심지어 화나게 할 수도 없다.

감정을 만들어내는 존재는 자기 자신이며, 우리는 모두 자신의 뇌 속에서 작동하는 회로망에 책임이 있다.

캐릭터 4

진실한 캐릭터 4는 우리 모두가 내면 깊이 품고 있는 정서적으로 안정된 힘이다. 이 캐릭터는 세상에 사랑을 가지고 온다. 캐릭터 4는 누군가에게 끌려 친밀한 관계를 가지고 싶어지면, 자신의 온전함을 유지할 수 있는 한에서 마음 가는 대로 움직인다. 캐릭터 4는 거시적 관점에서 인생과 관계를 살피며, 관계가 자신과 상대에게 가져오는 에너지에 관심을 기울인다. 캐릭터 4는 다음의 질문을 던질 것이다.

"이 관계는 나를 살아 있게 하는 관계일까, 아니면 내게서 힘을 앗아가는 관계일까?"

캐릭터 4는 모든 대상에서 아름다움을 본다. 심지어 상대에게 마음을 준 상황에서도 이들은 상대의 약점에 천하무적이다. 캐릭터 4는 캐릭터 1의 질서와 조직화 기술을 가치 있게 여기는 한편, 캐릭터 1은 깊은 내적 은총을 느끼는 찰나의 순간을 열망한다. 캐릭터 4는 캐릭터 1의 사고력에 매혹될 수 있고 세세한 부분을 능숙하게 따지는 모습을 높이 평가할 수 있다. 그렇지만 캐릭터 1이 지금 이 순간으로 옮겨와서 잠시만이라도 캐릭터 3이나 4의 모습을 구현하지 못한다면, 강한 캐릭터 4는 지겨워하고 진짜 관계를 맺은 것이 아니라는 생각에서 감정적으로 공허함을 느낄 수 있다.

관계를 맺으며 캐릭터 1은 캐릭터 4에게 물어볼 것이다. "너를 위해 내가 무엇을 해야 하니?" 캐릭터 4는 답할 것이다. "그냥 있어주면 돼." 캐릭터 1은 물론 이렇게 응수할 것이다. "나는 그냥 있는 법을 몰라. 나는 일을 하는 방법만 알 뿐이야. 그렇지만 나는 너를 사랑하니까 최선을 다하겠어." 이쯤 해서 캐릭터 1은 더는 이런저런 일들을 하려고 법석을 피우지 않고 그냥 있으려고 법석을 피우기 시작한다. 캐릭터 4는 두 사람 모두 진실한 관계를 마음으로 느낄 것이라는 희망을 놓지 않는다. 목표에 도달하려고 마구 서두르지 않고 기꺼이 필요한 과정을 거치면 캐릭터 1이 성공할 수 있고, 또 성공할 것이라고 믿기 때문이다.

캐릭터 4는 우리가 누구든 돈을 얼마나 가지고 있든 상관없이 우리 존재는 완벽하고 온전하며 아름답다고 믿기에 안정감이 있다. 캐릭터 4는 어떤 관계에서든 넓고 다정한 마음을 보인다. 그렇지만 좌뇌형 캐릭터의 경우, 캐릭터 4와의 관계에서 비난과 평가, 채워지지 않은 기대감을 끌고 온다. 결국 캐릭터 4는 고개를 가로젓고 떠나가리라 예상할 수 있다.

좌뇌형 캐릭터 1이나 2가 우뇌형 캐릭터 4에게 사랑의 말이나 물질적 선물을 얼마나 많이 퍼붓든 간에, 캐릭터 4는 상대와 함께 있어야 사랑받는다는 기분을 느낄 것이다. 자신이 병적인 관계에 매여 있다는 사실을 깨달으면 캐릭터 4는 더 잘 지내기 위해 캐릭터 1이나 3으로 옮겨갈 수 있다. 혹은 낙담한 캐릭터 2로 옮겨가서 외로움을 느낄지도 모른다. 슬프게도 캐릭터 4가 타인과의 관계를 유지하기 위해 그 평화로운 천성을 양보하는 일은 아주 흔하다.

캐릭터 2와 데이트를 하는 캐릭터 4는 정서적으로 캐릭터 2를 지지해주면서도 캐릭터 2가 감정적 격변에 좀 더 책임감을 지녀야 한다고 주장할 것이다. 캐릭터 4는 깊은 의미와 무한한 가능성이 가득한 만족스러운 삶을 실제로 보여줄 것이다. 그렇지만 캐릭터 2는 그런 차원의 행복에 잠시만 함께할 뿐이다. 결국 캐릭터 2는 본능적으로 캐릭터 4를 멀리하게 되는데, 이는 자신의 내적 서사인 제로섬 게임을 버리지 않기 위해서다. 제로섬 게임에 의하면 행복에는 대가가 따른다. 캐릭터 2에게 거시적 관점에서 우주적으로 사고하는 캐릭터 4의 모습은 지나친 낙관주의자로 보인다. 캐릭터 2에게 그런 수준의 평화란 궁극적으로 어떤 행위를 하든 획득할 수 없는 것이다.

서사의 윤리

주요 캐릭터 1, 3, 4가 관계를 유지하기 위해 캐릭터 2에게 장악당한 상황이라면 어떻게 건강한 자기로 돌아갈 수 있을까? 불행한 관계를 고치는 일이 정답일 때가 있다. 특히 두 사람이 자존심을 가지고 고통에서 벗어나 온전한 상태로 되돌아갈 뜻이 있는 성숙한 사람이라면 더욱 그렇다. 하지만 둘 중 어느 한 사람이 자신의 캐릭터 2에 책임질 생각이 없는 상황이면, 그 자리에서 물러나 스스로의 정신 건강과 행복을 챙기는 쪽이 최선일 수 있다.

전뇌적 인간으로 성장하려면 캐릭터 2에서 벗어날 수 있어야 한다. 또 캐릭터 2에게 장악당한 상황을 인지할 수 있도록 건강한 캐릭터 상태에서 연습해야 한다. 만일 현재 관계에서 캐릭터 2의 고통으로 옮겨간 후 예전의 건강한 캐릭터로 돌아갈 수 없는 상태에 있다면, 부디 두뇌 회담을 다룬 장을 다시 찾아보기 바란다. 평화는 진실로 생각의 흐름으로, 캐릭터 2가 활동해도 우리에겐 스스로를 구할 힘이 있다. 두뇌 회담을 연습하면 회복이 더 빨라질 수 있는 뇌의 회로망이 강화된다.

여기까지 네 가지 캐릭터가 우리의 몸과 어떤 관계를 맺는지 살펴보았다. 이어 각 캐릭터들이 연애 관계에서 타인과 어떤 관계를 맺는지도 알아보았다. 이제 외부와 관계를 맺는 뇌의 기능이 정지할 경우 어떤 상황이 벌어지는지, 또 그때 네 가지 캐릭터가 어떻게 성공적 회복 전략을 짤 수 있는지 살펴보자.

11장
단절과 재접속:
네 가지 캐릭터의 중독과 회복

앞선 장에서 설명했듯이, 단세포 조직에서 생명이란 외부에 자극을 주고 외부로부터 자극을 받는 능력을 의미한다. 단세포의 반투막은 어떤 물질은 조직 안으로 받아들이는 반면에 어떤 물질은 들어오지 못하게 막는다. 게다가 이 막은 특별한 모양의 수용기로 덮여 있다. 그 수용기는 외부의 어떤 대상을 향해 세포를 끌고 가거나, 마치 서로 밀어내는 자석의 양극과 같은 궤적을 그리도록 그 대상에서 세포가 멀어지게 한다!

우주의 의식은 단세포 미생물을 처음에 만들었을 때, 그 생명의 형태에 고차원적 질서를 반영했을 뿐 아니라 스스로 자극과 기쁨을 느낄 수 있는 방법을 고안해냈다. 반투막을 통해 우주는 전체에서 자신의 일부를 집어내는 방식을 구현하고, 이것과 저것을(생명체와 우주) 구분하는 일을 통해 의식의 고유한 이중성을 탄생시켰다. 미생물의 탄생으로, 세포 내부의 의식과 우주의 의식은 온 힘을 다해 대화하게 되었다.

이 대화는 각각의 뇌 속에서 벌어지는 일에 비견할 수 있다. 우리가 단세포 미생물이 아니라 다세포 생명체라는 점만 다르다. 이런 차이로 뉴런들은 미생물의 내부 세계 및 우주라는 바깥 세계가 아닌 세 종류의 환경에서 존재한다. 뉴런에는 내부가 있고, 이 내부는 주변을 둘러싼 세포 외적 공간(세포외바탕질)과 구분되며 기능적으로 관계를 맺는다. 세포외바탕질이란 뇌 속 여러 뉴런 사이의 공간이다. 그리고 뉴런의 상호 의사소통은 그 분자들(및 분자들의 전하)의 성공적 소통에 완전히 의존한다.

인간에게 뇌의 지성은 뇌를 구성하는 뉴런들의 연결 수에 달려 있다. 기능적으로 지성은 단순히 뇌의 크기나 뉴런의 수가 아니다. 지성이 생기려면 뉴런이 서로 연결되어 정보를 공유해야 한다.

뉴런끼리 많이 연결된 뇌는 인터넷의 온갖 정보에 접속할 수 있는 컴퓨터를 지닌 사람과 같다. 인터넷 연결이 안 된 컴퓨터로 일하는 사람과 비교해보자. 인터넷 연결이 된 사람은 엄청난 양의 정보에 접근할 수 있으며, 인터넷 연결이 안 된 사람은 그저 하드 드라이브에 저장된 정보에 접근할 수 있을 뿐이다. 비슷하게, 더 많이 연결될수록 뉴런들은 서로 간에 의사소통을 더 잘하며 전체 지식 기반에 자신들의 정보를 더할 수 있다. 그 외에도 뇌 속 뉴런들이 더 많이 연결되면 우리는 고차원적 수준의 차별화를 해낼 수 있고, 생각하고 느끼는 능력을 질적으로 개선할 수 있다.

세포 외상과 의식 있는 생명

뇌졸중을 겪은 오전, 좌뇌의 사고 및 감정 세포들과 차단당한 나는 더이상 그 세포들에 있던 정보에 접근할 수 없었다. 그 결과 언어를 잃었고 사람들이 나와 분리되어 개별적으로 존재한다는 사실을 이해할 능력도 잃었다. 상대가 누구든 소통할 능력을 잃었는데, 내가 그들이 존재한다는 사실을 전혀 알지 못했기 때문이었다.

좌뇌의 의식을 잃는 경험 그 자체는 의문의 여지 없이 굉장했다. 그렇지만 살아서 타인과 관계를 맺는 정상적이고 건강한 인간 존재로서 기능하고자 한다면, 내 뉴런들은 확실히 귀중한 존재다. 나는 나의 세계관이 뇌세포의 건강과 안녕 및 뇌세포 간의 연결에 100퍼센트 의존한다는 사실을 알게 되었다. 그래서 회복 기간 8년 동안 뉴런의 연결을 되살리기 위해 열심히 노력했다. 그 가치를 인지할 뿐 아니라 이제는 그 연결을 보호하기 위해 할 수 있는 모든 것을 다한다.

그렇지만 모든 사람이 뇌의 연결을 보호하기 위해 똑같이 관심을 기울이지는 않는다. 우리는 자신이 귀한 형태의 생명이라고 생각하기(캐릭터 3과 4)보다 외부 세계의 부와 유명세를 중시하는(캐릭터 1과 2) 세계에서 살고 있다. 그렇기에 많은 사람이 삶의 의미를 찾지 못하고 알코올과 마약에 탐닉하며 도피하는 쪽을 택하고 있다.

이번 장에서 네 가지 캐릭터가 넷플릭스Netflix 시리즈를 어떻게 고르는지, 휴가를 어떻게 떠나는지 살펴본다면 확실히 훨씬 더 재미있을 것이다. 그렇지만 지금 단계에서 중독을 주제로 고른 것은, 우리 뇌에 마약과 알코올 중독보다 더 파괴적인 것은 없기 때문이다. 중독은 어떤 사회적, 경제적 경계도 교육적 경계도 넘어서는 질병이다. 노숙자도 대저택에 사는 백만장자도 공통으로 경험하는 보편적 문제다.

알코올과 마약을 남용하여 스스로를 신경학적으로 학대하는 사람은 단순히 자신을 파괴할 뿐 아니라 타인과 건강한 관계를 맺기 어려워진다. 이는 인류 전체의 건강과 안녕에 어마어마한 부담이 된다. 건강한 사회는 건강한 뇌의 집합으로 구성되며, 건강한 뇌는 서로 소통하는 건강한 세포로 구성된다. 우리에겐 자동적으로 반응하는 삶을 살지, 아니면 좀 더 의식적인 삶을 살지 선택할 능력이 있다. 바람 가는 대로 사는 미생물처럼 의식 없이 살 수도 있고, 전뇌적 삶을 위해 뇌를 진화시키는 쪽을 선택할 수도 있다. 네 가지 캐릭터를 부르는 두뇌 회담은 전뇌적 삶을 살기 위한 도구가 된다. 방향과 균형이 잡혀 있는 삶, 좀 더 의식적으로 의미 있는 삶을 살기 위한 도구가 되는 것이다.

삶의 방식은 개인이 결정할 일이다. 많은 사람이 어떤 이유에서든 단순히 현실과 단절되고 싶은 욕망 때문에 마약과 알코올에 손을 댄다. 유감스럽게도 뇌는 선천적으로 잘 중독되는 경향이 있고, 현실과 단절될수록 뇌세포 간의 연결이 끊어지며 생각과 감정은 더 굳어버리게 된다. 중독 회로망이 작동할 때면 마치 회로망이 사람을 작동시키듯 그렇게 자동적으로 행동하게 된다. 의식적으로 살아가며 어떤 모습이 되고, 어떻게 그런 모습이 될지 선택하는 삶과는 정반대다. 중독이 뇌를 작동시키고 있는 상황에도 분명 도움을 구할 수 있다. 자신의 힘을 되찾고, 세포의 패턴을 깨고, 원하는 삶을 살기 위해 이용할 수 있는 효과적인 도구들이 있다.

희소식은 두뇌가소성이 실재한다는 것이다. 우리에게는 마음먹고 계속 노력하면 뇌를 치유하고 성공적으로 회복할 힘이 있다. 이 세상 수백만 명의 사람들이 맨정신으로 돌아가 그 상태를 유지하기 위해 '익명의 알코올 중독자 협회Alcoholic Anonymous'의 12단계 프로그램을 사용하고 있다. 이제 12단계 프로그램과 네 가지 캐릭터의 두뇌 회담, 영웅의 여정, 깨달음을 얻기 위해 떠난 붓다의 여정 등 뇌와 관련된 다양한 도구들을 더 자세히 살펴볼 것이다. 이 도구들과 서사들은 서로 다른 언어를 사용하고 있긴 하지만, 뇌의 인식과 자각 문제에서 비슷한 차원의 전환을 묘사한다.

이제 중독 및 회복의 문제와 네 가지 캐릭터와의 관계를 살펴보자. 여기서 자기 자신과 어려움에 빠진 사랑하는 사람들을 효과적으로 도울 방법에 대한 통찰력을 얻을 수 있을 것이다.

내 삶에 중독이 다가온 때

오래전 마약과 알코올 둘 다에 중독된 사람과 사랑에 빠진 적이 있다. 나는 순진하게도 연인에게 나와 건강한 관계를 맺을지, 아니면 계속 중독자로 지낼지 선택하라고 했다. 그 결과 내가 졌으니, 겁도 나고 놀랍기도 했다. 대체 이게 무슨 일인지 궁금했던 나는 '익명의 알코올 중독자 협회'의 가족 지원 모임에 나갔다. 그리고 알게 되었다. 나에게는 그 사람과의 관계가 우선이었지만 그 사람에게는 알코올과의 관계가 우선이었다는 점을 말이다. 너무나 충격적인 현실이긴 했지만 명징하게 깨닫고 나니, 자신을 사랑하는 법을 연습하고 관계를 떠나보내며 내 정신 건강을 살필 용기가 생겼다.

이 무렵 나는 신경해부학과 정신의학적 차원에서 조현병을 중심으로 뇌를 연구하는 학계 경력을 쌓고 있었다. 심한 뇌졸중을 겪은 후 뇌를 힘겹게 재건하는 경험을 하고 나서, 나는 삶이나 뇌라는 이 아름다운 조직이 진실로 얼마나 허약하며 다치기 쉬운지 알고 경외감을 갖게 되었다. 내 뇌를 회복하기 위해 열심히 노력하다 보니, 누구든 일부러 뇌세포를 경시하고 학대하면 완전히 부당하다고 느낀다.

중독의 문제가 삶에 직접 다가오자 나는 호기심 많은 과학자로서 자연스럽게 뇌에 미치는 중독의 힘을 살피게 되었다. 마약과 알코올에 중독된 사람들의 뇌 회로망에 세포 수준에서 어떤 일이 일어나는지 더 잘 이해할 뿐 아니라, 친구이자 가족으로서 이들을 사랑하는 우리의 마음과 정신에 어떤 일이 일어나는지 이해하고 싶었다. 이 두 가지는 똑같이 중요한 문제였다. 이런 질문들을 던지니 불가피하게 '괴로움'이라는 수백 년 된 주제가 떠올랐다. 왜 인간은 분명 자신을 파괴하는 감정적 관계에 머물고자 하는 것일까? 역시 똑같이 중요한 질문이 하나 더 있다. 자신을 구제하는 일에 관심이 없는 사람들을 어떻게 도울 수 있을까?

뇌졸중 이전, 이십 대 시절의 나는 멘톨 담배에 집착했다. 그래서 나는 파괴적인 행동을 하는 사람이 자신과 다른 사람에게 그 이유를 털어놓는 이야기에 마음속 깊이 친밀감을 느낀다. 멘톨 담배는 내 콧구멍을 뚫어주어 더 깊이 숨을 쉴 수 있게 해주었다. 흡연에 대해 내가 즐겨 하던 변명은 담배를 피우면 뇌의 활동이 둔화되므로 생각하는 속도가 타자 치는 속도에 맞추어진다는 것이었다. 나는 논문에 도움이 되라고 담배를 이용했다. 정말 그럴 수 있는 일이었지만 그래도 빈약한 변명에 지나지 않았다.

흡연자로 살던 시절 나는 믿기 힘들 만큼 엄청난 수치심을 느꼈다. 어쨌든 나는 흡연이 내 건강에 해악을 끼치는 행위일 뿐 아니라, 내 세포들을 존중하지 않는 행위라는 사실을 아는 의학 전공생이었다. 그렇지만 깊은 수치심은 금연에 큰 효과가 없었다. 여러 번 금연을 시도했으나 담배에 대한 갈망이 내 자제력보다 더 강해서, 다시 흡연을 시작했다. 담배 한 갑을 뜯으면 원래대로 돌아갔으니 처음부터 또다시 금연해야 한다는 사실이 싫었다. 강한 정신을 지닌 건실한 학계 사람으로서 약 10센티미터의 물건에 통제되고 있다는 사실에 나는 무척 괴로웠다. 최악은 내가 담배를 갈망할 때보다 담배에 탐닉할 때 더 깊은 절망에 빠진다는 것이었다. 내 뇌 속에 중독이 깊이 자리하고 있다는 사실이 고통스러웠고, 그 힘이 혐오스러웠다.

결국에는 담배를 덜컥 끊게 되었다. 무한한 지혜를 지닌 어머니가 배고픈 대학원생이었던 내게 담배를 피우지 않으면 하루에 10달러씩 평생 주기로 했기 때문이다. 이 돈에 캐릭터 1이 바로 뛰어나왔고 캐릭터 2는 중독 치료를 받으러 갔다. 3개월 금연을 기념한 뒤 나는 비흡연자로서 아주 의기양양해져서 어머니를 놓아주었다. 오늘날까지도 그 돈에 무척 고마운 마음이다. 하지만 심지어 30년이 지난 지금도 중독은 뇌에 너무나 깊이 뿌리내리고 있어 나는 종종 꿈에서 담배를 피운다.

강조하고 싶다. 나는 중독이란 뇌에 아주 강력하고 엄청난 손상을 가하는 일임을 완전히 이해하고 있다. 따라서 중독 장애의 경험이나 그 의미심장한 본질을 절대 축소하지 않을 것이다. 나는 어떤 형태의 중독이든 그로 인해 여전히 괴로워하는 많은 사람이 간절히 구제를 원하며, 언젠가 다시 손을 대리라는 지속적인 공포 속에서 살아간다는 사실을 유념하고 있다.

흔한 이야기

중독은 가족 질병으로 여겨진다. 비판을 멈추고 칼을 내려놓을 뜻이 있는 가족이 네 가지 캐릭터의 대화를 이용하면, 타인의 사고 과정이 실제로 어떻게 흘러가는지 잘 이해할 수 있을 것이다. 앞서 언급한 알코올 중독자 협회의 가족 지원 모임은 알코올 중독자의 친구와 가족을 위한 특별한 프로그램을 운영하며, 그 모임만의 언어를 사용한다. 익명의 알코올 중독자 협회는 중독자들을 위한 프로그램을 운영하는데 그 언어 또한 특화되어 있다. 반면에, 네 가지 캐릭터의 대화는 중독자에게나 그들을 사랑하는 사람에게나 모두 익숙한 보통의 언어를 제공해서, 양쪽이 실제로 어떤 생각을 하는지 명확하게 이해할 수 있게 한다.

알코올에 중독된 사람과 그를 아끼는 사람의 뇌 속에서 진행될 수 있는 내적 대화를 네 가지 캐릭터의 언어를 써서 살펴보자.

내가 알코올 중독자라고 해보자. 술을 마실 때 내 뇌는 취한 느낌에 몹시 몰입한다. 연처럼 높이 날아가는 기분이 들 때 나는 네 명의 캐릭터가 있다는 사실을 인식하지 못한다. 알코올의 목소리가 뇌를 완벽히 장악하여 이성적 사고가 불가능한 상태이기 때문이다. 뇌세포가 취해 더 이상 어떤 현실적인 감정도 느낄 수 없어 멍하다. 단지 술을 마셨다는 것만으로 삶, 고통, 네 가지 캐릭터, 나와 관계를 맺고자하는 사람들과 엄청난 단절을 겪게 된다.

예상할 수 있겠지만, 술을 마셨기에 일상의 세세한 부분을 챙기는 내 캐릭터 1은 무시된다. 인사불성이 된 나는 미리 잡힌 일정을 잊는다. 친구들과 가족들은 화가 난다. 그들은 다시 한번 무시되고 경멸당했다고 느낀다. 내가 맨정신의 좋은 모습을 보여주지 않아서다. 나는 정상적인 감정의 폭이 제한되어 있는데, 애초에 그 때문에 술에 손을 대었을 것이다. 그런 상태로 감정적으로 동떨어지고 손에 닿지 않는 존재가 된다. 내 뇌세포는 취해 있다. 알코올에 지나치게 탐닉함으로써 뇌세포에 내가 자기들을 소중히 여기지 않으며 자기들이 기능을 하든 말든 관심 없다는 메시지를 보낸다. 뇌세포는 외상을 입었기에 몇몇 군데의 연결이 끊어진다. 같이 움직이는 뇌세포가 줄어드니 사고 능력과 감정 능력은 완고하고 편협해진다.

상상해보라. 친구들과 가족들이 다가와 우리에겐 함께할 계획이 있었다고 부드럽게 설명하는 모습을. 그렇지만 나는 술을 마시는 중이라서 육체적으로나 감정적으로나 움직일 수가 없다. 중독자 상태에서 이제 내 캐릭터 1이 활동하기 시작한다. 캐릭터 1은 그만의 혹독한 비난을 퍼붓고, 나는 자신을 추궁하기 시작한다. 어떻게 다시 한번 사랑하는 사람들뿐만 아니라 자기 자신까지 실망시킬 수 있느냐고 한다. 내가 저지른 변명의 여지 없는 행동 때문에 고통스러운 가운데 캐릭터 1은 불만족스럽다. 내가 알코올이 스스로를 휘두르게 내버려두고 캐릭터 1이 나를 위해 짜둔 계획을 실행하지 않기 때문이다. 대신 나는 무책임하게도 의지를 저버리고, 위생 상태에 소홀해지며, 내가 가장 마음 쓰는 사람들을 폄하한다. 나는 캐릭터 1과 2의 목소리를 꺼두기 위해 알코올에 손을 댔다. 그렇게 함으로서 자신까지도 포함해서 모두를 완벽히 저버렸다.

이 시점에서 캐릭터 2가 심하게 자책하며 내적 대화에 끼어든다. 나는 자신이 완벽한 실패자라고 가차 없이 판결한다. 그렇지만 동시에 캐릭터 2는 내가 일반적인 비중독자와 다르며 그들은 나를 전혀 이해하지 못한다고 설명한다. 그 결과 나는 자책감과 외로움을 느끼는데, 내가 손 쓸 수 없을 만큼 특이한 존재이고 다른 사람들과 다르기 때문이다. 그들은 밖에 나가 파티에 참석할 수 있고 그런 일이 쉽다. 하지만 나는 그럴 수 없다는 사실을 그들은 이해하지 못한다. 나는 고통 속에 혼자 있는 기분이다.

이렇게 나는 자신을 실망시킬 뿐 아니라 친구들과 가족들도 실망시키게 된다. 이런 상황이 처음이 아니기에 부끄러워하며 자신을 아주 심하게 질책한다. 깊은 절망을 느끼며 무력감 속에 뒹군다. 나는 약물에 한심하리만큼 약점을 보이는 자신을 비난한다. 당혹스럽다. 심지어 술에 취한 자신이 혐오스럽다. 흥분한 머릿속에서 캐릭터 2는 격한 적의와 비난을 쏟아내기 직전인 압력솥 같은 상태다. 물론, 내 중독은 모두 네 잘못이야!

그때 나는 술이 깨고 잠이 든다. 어느 정도 건강하다면 캐릭터 3이 돌아와 활동을 시작하고, 그러면 나는 다시 활기 넘치고 만족스러워진다. 내가 원하는 건 그저 지금 당신과 노는 것뿐이라서, 우리는 화해를 하고 기분이 좋아질 수 있다. 캐릭터 3은 내 친구이거나 가족 구성원인 당신과 함께 치유되고 싶은 생각이 간절하다. 무슨 일이 있었는지 그저 다 잊고 당신과 다시 시작하고 싶어 한다. 그래서 나는 당신이 그토록 사랑하는, 재미를 추구하고 멋있고 순수하고 매력 있는 캐릭터 3의 모습을 선보일 것이다. 그리고 당신의 캐릭터 1이 간절하게 나를 용서하고 다시 믿고 싶어 하기에, 당신은 내 계획에 동의할 것이다.

내 마음속에서 캐릭터 4가 오늘은 오늘대로 멋진 날이라고, 될 일은 다 되게 되어 있다고 말한다. 오늘은 새로운 시작이고 오늘부터 나는 술을 마시지 않을 것이다. 그래서 당신과 나는 화해하고 오늘 밤 피자를 먹으러 갈 계획을 세운다. 단순한 일이고 다 괜찮다. 당신의 캐릭터 1은 약간 걱정은 되지만, 그래도 지금은 안심해도 좋다고 한다. 그래서 당신은 일터로 간다. 내 캐릭터 3은 운동을 가고, 그다음 캐릭터 1은 일을 하러 간다. 세상 모든 것이 다 괜찮다. 적어도 내가 다시 술을 마실 때까지는 말이다.

당신의 캐릭터 3은 아주 신이 났을 텐데, 우리가 같이 놀고 밥을 먹고 예전처럼 서로 교감할 것이라고 기대하기 때문이다. 그렇지만 당신의 캐릭터 2는 내가 다시 술을 마실까 봐 겁을 내고, 그래서 당신은 매시간 내가 직장에 잘 있는지 물으려고 전화를 하기 시작한다. 사실은 내가 맨정신인지 확인하는 것이다. 당신의 캐릭터 1은 점심시간에 집으로 가서 모든 술을 다 치워버린다. 내가 피자를 먹은 후 집에 들러도 술 생각이 날 일이 없도록 하기 위해서다.

그런데 내 캐릭터 2는 과거 행동에 대한 죄책감과 부끄러움을 느끼는 동시에 간절한 욕망을 느끼면서 식당에 일찍 도착한다. 그리고 당신이 도착하기 전에 맥주 한 피처를 시켜 마구 들이붓는다. 당신의 캐릭터 3은 나를 볼 생각에 정말 신난 모습으로 도착한다. 나의 캐릭터 2는 거짓말을 하고, 그냥 맥주 한 잔만 마셨다고 말한다. 당신의 캐릭터 1은 나를 간절히 믿고 싶기에 크게 문제 삼지 않으며 당신의 캐릭터 3은 행복해한다.

모든 일이 잘되어 우리는 무척 기쁘다. 직원이 피자 주문을 받으러 와서 맥주 한 피처를 더 주문하겠느냐고 물어보기 전까지는 말이다. 이제 당신의 캐릭터 1은 분통을 터트리고, 냉혹하고 부정적인 의견을 쏟아내며 나를 몰아세운다. 당신의 캐릭터 2는 자존심도 없고 음주를 통제할 능력도 없다고 나를 질책한다. 그러다 순식간에 내 행동을 감정적으로 받아들이고 울기 시작한다. 그다음 당신은 자리에서 일어나 나가버린다. 당신에게 버림받았다는 기분에 내 캐릭터 2는 맥주를 한 피처 더 마시며 평화를 찾고자 한다. 내가 애초에 스스로를 버렸기 때문에 이런 일이 일어났다는 것을 전혀 인식하지 못한 채, 나는 관계를 포기하고 다시 술에 손을 대는 쪽을 택한다.

화가 나고 고통스러운 가운데 당신의 캐릭터 1은 상황을 합리화한다. 만일 당신이 내게 전화를 조금만 더 자주 걸었거나 내 돈이나 시간, 친구 등을 통제했다면 어쩌면 이런 일은 일어나지 않았으리라고 말이다. 이제 당신의 캐릭터 2가 활동하고, 당신은 자신이 나를 고치지 못했기에, 혹은 더 철저하게 관리하지 못했기에 내가 술을 마신 것이라고 자신을 책망한다. 당신 마음속에서 캐릭터 2는 나를 믿을 수 없다는 사실을 당신이 알고 있었다고 털어놓는다. 그러면 당신은 나를 조금이라도 믿었던 것이 잘못이라며 자신을 비난한다. 이쯤에서 당신의 캐릭터 2는 버림받은 기분을 느끼고 나를 부정적으로 평가하며, 심지어 협박에 가까운 험한 말로 나를 공격한다. 당신의 캐릭터 2는 자기만의 고통에 푹 빠진 채 부끄러움과 무력함과 책임감을 느낀다. 당신의 가장 큰 공포는 내가 음주로 죽게 되는 것이다.

근본적인 변화를 위하여

이런 종류의 일은 알코올 중독자와 그 친구 및 가족 사이에서 자주 일어난다. 알코올 중독자의 캐릭터 2는 이렇게 말한다. "나는 당신들, 내 친구들과 가족들이 무서워. 내가 술에 다시 손을 대고 있다는 사실을 알게 되면 나를 비판하고 비난하고, 더 이상 사랑하지 않을 테니까."
중독자의 캐릭터 1은 술을 마시고 있다는 사실을 속이고 숨길 필요가
있다고 판단한다. 그래서 교묘하게 거짓말을 한다. 최악의 경우 이들
은 우리의 현실 인식이 그릇된 것이라고 믿게끔 조종한다.

알코올 중독자의 캐릭터 2는 상황을 계속 숨기려고 애쓰다가 정
서적 유대 관계를 파괴할 것이다. 한편 친구와 가족의 캐릭터 1은 알
코올 중독자 협회 가족 모임에 참여하고 심리 치료를 받으러 가면서
문제를 해결하려고 애쓴다. "나를 고쳐준다고? 도와준다고? 대체 당
신은 왜 본인에게 그런 힘이 있다고 생각하는 거지?" 알코올 중독자
가 외친다.

네 가지 캐릭터에 대한 지식과 우리가 이제 알게 된 뇌 지식을 기
반으로 살펴보면, 마약이나 알코올에 정말 감정적으로 중독되어 계속
그 상태를 유지하고 싶어 하는 뇌의 부분은 좌뇌와 우뇌의 감정 중추
세포라고 추론할 수 있다. 이런 추론이 뜻하는 바는, 재활 프로그램이
성공하기 위해서는 캐릭터 2와 3이 나와서 계속 감정적 작업에 매달
려야 한다는 것이다. 캐릭터 2와 3이 마음먹고 참여하지 않는다면 재
활은 지속적인 효과를 발휘하지 못할 것이다.

마약 중독자나 알코올 중독자가 캐릭터 1을 통해서만 재활할 계
획을 짠다면, 시키는 대로 잘하며 피를 맑게 할 것이며 실제로 언행일
치의 노력을 보여줄 것이다. 캐릭터 1에게는 이번이 성공적 재활이다.
마약, 혹은 알코올과 맺은 정서적 관계를 바꾸는 일을 완전히 제쳐두
기는 했지만 말이다. 우리는 감정을 느끼는 사고형 생명체라기보다는

사고하는 감정형 생명체임을 잊지 말자. 캐릭터 1이 우리의 믿음과 행동을 바꾸는 일을 도울 수 있을지 몰라도, 그것은 진정한 재활이 될 수 없다. 캐릭터 1이 완전히 바닥을 치고 감정적으로 흔들리는 캐릭터 2가 되지 않는 한 재발할 가능성이 높다.

알코올 중독과 약물 중독은 매 순간의 위기다. 그리고 12단계 프로그램의 주제는 미래를 생각하지 않고 현재에 집중하는 것이다. 그럼에도 생물학적으로 중독자가 중독에 빠지는 것은 지금 이 순간 그런 선택을 내리기 때문이기도 하지만(캐릭터 3), 과거에서 오는 고통과 죄책감, 수치심 때문이기도 하다(캐릭터 2). 설상가상으로, 중독은 실제로 뇌의 배선을 바꾸고 세포에 손상을 입히며 삶을 살 만하게 해주는 여러 대상과의 관계를 끊어버린다. 지금 이 순간 좋은 선택을 내리려면 캐릭터 3이 노력해야 하기에, 캐릭터 3은 재활에 꼭 필요한 존재다. 하지만 성공적 재활로 가는 힘은 바로 캐릭터 2에 있다. 캐릭터 2는 중독에 대한 갈망과 본질적으로 연결되어 있기 때문이다. 재활을 계속하려면 캐릭터 2가 기꺼이 참여해야 한다.

더 구체적으로 중독과 재활에 대해 들여다보자. 캐릭터 1이나 캐릭터 3이 재활 프로그램을 따르는 경우, 밖에서 보기엔 멀쩡해 보일 수 있다. 그렇지만 캐릭터 2가 재활 과정에 합류하여 적극적으로 참여하지 않는다면 별 소용이 없을 것이다. 캐릭터 1은 잃을 것이 많기 때문에 재활에 합류하고, 캐릭터 3은 타인과 관계를 맺고 싶어 하고 고립된 기분을 느끼기 싫어하기 때문에 모습을 드러낸다. 그렇지만 캐릭터 2가 그 분노와 책망, 수치를 캐릭터 4에게 넘길 때까지 영적 각성, 혹은 진정한 변화는 일어나지 않을 것이다.

주목할 만한 이야기가 있다. 재활 중인 중독자는, 평화를 찾고 재활에 성공한 것처럼 보이는 다른 사람의 캐릭터 4를 모방할 수 있다고 한다. 그렇지만 캐릭터 4가 활동하여 그 질병 위로 자신을 끌어올려준다 해도, 캐릭터 2와 3이 재활 과정에 긴밀하게 참여하지 않는다면 필연적으로 중독이 재발하게 된다. 우리는 사고하는 감정형 생명체이고, 핵심 행동을 바꾸는 문제는 변죽만 잘 쳐봐야 아무 소용이 없다.

중독자의 가족이나 친구라면

조현병 가족을 둔 경험에 근거하여 나는 중독자의 행동이 친구와 가족의 건강과 안녕에 어떤 영향을 미치는지 살피기 시작했다. 처음에 두 상황의 유사함에 섬뜩함을 느꼈다. 중독 상태이거나 아픈 사람을 적절히 도우면서도, 자신의 삶과 정신 건강에 상대의 손상된 뇌가 미치는 부정적 영향을 최소화하는 방법은 무엇일까?

서로 얽혀 있는 관계에서 사람들은 서로에게 균형을 맞추는 경향이 있다. 예를 들어, 한 명이 돈을 펑펑 쓰면서 즐거움을 느낀다면 그파트너는 아주 보수적으로 소비하여 균형을 맞춘다. 책임감과 관련해서도 마찬가지다. 한 중독자가 무책임한 방식으로 행동하면, 그 친구와 가족은 균형을 맞추기 위해 자연스럽게 책임감 있는 캐릭터 1의 상태로 옮겨간다. 하지만 이때 중요한 사실은 상대가 한쪽 극단으로 치우치는 바람에 균형을 잡는 일은 재미가 없고 캐릭터 1은 짐을 진 기분으로 애쓴다는 것이다. 따라서 '부드러운 캐릭터 1'이 상대방과 반대되는 행동으로 균형을 맞추다가 구석에 몰리면 '경직된 캐릭터 1'로 옮겨가는 것도 무리는 아니다. 이때 관계는 더 힘들어진다.

나는 가족과 살면서 이런 상황을 직접 겪었다. 오빠의 조현병 진단을 계기 삼아 나와 어머니는 캐릭터 1로 팀을 구성하게 되었다. 우리는 오빠의 치료를 함께 도우며 오빠의 머리 위에 안전한 지붕을 제공했다. 오빠가 입원하지 않아도 되도록 오빠의 정신 상태를 계속 확인했다. 성공할 때도 있었고 실패할 때도 있었다. 우리의 캐릭터 1은 최선을 다해 오빠의 병을 관리했는데, 우리 가족의 좋은 의도에 관심이 없는 의료 체계와 비밀 유지 문제로 분쟁을 겪어야 해서 상황은 더 복잡했다. 오빠가 자신의 장애를 통제할 수 없게 된 후로 그 책임은 우리가 지게 되었다. 앞서 언급한 알코올 중독자와 그 가족의 대화는 많은 면에서 조현병 환자가 있는 우리 가족의 대화와 똑같았다.

알코올 중독자의 친구와 가족의 캐릭터 1은 그들이 예전에 알던 사람과 계속 관계를 유지하고 싶은 마음이 간절하다. 그래서 그들은 사랑하는 사람이 맨정신으로 살 수 있도록 돕겠다고 나선다. 캐릭터 1이 사랑하는 사람을 단념한다면, 이들은 상대와 무엇을 공유했든 간에 그것은 진짜가 아니었으며 어떤 진실한 의미도 없었다는 가능성에 직면해야 한다. 이런 상황은 캐릭터 1에게 아주 파괴적일 수 있다. 이들은 상대와 내밀한 관계를 맺고 있다고 생각하는데, 사실 상대는 약물과 주된 관계를 맺어왔던 것이다.

약물이나 알코올 중독자가 데이트나 일정이 있을 때마다 중독된 모습으로 나타나면, 친구와 가족은 '경직된 캐릭터 1'로 변해서 엄격한 규칙을 짜기 시작한다. 가정 내 프로그램을 세우고, 아주 세세한 부분까지 통제하며, 완벽한 세계를 만들어나간다. 그리고 중독자에게 재활 치료를 받으라고(혹은 약을 먹으라고) 요구한다. 캐릭터 1은 행복한 가족의 이미지를 지킬 것이고, 중독자의 나쁜 행동을 메꿀 이야기를 꾸며낼 것이며, 일중독이 되어 스스로를 보호하는 상황에 이르기도 할 것이다. '경직된 캐릭터 1'은 여행을 가거나 일을 더 많이 하는 쪽을 택하기도 한다. 바깥세상에서 프로젝트를 처리하는 일이 집에 있는 중독자를 고치는 일보다 쉽기 때문이다.

친구와 가족은 알코올 중독자가 언제 다시 술에 손을 댈지 알 수 없기에 극단적인 스트레스를 받으며 산다. '부드러운 캐릭터 1'은 중독자와 사는 스트레스를 받으면 아마 '경직된 캐릭터 1'로 변할 것이다. '경직된 캐릭터 1'은 공포를 기반으로 삼는 캐릭터 2에 의해 움직이기 때문이다. 캐릭터 1은 자포자기하는 모습을 보이며 캐릭터 2의 고통과 괴로움을 숨긴다. 친구와 가족은 가능한 한 제정신으로 살 수 있기를 간절히 바라게 된다. 그래서 그들은 그저 평화를 유지하기 위해 자신의 힘을 포기하기도 한다. 물론 이런 식으로 현실을 회피하면 중독자가 관계를 장악하게 되며, 이것은 예측 가능한 재난의 징조가 된다. 그렇지만 중독자가 12단계 프로그램을 따르면서 솔직해지려고 애쓰는 한, 친구와 가족의 캐릭터 1은 언젠가 관계가 기적처럼 바로 처음 그때로 되돌아가리라는 희망을 품는다.

친구와 가족의 캐릭터 1은 중독자와의 협상이 완전히 시간 낭비라는 사실을 아주 잘 알고 있다. 그렇지만 실패를 인정하고 희망을 버리는 대신 간절히 꿈을 잡고 버틴다. 자기 자신을 보호하기 위해, 친구와 가족의 캐릭터 2는 캐릭터 1에게 이렇게 말한다. "너는 이 상황을 더 잘 조절해야 해. 우리는 규칙도 더 세워야 하고 상담도 더 받아야 하고 치료도 더 자주 받아야해. 또 중독자가 받는 스트레스를 없애려면 돈도 더 많이 벌어야 해." 이런 식으로 눈 깜짝할 새에 이들은 중독자가 일을 하지 않고 집에 머무르게 할 수 있다.

'경직된 캐릭터 1'은 이런 미친 계획을 밀고 나간다. 이런 전략이 몇몇 가족에게 통하는 듯 보이고, 자신이 스스로 분별력을 유지할 방법이 되기도 하기 때문이다. '경직된 캐릭터 1'에게 삶이란 엑셀 스프레드시트와도 같다. 자신이 조금만 더 열심히 똑똑하게 움직인다면 해결책을 찾을 수 있다고 생각한다. 그렇지만 슬프게도 집은 곧 아무도 안심할 수 없는 전쟁터가 된다. 결국 '경직된 캐릭터 1'은 캐릭터 4가 보여주는 통찰에 귀 기울이지 않게 된다. 그리고 그 바람에 스스로를 의도치 않게 포기해버렸다는 사실을 완전히 탈진한 뒤에야 깨달으며 정신을 차릴 것이다.

캐릭터 1과 2는 사랑하는 사람을 저버리기를 원치 않고, 또 자신들의 바람이 잘못되었다며 떨쳐버리는 일도 피하고 싶어 한다. 이들은 희망을 간절히 부여잡는다. 그렇지만 고통을 겪을 만큼 겪은 다음, 캐릭터 2가 어찌할 바를 모른 채 불안하고 울적한 나머지 완전히 무력하게 패배감에 젖어버리면 캐릭터 1은 패배를 인정할 것이다. 캐릭터

1이 희망의 고삐를 더 바짝 조일수록 중독자에게 더 많은 것을 허락하게 되고, 상황은 더 악화되어 다음 단계로 넘어간다.

스스로 돕기 위한 이야기와 전략

우리가 고통에서 벗어나도록 도와주고 자신의, 혹은 우리와 타인 사이의 인지적 연결을 회복하도록 도와주는 특수 프로그램은 많다. 물론 여러 프로그램은 우리 믿음에 맞는 각각의 고유한 매력을 가지고 있다. 인지적 안정성과 내면의 깊은 평화를 구하도록 돕거나, 맨정신의 회복을 구체적으로 돕는 공동체 프로그램도 있다. 삶의 어려운 상황에서 빠져나오든 약물 중독에서 빠져나오든, 상처 너머 고차적 수준의 의식으로 가는 길을 찾으려면 우리는 인식과 의지, 열린 마음가짐을 전제로 하는 진심 어린 헌신을 해야 한다.

종교 교리를 믿는 사람이라면 그 믿음에 특화된 프로그램에 끌릴 것이다. 비슷하게, 영적이긴 하지만 종교적이지는 않은 사람이라면 영적 언어를 사용하는 프로그램이 흥미로울 수 있다. 불가지론자나 무신론자의 경우도 마찬가지다. 최고의 삶을 위한 결정을 내릴 때 과학과 뇌의 언어가 더 잘 맞고 효과적인 사람도 있을 것이다.

종교적 믿음 및 수행과는 상관없이 여러 프로그램이나 이론은 거의 비슷한 뜻을 담고 있다. 인간의 회복을 돕는 이론의 경우, 이를테면 영웅의 여정에 담긴 지혜는 캐릭터 1과 2에 매력적인 핵심 메시지와 회복 과정을 전할 것이다. 좌뇌 캐릭터들은 도전과 질문, 경쟁을 좋아하기 때문이다. 한편 붓다의 이야기(불교가 종교가 아니라 수행법임을 기억한다면)는 캐릭터 3과 4에 호소하는 언어를 사용한다. 우뇌는 깨달음과 구원의 영역이기 때문이다. 12단계 프로그램이 고안한 틀에 따르면 회복의 과정은 캐릭터 1과 2에 직접 말을 건네며 진행된다. 우리가 약물에 무력하다는 사실을 인정해야 하기 때문인데, 이 '보다 위대한 힘'(캐릭터 4)이 존재한다는 발상을 적어도 열린 마음으로 받아들일 필요가 있다.

여러 이론은 우리 네 가지 캐릭터를 각자 고유한 방식으로 호명한다. 그렇지만 전체적 의도와 바라는 결과는 같다. 이론 속 이야기는 모두 우리가 의미 있는 깨달음을 얻어 근본적으로 변화하도록 돕기 위해 존재한다. 각각의 이야기는 우리가 좌뇌 캐릭터 1과 2에서 벗어나 우뇌 캐릭터 4의 평화로운 영역으로 가도록 이끌 것이다. 두뇌 회담에서 평화란 그저 생각의 흐름이다. 이런 개념은 네 가지 캐릭터의 관심을 집중시키고 일제히 북돋워, 이들이 힘을 쏟아부으며 성공적으로 협동하도록 이끌 수 있다.

사람들은 다들 문제가 있으며 감정적으로 힘들어한다. 붓다는 인간이 괴로운 이유는 감정적 집착 때문이라는 깨달음을 얻었다. 인간은 계속 붙들고 싶은 어떤 대상이나 사람, 지위, 자유를 잃으면 감정적 고통을 겪는다. 영웅의 여정 이야기에서 인간은 위대한 모험을 떠나라는 부름을 듣고 관심을 가지며, 결국 무지에서 벗어나 지혜를 구한다. 두뇌 회담에서 네 가지 캐릭터는 함께 모여 가장 훌륭하고 자신다운 모습을 만들자고 동의한다. 마지막으로, 12단계는 맨정신을 되찾기 위한 노력을 말 그대로 한 단계씩 밟아나간다. 우리가 자연스레 따르게 되는 길이 어떤 길이든 상관없이, 또 우리에게 가장 잘 어울리는 서사나 전략이 어떤 것이든 상관없이, 네 가지 캐릭터의 헌신적 노력 끝에는 일종의 부활이 일어난다. 우리는 자신을 고통 속에 붙잡아둔 것에서 자유롭게 된다.

인간에겐 괴로움의 기능을 수행하는 세포들이 있다. 인간은 이에 굴복하고 머물러 있거나 그 너머로 가려고 애쓴다.

괴로움에서 탈출하기 위해 중독을 이용하는 사람들도 있다. 그렇지만 슬프게도 이런 도피는 현실의 문제를 가릴 뿐이고, 결국에 이들은 자신의 문제에 직면하게 될 것이다. 이 책에서 언급하지 않은 도구들도 많이 있고 각자 그것들만의 구체적인 이야기를 품고 있을 것이다. 이 도구들 또한 충실히 따른다면 공통의 결과를 얻게 되리라 생각한다. 평화는 진실로 생각의 흐름이고, 뇌 건강의 핵심은 자신에게 와닿는 이야기를 찾은 다음 그에 따라 충실히 실천하는 것이다.

세부 사항이 어떻든 평화를 찾기 위한 단계는 일관된 흐름을 보인다. 먼저 문제를 인식하거나, 바라는 변화를 인식해야 한다. 여기에는 변하기 위해 노력할 의지가 있어야 한다. 문을 열고 나가 좌뇌의 자아에서 빠져나와 우뇌의 고차원적 의식, 혹은 무의식으로 기꺼이 이동해야 한다. 이 여정을 시작하는 일이 가장 어려운 과정일 때도 있다.

3부 우리 삶 속 네 가지 캐릭터

현재의 자신을 넘어서서 성장하고 싶다면, 자그만 자아가 옆으로 비켜야 한다는 사실을 인식하고 인정해야 하기 때문이다.

어떤 프로그램을 따르든 자아를 내려놓으면 죽음을 맞이한 기분이 들 수 있다. 좌뇌는 자신의 존재감을 지키려고 싸울 것이다. 좌뇌는 두려움 때문에 미지의 영역에 통제권을 넘겨주려 하지 않는다. 이는 영웅의 여정에서 싸워야 할 괴물이 된다. 익명의 알코올 중독자 협회의 12단계 프로그램의 경우 단계 1과 2에서, 우리는 자신이 중독에 무력하며 '보다 위대한 힘'의 도움이 필요하다는 사실을 인정해야 한다. 붓다는 깨달음을 얻기 위해 세속 세계에서 그가 가진 모든 것을 버리고 떠났다. 지식, 돈, 지위, 심지어 사랑하는 사람들까지 모두 버렸다. 네 가지 캐릭터의 언어로 말하자면, 우리는 좌뇌 캐릭터 1과 2에서 빠져나와 지금 여기에 충실한 현재의 의식으로, 즉 우뇌 캐릭터 3과 4로 이동해야 하는 것이다.

각각의 이야기는 일단 믿어야 한다. 자신이 지금껏 진짜라고 여겼던 것들을 기꺼이 넘어서야 한다. 우리보다 위대한 뭔가가 존재하며, 이것이 우리를 붙잡아주면서 안전히 미지의 세계로 인도할 것이라고 신뢰해야 한다. 아주 어려운 요구일 수 있다. 하지만 우리가 자아를 내려놓기로 선택한 순간에도 자아는 그 자리에 있으며, 신호만 보내면 당장에라도 다시 뛰어나와 활동하려고 준비하고 있다. 이 사실을 안다면 도움이 될 것이다.

회복의 여정과 12단계 프로그램

지금껏 우리는 영웅의 여정 서사를 살폈다. 좀 더 깊이 살펴본다면, 각 단계가 확실히 알코올 중독자 협회와 '익명의 약물 중독자 협회 Narcotics Anonymous'의 12단계와 아주 비슷하게 흘러간다는 사실을 알 수 있을 것이다. 이 모임들은 전 세계적으로 수백만 명의 알코올 중독자와 약물 중독자의 치료에 성공을 거둔, 영적 언어를 기반으로 삼는 프로그램을 제공한다. 성공적이고 지속적인 회복을 위해 세세한 단계별 로드맵을 제공하는 방식이다.

맨 첫 단계부터 닮은 점이 보인다. 네 가지 캐릭터의 언어로 보면 12단계 프로그램이 회복에 효과를 발휘하기 위해서는, 알코올 중독자와 약물 중독자가 좌뇌 캐릭터 1과 2에서 빠져나와 우뇌 캐릭터 4의 의식으로 기꺼이 들어가야 한다. 적어도 캐릭터 4가 존재하며 가닿을 수 있는 상황임을 믿어야 한다.

마지막 단계에도 유사점이 있다. 영웅은 여정을 완성하기 위해 예전의 삶으로 돌아가야 한다. 완벽히 제 의지로 돌아가, 본인이 얻은 구원에 대한 지혜를 타인과 흔쾌히 공유해야 한다. 알코올 중독자는 계획적이고 자발적인 병의 차도를 '부활'로 보고, '보다 위대한 힘'과의 관계를 통해 계속 살피며 유지해야 한다. 또 자신의 삶으로 돌아가 '타인에게 회복의 메시지를 전해야 한다.

어떤 프로그램을 선택하든 캐릭터 4에 해당하는 '보다 위대한 힘'/신/무한한 존재와 건강한 관계를 맺게 되면, 이 삶에서 소중한 모든 것과 더 단단하게 연결된다. '보다 위대한 힘'과의 관계는 우리를 내적으로 강화하며 힘을 주어 선택한 프로그램을 계속 따르도록 한다. 그러면 우리는 맨정신과 깊은 내적 평화 모두를, 혹은 어느 한쪽을 유지하게 된다.

건강한 뇌는 서로 연결된 건강한 뇌세포로 구성된다. 익명의 알코올 중독자 협회가 회원들에게 제시하는 12단계를, 영웅의 여정 및 건강한 뇌를 추구하는 네 가지 캐릭터의 경험과 나란히 살펴보자. 당신도 다음 단계와 이야기를 접하면서 자신의 여정을 깨닫게 되길 바란다.

AA 1단계: 자신이 알코올에 무력하며 삶이 통제 불가능한 상태가 되었음을 시인한다.

네 가지 캐릭터: 내 캐릭터 1은 유능한 감독으로 삶의 세세한 부분들을 챙기는 일을 전문으로 맡고 있다. 하지만 이제 중독 상태에 힘을 쓰지 못하며, 삶이 지속 가능하지 않고 통제도 안 되는 수준으로 떨어졌다고 인정한다.

영웅의 여정: 나는 변화가 일어나야 하며 모험을 떠나야 한다는 사실

을 인식한다. 그리고 용의 부름을 듣는다.

AA 2단계: 자신보다 더 위대한 힘이 온전한 정신을 되찾아줄 수 있다고 믿게 된다.

네 가지 캐릭터: 이제 캐릭터 1은 나의 문제가 스스로 고치기에는 너무 거대하다는 사실을 받아들이고 인정한다. 그다음 같은 문제를 가지고 있는 사람들을 둘러보니, 확실히 12단계 프로그램을 열심히 따르는 사람들은 중독을 통제하는 방법을 발견하고 더 나은 상태가 된다는 것을 알게 된다. 캐릭터 1은 성공적인 재활 치료에 참여하는 사람들은 그들 자신보다 더 거대한 뭔가와 '영적' 관계를 맺었으며, 캐릭터 4와의 관계 속에서 근본적인 구원으로 가는 정신적 변화를 맞이했다는 점을 깨닫는다. 이 시점에서는 이를 완벽하게 이해하지 못하지만, 나도 그렇게 되길 원한다는 사실은 알고 있다.

영웅의 여정: 나는 자신을 기다리고 있는 모험이 있음을 깨닫는다. 변화를 맞이할 준비가 되었으므로 기꺼이 그 여정을 떠나자고 결심하고, 내 변화를 원치 않는 괴물과 싸우기 시작한다. 그 괴물에는 자아-자기ego-self도 포함된다. 나는 용기를 자기 자신의 공포와 맞서며, 여정의 부름에 답하기로 선택한다.

AA 3단계: 나의 의지와 삶을 내가 이해하는 '신'의 손에 맡기자고 결정한다.

네 가지 캐릭터: 좌뇌 캐릭터 1과 2는 자기밖에 모르는 자아 중심적인

삶을 살아왔다. 하지만 내가 삶을 자세히 들여다보며 스스로에게 완전히 솔직해질 때, 좌뇌 캐릭터 1과 2는 진정 맑은 정신을 바란다면 나 자신보다 좀 더 안정적이고 믿을 수 있는 존재와 연합할 필요가 있음을 인식한다. 12단계는 '보다 위대한 힘'을 받아들이도록 격려하는데, '보다 위대한 힘'이란 다른 누군가의 신이 아니라 내가 가진 고유한 성향이자 직접 창조한 캐릭터 4를 뜻한다. 그래서 내 좌뇌 캐릭터 1과 2는 안심하고 프로그램에 참여해도 되겠다고 느낀다. 나는 '나의 신', 내 캐릭터 4의 의식에 기꺼이 삶을 이끌 힘을 줄 것이다. 이때까지 좌뇌 캐릭터에게 내 삶을 맡겼더니 자꾸 길에서 벗어나 시궁창에 빠졌기 때문이다.

영웅의 여정: 좌뇌 캐릭터 1의 이성적 의식 밖으로 기꺼이 나가서 '보다 위대한 힘'인 캐릭터 4가 있는 미지의 의식으로 들어가기 위해서는, 먼저 내가 이 일을 내가 원하고 기꺼이 완수할 뜻이 있음을 인식해야 한다. 내가 나의 괴물을 이기면, 나를 작고 겁 많은 자아-자기로 묶어둔 힘에서 벗어나게 된다.

AA 4단계: 두려움 없이 자신의 도덕성에 대해 탐색한다.

네 가지 캐릭터: '보다 위대한 힘'인 캐릭터 4로 가는 길을 닦기 위해, 나의 캐릭터 1은 내가 거쳐온 길과 의지한 가설들을 긴 시간 동안 애써 바라보아야 한다. 그 여러 가설 때문에 나는 캐릭터 2의 부주의한 자기 파괴에 빠졌다. 캐릭터 2가 입은 감정적 상처는 나의 몰락에 지대한 역할을 했다. 캐릭터 2의 고통은 많은 구덩이를 파놓아 나를 빠지

게 하고 길 밖으로 계속 떠밀었다.

영웅의 여정: 영웅의 여행을 떠나며 내 캐릭터 1과 2는 삶을 똑바로 본다. 캐릭터 2는 내가 살아온 오랜 시간에 걸쳐 쌓아 올린 분노에 모든 책임을 진다. 또한 내가 타인에게 전가한 비난에 모든 책임을 진다. 내 좌뇌 캐릭터들이 안심할수록 나는 맑은 정신을 되찾으며, 다른 삶의 길이 있으리라는 가능성과 희망을 받아들이게 된다. 이 고통과 중독에서 자유로운 삶, 이런 괴물들에게서 자유로운 삶 말이다.

AA 5단계: 신에게, 자기 자신에게, 다른 사람들에게 내가 저지른 그릇된 행동의 정확한 본질을 인정한다.

네 가지 캐릭터: 아직 내 신, 즉 캐릭터 4의 의식을 만나지 못했지만, '보다 위대한 힘'과 관계를 맺기 위해 열린 마음으로 기꺼이 할 일을 할 준비가 되어 있다. 캐릭터 1과 2는 내가 저질러온 실수를 인정한다. 나는 우뇌의 의식으로 가는 여정을 준비하며 기꺼이 새 출발을 한다. 나는 다른 사람들이 그들의 신(캐릭터 4)이 그들의 삶에 나타난 덕분에 성공하게 된 것을 봤다. 나는 이 과정을 열심히 따르며, 좌뇌의 수치, 죄책감, 고통에서 벗어나 '보다 위대한 힘'인 캐릭터 4의 우뇌 의식으로 갈 준비가 되어 있다.

영웅의 여정: 나, 영웅은 존재의 다음 차원으로 진화하기 전에 겪어야 할 변신을 포용한다. 나를 붙잡아둔 과거 행동이라는 괴물을 이기고 타인과 자신과 '보다 위대한 힘'에게 이 사실을 알림으로써 의식적으로 고통 밖으로, 즉 내 좌뇌 자아 밖으로 나가서 우뇌 캐릭터 4로 간

다. 그곳에서 나는 깨달음을 구할 것이다.

AA 6단계: 신이 내 성격의 모든 결함을 없애도록 모든 준비를 마친다.

네 가지 캐릭터: 캐릭터 1과 2는 내가 내린 모든 결정, 행동, 다른 사람에게 준 고통에 완전히 책임을 졌다. 캐릭터 1과 2는 나의 약점을 진정으로 용서하여 내면의 평화를 구했다. 좌뇌 캐릭터 1과 2는, 내 행동의 이유가 깊은 내면적 고통 때문임을 열린 마음으로 받아들인다. 이제 내 결함을 인식하고 스스로 용서했으니 나는 더 이상 그로 인해 무력해지지 않는다. 그리고 내 캐릭터 4인 '보다 위대한 힘'과 관계를 맺기 위해 앞으로 나아갈 수 있다.

영웅의 여정: 나는 이제 여행을 시작할 준비가 되었다. 나는 좌뇌 캐릭터 1과 2의 단점과 한계를 마주했으며 지난 행동들에 책임을 지기로 했다. 나 자신을 용서했고 잘못을 저지른 나를 정화했다. 이제 진실하고 영속적인 변화를 맞이할 준비가 되었다. 영웅으로서 이제 좌뇌의 의식을 넘어서서 우뇌 캐릭터 4의 의식으로 갈 준비가 되었으니, 그로써 나는 '보다 위대한 힘'의 평화롭고 기쁨 가득한 의식에서 존재할 수 있다.

AA 7단계: 신에게 내 단점들을 없애달라고 겸허히 간청한다.

네 가지 캐릭터: 내 캐릭터 1과 2는 내 약점을 깊이 살피고 완전히 책임졌다. 이 시점에서 나는 자비로운 캐릭터 4, 즉 '보다 위대한 힘'에게 겸허히 간청한다. 내 마음으로 들어와 내 작은 자아, 캐릭터 2를 고통

에서 해방하고 내가 스스로 치유할 수 없는 방식으로 나를 고쳐달라고 부탁한다. 나는 우뇌 캐릭터 4의 마음가짐으로 신성하게 지내며, 깊은 내적 평화와 '보다 위대한 힘'의 무의식적 사랑을 느낀다. 캐릭터 4가 새로운 시작을 바라는 내 희망을 되찾아주었기 때문이다.

영웅의 여정: 이 시점에서 나는 모든 준비를 끝내고 좌뇌의 고통에서 벗어나 우뇌 캐릭터 4의 무의식으로 들어간다. 그 즉시 나는 우주의 지혜로 가득 차오르는 동시에, 좌뇌에서 저절로 생겨났던 시련에서 풀려난다.

AA 8단계: 내가 해를 입힌 모든 사람의 명단을 만들고 그들 모두에게 기꺼이 보상할 뜻을 가지게 된다.

네 가지 캐릭터: 이제 나는 우뇌 캐릭터 4인 '보다 위대한 힘'과 교감하게 되었기에, 전과는 다른 가치에 뿌리를 내린 다른 길에 서게 되었다. 그렇지만 단단한 새 토대를 만들기 위해서는, 캐릭터 1과 2가 내가 지나온 길의 구덩이를 돌아보아야 한다. 내가 진정한 진실에서 이탈하여 어디에 있었는지 그 목록을 만들어야 한다. 내가 그동안 해를 입힌 사람들을 살펴야 한다. 나는 이 세상에서 타인과 함께 살아야 한다. 그러니 캐릭터 1과 2는 나의 과거 행동에 기꺼이 보상하고 잘못된 과거를 바로잡아야 한다. 타인에게 자비와 용서를 구할 때다. 그래야 나는 그들의 축복 속에 평화로운 새길을 걸어갈 수 있다. 이렇게 캐릭터 1은 내 가치를 올리기 위해 분투하던 상황을 마무리하고, 존재만으로도 가치 있는 사람이 되기 위해 분투하는 방향으로 나아간다. 이

단계에서 나는 실제로 그의 의식과 교감하며 그 의식 속에 존재한다. 좌뇌는 이제 분투를 멈추었고, 나는 평화로운 우뇌의 의식 속에서 쉴 수 있다.

영웅의 여정: 내 삶을 바라보며 이제 내가 창조한 동시에 제압하게 된 괴물뿐만 아니라 어려움 또한 인정한다. 나는 '보다 위대한 힘'과의 관계 속에서 평화를 찾았다. 이제 내가 그동안 괴물로 만든 존재들에게 어떤 보상을 할지 점검할 때다. 나는 과거의 짐을 내려놓고 전진하기 위해 타인을 용서해야 하고 또 그들로부터 용서받아야 한다. 명단을 작성해야 할 때다.

AA 9단계: 가능한 한 해당하는 사람 모두에게 직접 보상한다. 그렇게 함으로써 누군가에게 상처를 주는 경우만 제외한다.

네 가지 캐릭터: 나는 캐릭터 1과 2를 거쳐 자신과 화해했고 '보다 위대한 힘' 캐릭터 4로 가는 문을 열었다. 앞으로의 길은 내가 상처를 준 사람들까지 포함하여 누구에게나 훨씬 쉬울 수 있다. 그 사람들이 내 사과를 받아들이고 과거 무분별한 내 행동을 용서하고 내 새로운 노력이 통하기를 바라준다면 말이다. 내가 사과를 하고 타인에게 준 고통을 지우면, 캐릭터 2의 수치심에서 벗어나는 데 도움이 될 뿐 아니라 그 너머로 나아갈 수 있다. 과거의 자신을 용서하는 것으로는 충분하지 않다. 나는 과거를 인정하고 용서해야 하며 타인에게도 용서를 구해야 한다. 그래야 진정 과거를 놓아줄 수 있다.

영웅의 여정: 내 캐릭터 2가 싸움을 멈추고 기꺼이 모습을 드러내어,

과거에 깔보았던 모든 사람에게 속죄한다면, 내가 평생 싸워온 실제로 존재하는 괴물과 상상 속의 괴물을 동시에 이길 수 있다. 캐릭터 2가 안심하게 되고 내가 캐릭터 4의 사랑이 가득한 의식으로 들어서면, 과거의 부끄러움 너머로 나아가서 '보다 위대한 힘'의 사랑으로 들어갈 힘을 얻는다. 이제 자신이 지나온 길을 스스로 받아들이고 용서하면, 나는 과거의 고통을 놓아주고 지금 여기에 존재하는 아름다움에 마음을 열게 된다. 캐릭터 4를 포용하며, 나는 나만의 성스러운 존재를 껴안고 평화를 느낀다.

AA 10단계: 개별적으로 계속 검토하며 잘못을 저지를 때마다 신속하게 인정한다.

네 가지 캐릭터: 캐릭터 1과 2는 오랫동안 내 삶을 통제하며 즐겁게 시간을 보냈다. 이들은 자동적이고 무의식적으로 사는 방법을 아주 잘 안다. 따라서 나의 뇌 속에서 어떤 일이 일어나고 있는지 관심을 기울이는 일이 중요하다. 그래야 맨 처음에 내가 술을 먹게 만든 과거의 좌뇌 캐릭터 1과 2의 습관으로 돌아가는 상황을 막을 수 있다. 이제 나는 캐릭터 4의 의식 속에서 깨어난 상태이기에, 캐릭터 4와의 관계를 의도적으로 키워야 한다. 그래야 회로망이 강화될 수 있다. 뇌는 회로를 통해 교류하는 세포들로 구성된다. 회로는 더 자주 작동시킬수록 더 강해진다. 이는 곧 내가 한참 동안 작동시켜온 그 오래된 중독 회로망의 배선이 전부 뇌에 그대로 남아 있다는 뜻이다. 이 중독 회로망을 약화시키고 그 열망과 욕망에서 벗어나기 위해서는 먼저

3부 우리 삶 속 네 가지 캐릭터

맑은 정신을 유지하며 의도적으로, 의식적으로 새로운 회로망을 강화해야 한다. 마음속에서 일어나는 일에 대해 솔직하게 개인적 검토를 계속 진행해야 하는 것이다. 캐릭터 2는 타인을 탓하는 마음, 수치심, 그 밖의 깊은 감정적 고통이 모여 있는 서식처다. 캐릭터 2를 구성하는 세포들은 절대 성숙하지 않는다. 그래서 언제든 오래된 중독 패턴을 다시 작동시킬 수 있는 타고난 경향이 있다. 중독의 기저에 있는 회로망이 언제나 내 머릿속에 있으며 어느 순간이든 재작동될 준비가 되어 있다는 사실을 꼭 이해해야 한다. 그리고 나는 캐릭터 2의 갈망과 공포로부터 자신을 의식적으로 보호해야 한다. 특히 배고프고 hungry 화가 나고angry 외롭거나lonely, 혹은 피곤할tired 때 더욱 그렇다 (익명의 알코올 중독자 협회 프로그램에서는 이 경우의 첫글자들을 따서 'HALT 상태'라고 한다).

영웅의 여정: 나의 '보다 위대한 힘' 캐릭터 4의 의식을 만나면 영혼은 정화되고 성스러운 경의가 차오른다. 일단 '보다 위대한 힘'과의 관계를 깨닫게 되면, 이 관계를 키우고 강화하는 일이 중요하다. 과거의 삶으로 돌아가면, 좌뇌 캐릭터 1과 2가 바로 다시 활동하며 과거의 행동을 되풀이해볼까 하고 마음을 흔들 것이기 때문이다.

AA 11단계: 기도와 명상을 통해 신과 의식적 만남을 더 늘리려고 애쓴다. 그렇게 신을 이해하고 나를 위한 신의 뜻을 알며, 그 뜻을 이행할 힘을 얻기를 기도한다.

네 가지 캐릭터: 좌뇌 캐릭터 1과 2, 우뇌 캐릭터 4 사이의 관계에 관심

을 기울이고 잘 보살피자고 결심하면서, 이에 해당하는 회로망을 강화한다. 연습을 통해 좌뇌 캐릭터의 의식에서 나와서 우뇌 캐릭터 4의 의식과 평화로움으로 곧장 들어갈 능력을 얻게 된다. 이렇게 내 힘을 소유하고, 매 순간 이 세상에 어떤 모습으로 존재하고 어떤 방법으로 그런 모습이 될지 결정할 수 있다.

영웅의 여정: 이제 과거의 괴물들을 넘어설 길을 발견했다. 여정의 머나먼 끝에 존재하는 자유와 행복으로 내 마음이 벅차오른다. 이 영적 깨달음의 순간에 그동안 갈망했던 깊은 내적 평화와 명료함을 찾았으며, 이제 캐릭터 4의 깨달음이 나를 감싸고 있다. 기분이 더 좋아질 뿐만 아니라 고통에서 해방된 느낌이다. 이 시점에서 그 전에 남겨두고 온 좌뇌 캐릭터의 삶으로 돌아가서 힘들게 구한 깨달음을 타인과 나누는 쪽을 선택할 수 있다. 아니면, 새롭게 찾은 지혜를 혼자 간직하는 쪽을 선택할 수도 있다. 어떤 이유에서든 과거의 삶으로 돌아간다면, 새로 찾은 회로망을 계속 작동시키지 않는 한 여정에 오르기 전의 상태가 재발할 것이다.

AA 12단계: 이런 단계를 거친 끝에 영적 깨달음을 얻었으니, 이 메시지를 다른 알코올 중독자들에게 전하고 일상에서 이 원칙들을 실천하려고 애쓴다.

네 가지 캐릭터: 영웅이 새로운 지혜를 구하여 자신의 삶으로 돌아오듯, 재활한 알코올 중독자도 그렇게 한다. 알코올 중독자는 지옥과도 같은 캐릭터 1과 2의 중독에서 벗어나, 성스러운 우뇌 캐릭터 4의 구

원과 자유로 왔다. 이제 전과는 다른 삶을 의식적으로 살 수 있으며, 그럼에도 중독 회로망이 여전히 온전히 남아 있기에 언제든 재발에 취약한 상태임을 아주 잘 알고 있다. 재활한 알코올 중독자는 고통을 겪는 다른 알코올 중독자들이 있는 곳으로 돌아가서 자신의 통찰과 새롭게 찾은 지혜를 공유한다. 프로그램의 마지막 몇 단계를 의식적으로 반복해서 수행하면, 약해지거나 당황할 필요가 없다. 재활한 알코올 중독자는 우주의 생명 에너지다. 이 사람은 어떤 회로망이든, 혹은 본인이 구현하고자 하는 어떤 캐릭터든 언제고 의식적으로 선택할 수 있다.

영웅의 여정: 재활한 알코올 중독자가 새로운 통찰을 안고 자신의 삶으로 돌아오듯 영웅도 자기 삶으로 돌아온다. 집으로 돌아가 고통을 겪고 있는 타인에게 깨달음을 공유하길 택한다면, 그들에게 다른 길과 더 밝은 미래를 향한 희망을 제공할 수 있다.

변화는 가능하다

지금까지 살펴본 이런 가르침들이 주는 심오한 효과를 생각할 때면, 내가 좋아하는 메리앤 윌리엄슨Marianne Williamson◆의 설교가 기억난다. 윌리엄슨의 말에 따르면 우리에겐 우리 문제를 신에게 넘겨줄 힘이 있으며, 신은 우리 편이긴 해도 단순히 뛰어들어 와서 우리 싸움을 돕는 존재는 아니다. 그보다 신은 우리를 전쟁터에서 완전히 들어 올리는 존재다. 신에게 나의 문제를 넘길 때, 나는 신이 최선이라고 생각하는 바를 해내리라고 완전히 믿는다. 신에게 문제를 넘긴다는 것은 신의 충고나 통제를 구한다는 말이 아니다. 그보다는 좌뇌의 공포, 비난, 실망으로부터 의식적으로 나와서 캐릭터 4의 믿음으로 들어간다는 말이다.

나는 신(무한한 존재, 우주의 의식, 캐릭터 4)이 좌뇌가 이해할 수 있는 관점보다 더 큰 관점에서 내 삶을 바라본다고 절대적으로 믿고 있다. 그렇기에 의식적으로 나의 가장 다정하고 평화로운 자기로 돌아가기로 선택할 때면, 나는 신이 상황을 조절하고 있음을 안다. 문제가 생길 만한 상황을 신에게 넘기자고 결정한다고 해서 책임을 회피하는 것이 아니다. 그저 나의 관점을 바꾸어 공포와 조바심 대신 평화를 선택하는 것이다. 이는 두뇌 회담, 12단계, 영웅의 여정이 주는 선물이자 힘이다. 이런 실천들을 열심히 따르면서 우주의 힘을 믿을 때, 삶의 모든

◆ 미국의 저자이자 영적 지도자이며 정치 활동가이다.

것이 변하며 더 나은 기분을 느낄 수 있다. 우리가 작동하는 뇌의 회로망을 바꾸게 되기 때문이다.

4장에서 설명한 대로 내 아버지는 80세였을 때 운전하던 자동차가 뒤집혀 빙글빙글 도는 사고를 당했다. 아버지는 사고 당일 돌아가시지는 않았지만 이후 16년 동안 내가 주요 보호자가 되었다. 상황이 그러했기에 내 캐릭터 1이 아버지를 보호하고 돌보기 위해 활동했다. 보호자 노릇을 해본 사람이라면, 마음과 정신의 평화를 구하기 위해 스트레스에 얼마나 큰 요금을 치러야 하는지 알 것이다. 나는 모든 책임을 지고 있다고 느꼈으나 실제로는 아버지의 행동을 제어할 힘이 거의 없었다. 아버지는 몸이 말을 듣지 않게 되자 불만족스러워했으며, 내가 어떤 노력을 해도 고마워하는 마음 한 점 없이 불만을 품은 캐릭터 2가 되었다. 심지어 내가 '부드러운 캐릭터 1'로서 최선을 다해도 그랬다.

내가 아버지를 대신하여 내린 결정이 마음에 들지 않으면, 아버지의 캐릭터 2는 내게 투덜거리곤 했다. 그러면 아버지가 딸의 수고에 대해 캐릭터 4로서 고마움을 표시하는 대신, 내 캐릭터 1에 적대감을 드러내기로 선택한 사실 때문에 내 캐릭터 2가 분노하곤 했다. 나는 주어진 임무를 기꺼이 수행하고 있었다. 아버지가 조금이라도 고마워하고 나를 지지해준다면 인정받는 기분을 느낄 수 있었을 터였다. 어쩌면 당신도 이와 비슷한 경험을 한 적이 있을 것이다.

그 시간 동안 메리앤 윌리엄슨의 설교 덕분에 나는 맑은 정신을 유지할 수 있었다. 설교는 매일의 산책 동안 언제나 좋은 동료가 되어

주었다. 나는 부녀 사이의 적대감을 중화할 수 있는 건강한 방법을 간절히 원하고 있었다. 그래서 문제를 캐릭터 4의 의식으로 넘기고 그에 대해 더 이상 깊이 생각하지 않았다. 두 명의 캐릭터 2로서 옥신각신하는 대신 나는 아버지를 그림 그리기 수업으로 초대했다. 우리는 캐릭터 3으로서 함께 즐거운 시간을 보냈다. 아버지와의 감정 문제를 조절한다고 해서 다툼에서 힘을 얻는 상황이 아닐 때면 나는 캐릭터 4의 의식으로 들어갔다. 그러면 캐릭터 4의 의식은 나를 전쟁터 위로 들어올려주었다. 좌뇌의 비판과 고통 밖에서 이런 식의 지지를 얻으면, 달라진 환경과 허약한 감정을 고려하면서 연결을 유지할 수 있는 길이 생긴다.

우리는 모두 회복 중이다

이 장은 전체적으로 우리가 자신의 뇌(그리고 뇌세포) 건강과 안녕을 좌우하고 증진할 수 있는 방법을 다루었다. 뇌의 건강과 안녕을 증진한다면 타인과 건강한 관계를 맺을 수 있으며, 궁극적으로 건강한 구성원으로서 사회에 기여할 수 있다. 네 가지 캐릭터를 통해 보면, 재활과정이란 단절을 초래하는 원인이 중독이든 감정적 고통이든 상관없이 누구에게나 똑같다.

우리는 매일 살면서 자기만의 어려움을 마주한다. 두뇌 회담을 하지 않아도 되는 때에 그것을 연습하는 방식으로 정신 건강을 위한 도구들을 일상에 배치하여 건강한 삶을 살기로 선택하자. 그러면 그에 해당하는 회로망이 강화되고, 그렇게 하면 그 회로망을 필요한 순간에 적절히 이용할 수 있다. 12단계 프로그램을 사용하는 사람들이 10, 11, 12단계를 정기적으로 반복하는 모습은 두뇌 회담에 모인 우리 네 가지 캐릭터가 내면적 성찰을 하는 모습과 매우 흡사하다.

중독이든 감정적 상처든, 혹은 사랑하는 사람을 잃은 경험이든 과거를 딛고 일어나 회복하는 중에는, 자신의 잘못을 목록으로 정리하고 매 순간 우리가 거쳐온 여행을 돌아볼 수 있다. 다정하고 연민 넘치는 캐릭터 4의 의식으로 들어가길 택한다면, 사랑을 받으면서 그런 사랑을 받을 가치가 있다는 느낌을 받을 뿐 아니라 우리 자체가 사랑이라는 전지全知로 녹아든다. 살아 있는 존재로서 우리의 첫 과제는 서로 사랑하는 것이다. 우리는 먼저 자신을 사랑하고 그다음 타인과 관계를 맺음으로써 이 일을 가장 잘할 수 있다. 서로가 자신의 고통에 깃든 성스러움을 드러낼 때 우리는 성장할 수 있다.

그다음은

궁극적으로 이 책은 전뇌적 삶을 향한 인간 뇌의 혁명과 네 가지 캐릭터가 세포 차원에서 더 많이 연결되게 하는 두뇌 회담 사용법을 다룬다. 네 가지 캐릭터가 두뇌 회담을 여는 길을 찾으면, 여러 회로망의 모듈을 의식적으로 옮겨 다닐 수 있으며 원하는 모습과 그 모습이 되는 방식을 쉽게 선택할 수 있다.

다음 장에서는 지난 세기 동안 기술이 인간 뇌의 혁명에 끼친 지대한 영향을 조감할 것이다. 좀 더 구체적으로는, 기술의 영향으로 네 가지 캐릭터가 얼마나 많이, 혹은 얼마나 적게 나타났는지 세대별로 다른 양상을 살펴볼 것이다. 이는 '세대차'를 이해하는 데 도움이 될 것이다.

자신과 다른 존재의 가치와 행동을 이해하고 관계를 맺으려 할 때, 우리는 차이점보다 공통점에 집중하면서 상대와 이어지는 법을 배울 수 있다. 뇌의 뉴런이든, 가족 구성원이든, 우리의 사회경제적, 혹은 정치적 입장과 반대되는 사람이든, 그 어떤 상대와의 관계도 에너지와 노력을 필요로 하지만 거시적으로 보면 삶을 풍요롭게 한다. 내면의 평화를 선택하고, 타인과 얼마나 다르든 상관없이 평화로운 관계를 선택할 때, 우리의 뇌는 진화한다.

12장
세대와 성격:
네 가지 캐릭터와 기술의 영향력

우리 뇌는 계속 진화 중이며 그 방향은 천성과 교육 둘 다에 의해 결정된다. 아마도 예상하지 못한 일일 텐데, 기술의 발전은 뇌가 뭔가를 배우는 방식을 완전히 바꾸어놓았으며 궁극적으로는 우리 가치관과 삶의 방향을 바꾸었다. 이번 장에서는 지난 100년간 기술이 우리 네 가지 캐릭터의 발현에 미친 영향과 관련하여 미국의 사회문화적 흐름을 전체적으로 묘사하고자 한다.

이번 장은 세대를 기준 삼아 연대기적으로 기술할 것이다. 우리가 어디에서 자랐는가와 상관없이 세대 차이는 현실이고, 기술의 진보는 두뇌 발전에 우리 추측보다 더 큰 영향을 끼쳐왔다. 우리가 왜 서로 다르며 어떻게 다른지 알게 되면, 사적 관계와 공적 관계를 좀 더 공감하는 마음으로 살필 수 있으리라 기대한다.

이번 장을 준비하며 세대가 각기 다른 수십 명을 인터뷰했다. 운 좋게도 이 글을 쓰는 동안 노약자를 위한 주거 생활 지원 시설에 거주하는 훌륭한 친구의 도움을 받아서, G. I. 세대와 침묵 세대에 해당하는 여러 달변가를 만날 수 있었다. 이를 시작으로 나는 모든 연령대의 친구들에게 연락을 했고, 학계 동료들이 강의실을 개방해주어 멋진 대화를 기록할 수 있었다.

지금부터 각 세대와 네 가지 캐릭터, 네 가지 캐릭터가 각 세대와 맺는 관계, 지난 백 년 동안 기술이 우리 뇌에 미친 영향에 대해 살펴볼 것이다. 제2차 세계대전에 참전한 G. I. 세대에 대한 이야기부터 연대기 순으로 적으려 한다. 다음 차례는 침묵 세대로, 이들은 대공황과 제2차 세계대전 사이(1928-1939)의 힘든 시기에 태어난 집단이며 수는 적지만 중요하다.

그다음은 주로 G. I. 세대의 자녀로, 전쟁 직후에 태어난 거대한 인구 집단인 베이비부머 세대(1946-1964)의 삶을 살펴볼 것이다. 엑스 세대(1965-1976)가 그 뒤를 이을 텐데, 이들은 대체로 침묵 세대의 자식들로 구성되며 베이비부머 세대보다 수가 적다. 베이비부머들은 그 수가 어마어마한 밀레니얼 세대(1977-1996)를 낳았다. 다음은 엑스 세대의 자식인 제트 세대(1997-2010)인데, 내가 글을 쓰는 지금 시점의 십대들과 청년들이 바로 이들이다. 오늘날의 어린이들은 알파 세대Alpha generation(2010-)로 분류된다.

각각의 세대를 규정하는 시간은 연도가 딱 떨어지지는 않는데, 어떤 자료를 참조하느냐에 따라 기준이 조금씩 달라지기 때문이다. 그밖에 한 세대와 그다음 세대 사이의 과도기적 시간에 태어난 사람들

의 경우 개인의 삶에 어떤 외부적 요소가 가장 큰 영향을 미쳤는가에
따라 세대가 결정된다.

G. I. 세대: 대의명분을 위해 뭉친 캐릭터

G. I. 세대G.I. Generation ◆는 1901년에서 1927년 사이에 태어났다. 이들
은 제1차 세계대전(1914-1918), 스페인 독감 대유행(1918), 주가 폭락으
로 인한 재정 붕괴 및 이후의 대공황(1929-1939)으로 이어지는 사회경
제적 파괴를 견뎠다.

　1939년, 제2차 세계대전이 발발한 무렵 G. I. 세대는 성년이 되었
다. 이들은 어떤 일을 하고 있었든 상관없이 다 그만두고 국가의 역군
이 되어 전쟁 물자 생산을 돕고자 했다. 해외나 자국의 공장 양쪽에서
G. I. 세대 남녀는 물자 조직이라는 목적을 위해 하나가 되었으며, 새
로운 기술을 배우고 자신들이 옳다고 믿는 것을 위해 싸웠다. 이 세대
는 강한 캐릭터 1로서 노동에 참여했고, 가지고 있던 수단을 하나로
합쳤으며, 함께 노력했고, 가족과 조국에 대한 사랑을 위해 제 삶을 기
꺼이 포기하며 하나의 '홈팀'으로 녹아들었다. 단 한 가지 목적은 자유
를 위해 싸우는 것이었고, 말 그대로 나치 체제의 위협에서 세계를 구
하는 것이었다. 이 세대가 그렇게 어려운 일을 맡아준 덕분에 우리는

◆　G. I.는 Government Issue의 약자로, 미국 군인을 의미한다.

현재 자유 미국인으로 살 수 있다.

G. I. 세대는 읽기, 쓰기, 연산을 가르치는 책을 비롯한 전통적인 교육 수단을 통해 좌뇌 기술을 배웠다. 그렇지만 미국 상무부의「통계로 보는 120년 미국 교육」에 실린 인구조사에 따르면 1940년에 25세 이상의 백인 남성과 여성 가운데 고등학교 4년 과정을 마친 사람은 30퍼센트 미만이었다.◆ 흑인 및 다른 인종의 경우 10퍼센트 미만이었다. 이 자료가 의미하는 바는 1940년의 미국에서는 대다수가 인생의 지혜를 책이 아니라 몸으로 배웠다는 것인데, 이는 우뇌에서 일어나는 과정이다. 그 결과, 사람들 대부분의 우뇌가 도제 방식이나 그 밖의 경험적 전략을 통해 기술을 배우도록 잘 훈련되어 있었다. 그에 따라 G. I. 세대는 캐릭터 1이 있는 뇌 좌반구와 캐릭터 4가 있는 우반구, 양쪽의 가치에 근거하여 균형 잡힌 경제와 사회를 이룩했다.

침묵 세대: 보이지만 들리지 않는 사람들

너무 젊어서 제2차 세계대전에 적극적으로 참여할 수 없었던 머릿수 적은 집단이 1927년에서 1945년, 바로 대공황 시기에 태어났다. 제2차 세계대전 이전은 암울한 시간이었다. 그때는 많은 가구가 집과 재

◆ Thomas D. Snyder, ed., 「120 years of American Education: A Statistic Portrait」(Washington, DC: National Center for Education Statistics, U.S. Department of Education, 1993), 7-8.

3부 우리 삶 속 네 가지 캐릭터

산을 잃었으며 먹을 것도 구하기 힘들었다. 전쟁에 총력을 기울여 이미 힘든 시기였던 데다 약 40만 명의 미국인들이 일자리를 잃었기에 교육은 사회적으로 선호되는 일이 아니었다. 그 결과 G. I. 세대와 더불어 이 세대의 대다수는 몸을 쓰는 경험과 건실한 노동을 통해 배움을 얻게 되었다.

이 시절 동안 태어난 이들은 '보이지만 소리가 들리지 않는 아이들'이라고 계속 언급되었고, 그런 이유로 침묵 세대Silent Generation로 명명되었다. 이런 분위기는 사회적으로 입을 다물어야 하는 상황과 결합했는데, 1950년대 초반 조지프 매카시Joseph McCarthy 상원의원이 반미 정서를 공개적으로 드러내지 못하도록 공포 분위기를 조성했던 것이다. 이때는 자신의 생각과 사상, 믿음에 대해 공개적으로 솔직하게 말하는 것이 위험한 일이었다. 매카시즘이 널리 퍼지면서 침묵 세대는 말을 조심했다. 그렇지만 결국에는 억눌린 목소리를 분출했고, 1950년대와 1960년대에 민권운동이 열렬히 전개되었다.

가정에서의 G. I. 세대와 침묵 세대

1945년 무렵 전후의 미국인들은 아돌프 히틀러Adolf Hitler와 나치 체제에서 벌어진 인종차별과 학살을 바라보며 순수함을 잃어버렸을지 모르지만, G. I. 세대의 살아남은 일원들은 1950년대의 미국 경제 재건에 뛰어들어 강력한 경제를 구축했다. 이들은 수십 년 동안 같은 회사에서 일하는 헌신적이고 충성심 깊은 캐릭터 1 노동자였다. 집단으로서 이들은 권위를 존중하고 법에 복종하며 보수적으로 살았다. 전체적으로 이들이 경제를 일으킨 덕분에 전례 없이 성장하고 번영하는 시기가 도래했다. 곧 미국은 세계에서 가장 부유한 나라가 되었다.

직업적, 사회적 기회가 폭발적으로 늘어나면서 출생률도 폭발적으로 늘어나, 1946년에서 1964년 사이에 약 7700만 명의 아기들이 태어났다. 이 시대는 삶과 자유, 행복의 추구를 사회적 신념으로 중시했다. 비록 이들은 전쟁을 겪으며 최악의 인간성을 목격했지만 이들의 집단적 캐릭터 4들은 가정과 관계, 가족이라는 구식이지만 좋은 가치를 우선시했다. 이들은 사랑하는 사람에게 헌신했으며, 무엇이든 할 수 있고 어떤 사람이든 될 수 있다는 아메리칸 드림을 자식들이 성취하길 바랐다.

이 시대를 가장 일반화된 이상적 관점으로 바라본다면, 평화롭고 조용한 일상을 흐트러뜨리는 것은 라디오와 TV뿐이었다. 이 시절 사람들에게는 시간이 있었다. 통제 가능한 속도로 삶에 참여할 수 있는 넉넉한 시간 말이다. 생활의 풍조는 전후 G. I. 세대의 캐릭터 4에 의해 세워졌는데, 이들은 사람들이 걸음을 멈추고 손을 놓고 심호흡을 한 다음 타인과 진정으로 관계를 맺도록 북돋웠다. 따라서 이때에는 가족 모임을 중심으로 사람들끼리, 세대들끼리 관계를 잘 맺었다.

하루하루가 다른 사람의 안부를 묻고 그들과 소중한 한때를 느긋하게 보내는 시간으로 채워졌다. 저녁 식사는 정해진 행사로 빠지면 안 되었다. 이웃끼리 방문하는 일이 흔했으며 방문객들에게는 문을 열어주게 되어 있었다. 아버지는 아이들을 데리고 낚시를 떠났고 아내를 위해 가구를 만들고 딸들을 위해 인형 집을 만들었다. 한편 어머

3부 우리 삶 속 네 가지 캐릭터

니는 인기 좋은 요리법으로 모두를 기쁘게 해주었다. 남자들은 뉴스를 따라잡기 위해 라디오나 TV 주변으로 몰려들었고, 여자들은 한데 모여 수다를 떨고 옷 수선을 하고 통조림을 만들며 아이들에 대해 잡담했다.

미국 사회는 되찾은 자유에 감사하고 현재의 삶에 고마워하며 더 나은 미래를 위한 희망을 다 같이 품고 있었다. 그렇지만 그 모든 공동체와 캐릭터 4의 평화로움 아래에서는, 경제적 불안과 인종 및 성별 불평등 문제가 들끓고 있었다. 당시 사회적 분위기에 억눌린 기분을 느꼈던 G. I. 세대와 침묵 세대의 캐릭터 2는 표면적으로는 잠잠하게 보였을 수 있지만 이제 목소리를 얻었다. 이들의 불만은 결국 민권운동으로 폭발했으며, 그 여세를 몰아 1970년대에는 여성운동이 뒤를 이었다.

일터에서의 G. I. 세대와 침묵 세대

전후의 평화와 민권 대격변의 시절 동안에는 네 가지 캐릭터가 어떤 직업을 선택할지 상대적으로 예측하기 쉬웠다. 좌뇌 우세 캐릭터 1 남성은 돈을 중시했고 고등 교육과 지도력이 필요한 직업을 추구했으며, 사회 계급 사다리를 공격적으로 올라갔다. 여러 직업 중에서 캐릭터 1 남성은 회사 간부, 은행가, 의사, 변호사, 정치인, 장교, 엔지니어, 회계사, 광고주, 마케터가 되었다. 이 집단은 사회적으로 잘나갔으며 돈도 많이 벌었다. 이들은 결혼해서 평균 세 명의 자식을 두었고 종교에 의지했다.

정규 교육을 받지 않은 캐릭터 3 남성은 육체 노동자가 되었다. 배관공, 건설 노동자, 버스 운전사, 정비공, 수도관 부설공, 창고 및 공장 노동자, 공구 제작자, 농부 등이었다. 또 건설과 교통에 관련된 직업이라면 무엇이든 이들의 일이었다. 이들은 손재주가 좋았고 자기 분야의 장인 아래서 도제로 지내기도 했다. 조직 형태가 밖으로 드러나는 구조, 모험심, 때마다 임금을 지불하는 일을 중시하는 캐릭터 3 남성에게는 군대가 매력적이었다.

1950년대와 1960년대에 캐릭터 1 여성의 다수는 성공적인 아내이자 주부로 지냈다. 집은 아이들로 가득했고 사람과 장소와 일정을 조직할 능력이 필요했다. 전후 미국인 여성들은 전통적으로 결혼 후 아이들과 함께 지내는 편이었지만, 교육을 받고 재정적으로나 사회적으로 독립적인 존재가 된 캐릭터 1 여성 집단이 존재했다는 사실도 중요하다. 이 시기 동안 여성 캐릭터 1이 집 밖에서 구한 가장 좋은 직업으로는 교사, 비서, 속기사, 간호사 등이 있었다.

젊은 여성들은 결혼해서 아이를 가져야 한다는 1950년대와 1960년대의 규범이 여전히 남아 있긴 했어도, 1970년대에 전후 미국 여성의 이혼 신청 비율은 기록적이었다. 국회는 1963년에는 동일 임금법을, 1964년에는 시민권법을 통과시켰다. 뒤이어 1972년에는 '타이틀 나인Title IX' 법이 통과되었는데, 이것은 동등한 교육을 받고자 하는 여학생의 권리를 보호하는 법안이었다. 그리고 성별 전쟁이 개시되었다. 미국 역사상 처음으로 남자와 여자 모두 대학 입학이 가능해졌다. 고등 교육을 받은 능력 있는 캐릭터 1 여성들이 직장으로 쏟아져 나오기 시작했으며, 전에는 남자에게만 주어졌던 자리를 두고 캐릭터 1 남성과 성공적으로 경쟁했다.

1970년대에는 대학 교육을 받지 않은 여성들 또한 노동자가 되었다. 다수는 식당 직원, 공장 노동자, 간호 조무사, 영업 사원, 여행 중개사, 승무원, 농장 일꾼, 고객 서비스 직원으로 일했고 아이 돌보미가 되기도 했다.

이 시기 미국에서 캐릭터 4 남성은 인간관계와 공동체, 가족, 도움 주기 등의 가치를 중시하며 전후 삶의 전체적인 분위기를 조성하고 이끌었다. 이들 캐릭터 4 남성들은 거시적 관점에서 체계적으로 사고하는 사람들로, 자신들의 가치를 반영하는 방향으로 경제를 일으켰다. 이들은 경제 부흥을 꾀한 육군 공병대의 전후 노력에 동참했고, 다수는 대학교수가 되어 재능 있는 청년 교육에 노력을 기울였다. 이 남성들은 미국 교외의 기반 시설을 열심히 만들어나갔으며 어떤 조직에서든 중심에서 정신적 지주 역할을 했다. 결론적으로 이들은 혁신과 가족 가치, 밝은 미래를 향한 전망이 통합된 사회를 만들었다.

베이비부머 세대: 아메리칸 드림

제2차 세계대전 이후 7700만 명의 베이비부머가 태어났는데(1946-1964), 전후 미국인들은 자신들에게는 제공되지 않은 모든 기회를 자식들에게 제공해주었다. '나 세대Me Generation'라고 불리기도 하는 부머들에게는 무한한 기회가 있었다. 아메리칸 드림을 성취하여 어른이 되면 무엇이든 가질 수 있고 어떤 사람이든 될 수 있다고 확신하며 자랐다. 물론 일반적으로 볼 때, 사회는 전체적으로 달라지는 가운데 풍요를 누리고 있었다. 부머들은 그 이전의 어떤 세대보다도 부유했으며 포크록의 서정적 메시지, 로큰롤의 귀청 찢는 기타 소리, 궁극적으로는 디스코의 엇박자 베이스 멜로디에 따라 열정적으로 살았다.

가장 일찍 태어난 부머는 1964년에 18세가 되었다. 다수는 고등교육과 1960년대의 반문화적 외침을 받아들였으나 베트남전으로 부지불식간에 징병이 된 경우도 많았다. 약 20만 명의 나이 찬 히피들이 환각성 마약에 빠진 한편, 너무 어려서 그 시대에 만연한 마약 문화에 빠지지 못한 또 다른 20만 명은 십 대 아이돌과 팝 음악 팬이 되어 황홀감에 빠진 가운데 노래를 흥얼거렸다. 부머들은 온갖 종류의 오락, 패션과 물질만능주의를 받아들였다. 이들은 극단적 소비자였다.

부머들의 세계관을 근본적으로 뒤흔든 사건은 1963년 존. F. 케네디 대통령의 죽음과 1969년 유인 우주선의 달 착륙이었다. 베트남전과 베트남 참전 용사의 귀환과 1974년 리처드 닉슨Richard Nixon 대통령의 탄핵도 마찬가지였다. 이런 사건들은 중대한 정치적 불안과 불신을 낳았다. 사실 민권운동은 이미 끓어오르고 있었다. 그렇지만 사회적 동요 속에서도 1970년대는 경제적 번영이 한창이었으며, 부머들이 아메리칸 드림을 성취할 수 있고 그래야만 한다는 서사가 미국인들의 믿음을 얻었다. 캐릭터 1 부머들은 집을 사서 정착했으며 부모들처럼 직장을 잡았다.

1970년대와 1980년대에 부머들이 얻을 수 있었던 미국 내 직업의 대다수는 제조업이었으며, 여기에는 제조 라인과 관리 사무실 둘 다 해당됐다. 미국의 학생 교육은 주 정부가 담당하다가 1954년 연방 정부에게 넘어갔다. 연방 정부는 창조성보다는 세세한 정보까지 힘들여 외우는 방식을 중시하는 전통적 좌뇌형 교육을 통해 모든 연령의 부머들에게 좌뇌 기술을 가르쳤다.

1964년에서 1980년까지 고등학교 4년 과정을 마친 부머 세대의 비율은 점점 상승했다. 백인의 경우 50퍼센트에서 70퍼센트까지 올랐고, 흑인 및 여타 인종의 경우 25퍼센트에서 50퍼센트까지 올랐다. 이들의 배움이란 몸을 직접 써서 얻는 것이어서, 부머의 상당수가 비판적이거나 독립적인 사상가가 아니라 일벌 같은 존재로 양육되었다. 나이, 인종, 성별과는 상관없이 수백만 명의 부머들은 할당량을 채워야 하는 일터에서 자신을 쥐어짰다. 1970년대 동안 노동자의 가치관은 가정에서 좋은 시간을 보내는 것보다 일에 시간을 쓰는 쪽을 더 중시하는 좌뇌 캐릭터 1의 문화로 바뀌었다.

1970년대 문화는 온통 물질만능주의였고, 이때 천재 디자이너들과 유명 브랜드가 쏟아져 나왔다. 좌뇌 캐릭터 1 부머는 비싼 시계를 사거나 하와이에서 휴가를 보내기 위해 일주일에 60시간에서 80시간씩 기꺼이 일하며, 명예의 훈장과도 같이 눈밑에 다크서클을 달고 다녔다. 수면 시간이 부족해도 성공적 업무 수행과 물질적 보상이 더욱 중요했다. 부머들은 캐릭터 4가 중시하는 가치인 인간관계 및 가족보다 캐릭터 1이 중시하는 외부의 물질적 보상에 더 높은 가치를 매긴 첫 번째 집단이었다. 이 기간 동안 이혼율이 기록적 수준에 다다른 사실도 그리 놀랍지 않다.

부머들이나 더 나이 많은 미국인들은 모두 좌뇌 학습 도구를 사용하여 좌뇌적 기술을 가르치는 교육 체계에서 비슷하게 공부했다. 그렇지만 나이 든 세대의 경우는 우뇌적 창조성과 질적 관계를 중시했기에, 좌뇌 캐릭터 1과 우뇌 캐릭터 4의 가치관 사이에서 균형을 잘 잡은 사회와 경제를 일구었다. 좌뇌의 조직적 기술을 사용하여 세계를 건설했지만 우뇌 캐릭터 4의 가치에 기반을 두고 공동체와 가정을 꾸렸던 것이다.

이전 세대의 캐릭터 4에 기반한 가족에서 태어나고 자란 집단인 부머들은 아마도 무의식적으로 선택을 했을 것이다. 자신들이 태어나면서 받은 것들에 대해 고마운 마음을 가지는 대신 당연하게 여기며 삶과 세상을 이끌겠다고 말이다. 부머들은 캐릭터 4가 아니라 캐릭터 1의 가치를 중시하면서 오늘날 우리가 사는 캐릭터 1이 우세한 사회를 만들어나갔다.

그 결과, 우리는 존재가 아니라 소유를 기준으로 자신의 가치를 매기게 되었다. 크게 보면, 우뇌적 친절함, 열정, 정직함, 열린 마음, 건강한 관계에 대한 중시는 버려지고 더 큰 집과 차를 가지고자 하는 좌뇌의 경쟁이 그것을 대체했다. 물론 이혼율도 늘어났다.

엑스 세대: 열쇠를 가지고 다니는 아이

부머에 뒤이어 상대적으로 수는 적지만 중요한 집단이 1965년에서 1976년 사이에 태어났다. 바로 엑스 세대Generation X다. 1970년대에는 윗세대 캐릭터 1 여성들이 이혼을 신청한 횟수가 기록적 수치에 달했다. 그 집단에 더하여 많은 기혼 여성들이 직장으로 뛰어들면서 가정은 수입이 두 배로 늘어났고, 엑스 세대 어린이들은 하교 후 집에서 혼자 자란 집단이 되었다. 맞벌이 가정의 자녀라는 의미로 '열쇠를 가지고 다니는 아이'라는 별명이 붙게 된 이들은 집안일을 하고 숙제를 하고 어린 동생들을 보살폈다. 이렇게 이들은 아주 어린 나이부터 캐릭터 1의 책임감과 독립성이 강한 집단이 되었다.

이혼은 가정에 힘든 일이긴 했으나 경제에는 큰 자극제가 되었다. 이혼한 여성들은 스스로 은행 계좌를 개설하여 은행 업계를 성장시켰다. 어머니와 아버지가 이제 각자 살게 되었으니 모든 물건은 두 개씩 샀다. 엑스 세대의 아이들은 양쪽 부모의 세계를 오갔다. 이 아이들은 회복력이 있고 유연하며 캐릭터 1다운 독립적 사상가로 자라도록 교육받았다.

어린 나이부터 엑스 세대 아이들은 관심보다는 전자 기기들을 더 많이 받게 되었다. 1970년대 후반에는 스피크 앤드 스펠Speak & Spell◆의 교육용 소형 기기가 엑스 세대 아이들에게 도입되었고, 1980년대 초

◆ 어린이용 소형 장난감 컴퓨터로, 게임을 통한 언어 학습 기능이 있었다.

반에는 비디오 게임 산업이 세계를 장악했다. 이 세대는 기술을 요령 있게 다루는 집단으로 자랐으며 다음에 나올 기기를 쟁취할 준비가 되어 있었다. 이들은 리모컨으로 무엇이든 잘 다루는 캐릭터 1로 자라서, 부모와 조부모에게 비디오테이프 재생 장치 작동법을 알려주기도 했다. 심지어 글을 잘 읽게 되기 전부터 말이다.

그런데 캐릭터 1의 기술적 요령을 뛰어넘는 엑스 세대 아이들의 특징이 있다면, 바로 독서와 계산 같은 '좌뇌'의 기술을 익히기 위해 컴퓨터와 비디오 게임이라는 '우뇌' 도구를 사용하고 있었다는 점이다. 이런 상황은 궁극적으로 뇌의 진화에 일대 혁신을 불러오게 된다. 좌뇌와 우뇌가 새로운 내용을 배우는 방식은 엄청나게 다르다. 예를 들어, 좌뇌의 경우 4 곱하기 3이 무엇이냐고 물어보면 기계적 암기로 구구단을 외워 답할 수 있다. 이에 비해 우뇌의 경우 네 마리의 원숭이와 네 마리의 코끼리와 네 마리의 타조 그림을 떠올리면서 답을 찾는다. 게임과 컴퓨터 사용을 통해 우뇌 유형의 교육을 받은 결과, 엑스 세대는 부머 세대나 G. I. 및 침묵 세대와 비교하여 공간과 시각을 더 잘 활용하여 사고하는 법을 배웠다.

엑스 세대가 기술적 도구를 사용하고 게임을 하는 법만 배운 것은 아니다. 이들은 순전한 투지를 품고 도구나 게임의 작동 원리를 알아내기 위해 이리저리 살펴보기도 했다. 이 아이들은 탐험가가 되어 일찍부터 시행착오를 겪으며 상황을 살피고 버튼을 누르는 법을 배웠다. 비디오 게임을 계속하는 방법을 알기 위한 노력의 일환이었다. 부머들을 비롯한 다른 앞선 세대들은 버튼들을 임의로 누르는 데 겁을 먹었다. 기계를 고장 내거나 자료를 잃을지도 모른다고 생각해서였다. 엑스 세대와 그 이전 세대는 기술에 대한 태도뿐만 아니라 기술 사용법도 완전히 달랐다. 부머들은 체계와 프로그램에 대해 기꺼이 배울 뜻이 있었지만 대체로 이점이 있을 때 기술을 사용하길 바랐다. 이에 반해 엑스 세대들은 기술을 즐겼으며, 기계에 통달하는 수준을 넘어서서 기계의 새로운 사용법을 만들고 창조했다.

이런 상황은 두뇌의 관점에서 보면, 아이들의 사고법을 교육하는 방식이 크게 달라졌다는 뜻이다. 1990년대 중반에 이르러 미국 엑스 세대의 아이들은 알파벳 읽는 법을 배우기 위해 립프로그Leap-Frog◆ 등에서 나온 교구를 사용했다. 이들은 좌뇌와 우뇌를 동시에 건설적인 방식으로 사용하는 법을 배웠다. 1993년에 인터넷이 시작되었고, 조바심이 난 엑스 세대들은 기술이 열어 보인 신나는 새 세상에 전력을 다해 열심히 뛰어들었다.

넓게 보면, 성장한 엑스 세대는 부머들이 중시하는 가치에 동의하지 않았으며, 이른바 성공의 사다리가 자신들의 가족을 망가뜨렸다고 여겼다. 다수의 엑스 세대가 보기에 부머들은 인간관계보다 상표명과 자산을 더 중시한 물질적 집단이었다. 부머들은 집단 내 순위에 관심을 기울였지만, 엑스 세대는 집단과 관련한 그 어떤 일도 원치 않았으며 자신들을 매수하려 드는 부머들에겐 무조건 분노했다.

◆ 유아부터 초등학생을 대상으로 한 기술 기반 학습 제품 및 콘텐츠를 개발하고 판매하는 회사를 말한다.

부머들이 "와, 내가 얼마나 많이 소유했는지 봐"를 지향했다면, 엑스 세대는 "내가 여느 사람들과 얼마나 다르고 독특한지 봐"를 지향했다. 엑스 세대는 개인들이었고 1980년대와 1990년대의 문화는 그에 어울리게 개인주의적이었다. 모든 것은 크고 대담했으며 극한 스포츠와 부풀린 머리가 특징적이었고 낡은 느낌의 자유로움을 추구하는 그런지grunge♦가 유행했다. 록 밴드가 잘나갔고, 그 누구도 할 수 없었던 방식으로 엑스 세대의 마음과 정신에 직접적으로 말을 건네는 MTV가 전 세계적 현상이 되었다. 엑스 세대는 알록달록한 아이섀도, 형광색 의상을 즐겼고 감시할 사람이 집에 없으니 통행금지 시간 없이 나다녔다. 이 집단에게 비디오 가게는 시간을 때우는 장소일 뿐 아니라 오락 거리의 주요 원천이었다.

엑스 세대가 강한 캐릭터 1로 성장하긴 했어도, 이들의 창의적이고 탐구심 강한 캐릭터 3은 그 무엇보다도 극한의 운동을 즐겼다. 엑스 세대는 퐁, 팩맨 및 그 뒤를 이은 수많은 비디오 게임을 하며 자라났는데, 이 비디오 게임들은 과제를 잘 해치우면 힘이 커지는 식으로 보상을 제시했다. 그 결과, 엑스 세대들은 질서 정연하고 독립적인 캐릭터 1과 창의적이고 혁신적인 캐릭터 3이 힘을 합치면 큰 성과를 얻는다는 사실을 게임을 통해 알게 되었다. 이들은 이런 방식으로 개인의 능력을 키워 앞으로 계속해서 나아가고자 했다.

♦ 1990년대에 유행한 록 음악의 일종으로, 이 음악을 하던 너바나Nirvana, 펄잼Pearl Jam 등 밴드의 옷차림이 유행하며 패션이 되었다. grunge는 '보잘것없는', '지저분한' 등을 의미한다.

컴퓨터를 잘 다루는 엑스 세대 무리가 대학을 졸업하고 직장에 들어간 무렵, 이들의 캐릭터 1은 고도로 독립적인 사고를 지녔기에 직장에서 오랜 시간 일하며 정해진 일정을 따라야 하는 부머들의 세상에 잘 맞지 않았다. 대신 엑스 세대들은 재택근무를 창조했고 구식 노동 체계로 보이는 것들을 자동화하기 위해 컴퓨터 프로그램을 만들었다. 이 집단은 독립을 반겼고 부모에 비해 자식을 늦게 가지는 경향이 있었다. 젊은 엑스 세대 어머니들에게는 근무시간 자율 선택제가 중요해졌다.

엑스 세대는 집을 소유하는 것은 좋은 생각이라고 믿으며 자랐으나 부모와는 달리 들어온 수입을 바로 쓰면서 모험에 돈을 들였다. 이들은 1980년 존 레넌John Lennon 암살 사건과 1981년 도널드 레이건 Donald Reagan 대통령 피격 사건에 큰 영향을 받았다. 1986년 우주선 첼린저호가 폭발한 사건도 한창 성장 중인 세계관을 뒤흔들었다. 저축대부 조합들이 한꺼번에 도산한 사건 또한 이들이 사회 시스템을 불신하는 데 큰 몫을 했다. 엑스 세대는 집단으로서 가지는 힘보다 캐릭터 1의 개인주의가 지닌 힘에 전념했다. 따라서 이 집단은 아메리칸 드림을 이루기 위해 돈벌이에 몰두하는 일에 회의적이었다.

2008년, 미국 은행들이 신용이나 담보물을 제대로 확인하지 않고 돈을 막 빌려주었을 때 일부 엑스 세대는 부동산을 사고 수입보다 지출이 더 많은 생활을 하게 되었다. 2008년에서 2009년에 불어닥친 금융 위기로 인해 이런 엑스 세대 중 상당수가 집을 잃었으며, 퇴직 연금도 재정이 불안해졌다. 이 말은 다수의 엑스 세대가 이미 이십 대 후반에서 삼십 대, 혹은 그 이상 나이를 먹어 성인이 된 상황에서 부모의 집으로 다시 돌아가야 했다는 뜻이다. 이때 수십 년 만에 처음으로 다 세대 동거가 표준이 되었다.

밀레니얼 세대:
하나를 위한 모두, 모두를 위한 하나

부머들과 엑스 세대는 1977년에서 1996년까지 8350만 명의 밀레니얼 세대Millennials를 낳았다. 밀레니얼의 자녀와 부머 부모만큼 두뇌 면에서 생물학적으로 세대 차이가 크게 나는 경우는 없다. 엑스 세대는 기술 및 인터넷의 발전과 더불어 성장하기는 했으나, 주어진 환경을 보면 G. I. 세대와 부머 세대가 일군 좌뇌 1 캐릭터가 우세한 세상과 직장에 전뇌적 천성을 맞춰가며 살아야 했다.

　크게 보면, 수백만 명의 밀레니얼 세대는 요람에서 로봇 인형 테디 럭스핀Teddy Ruxpin◆을 안고 있던 첫 번째 아기들이었다. 수많은 밀레니얼에게 인생의 첫 동반자란 건전지로 작동하는 전자 기기 인형이었다. 이 인형은 아기의 정서를 달래주는 '쪽쪽이'이자 신경조절 물질 역할을 했다. 다시 말해, 밀레니얼들이 태어난 무렵의 사회는 아이들

◆ 카세트 테이프가 있어 이야기를 들려주며 입과 눈이 움직이는 곰 모양 인형으로, 곰처럼 생겼지만 일리오프Illiop라는 가상의 동물이다.

이 처음 맺는 애착 관계의 대상이 전자 기기였고, 이는 이들의 인생에 심오한 영향을 끼쳤다.

신경학적 관점에서 볼 때, 밀레니얼 세대는 태어나서부터 좌뇌와 우뇌 양쪽 반구의 사고 능력과 감정 능력을 키우도록 길러졌다. 이를 위해 우뇌적 기술과 컴퓨터 교구가 활용되었다. 밀레니얼 집단은 기술을 아주 자연스럽게 받아들였다. 이 아이들은 학교뿐만 아니라 집에서도 공부하려고 컴퓨터를 사용하는 최초의 세대였다. 아이들의 좌뇌는 기술을 사용하고 파악하는 법을 익혔다. 한편 게임 및 3차원 교구는 교육을 재미있고 신나게 만들었으며, 독서와 기계적 암기 같은 전통적 학습 기술은 이를 따라잡을 수가 없었다.

엑스 세대 덕분에 우뇌적 교육을 받은 밀레니얼 세대는 뇌 전체를 활용해서 사고하며 살아가는 방식에 친화적인 분위기에서 자라났다. 그래서 밀레니얼은 캐릭터 3의 가치관을 좀 더 자유로이 받아들인 채 번영할 수 있게 되었다. 비상시를 대비하여 강한 캐릭터 1을 여분으로 가지고 있긴 했지만 말이다. 밀레니얼은 캐릭터 3의 가치관으로 살아가는데, 이 가치관이 부모인 부머 세대의 전통적 캐릭터 1의 가치관과 아주 다르다 보니 직장 내 두 집단 사이에 전례 없이 흥미로운 긴장이 생겨났다. 또한 전통적 직장의 G. I.와 부머 집단은 우뇌 중심적인 밀레니얼에게 어떻게 동기를 부여할지, 혹은 업무 완수를 위해 밀레니얼의 좌뇌를 불러오려면 어떻게 해야 할지 알아내느라 애를 먹고 있다.

생계 부양을 맡은 다수의 좌뇌 캐릭터 1은 직장에서 바쁘고 집에서는 거의 시간을 보내지 않았던 반면에, 집을 지킨 부머 부모들은 여자든 남자든 상관없이 어린 밀레니얼 자식의 일정에 자기 시간을 맞추고 아이를 여기저기 데리고 다녔다. 부머 세대는 어린 시절에 아무런 일정도 감독자도 없이 자유롭게 시간을 보냈지만, 부모가 되어서는 자식 주변을 헬리콥터처럼 맴돌았다. 이런 극단적인 과보호는 자기 스스로 일정을 계획한 시간이 거의 없거나 아예 없는, 극도로 불안한 우뇌 캐릭터 3의 밀레니얼 아이 집단을 만들어냈다.

결과적으로 밀레니얼 집단은 이 세상에서 한 명의 개인으로서 안전하다는 감각을 사실상 키워낼 수 없었다. 우뇌적 천성에 맞게 다수의 밀레니얼은 자신에게 삶의 통제권이 없다고 느끼며 성장했다. 어른이 된 밀레니얼은 다수가 개별화된 캐릭터 1이 아니라 우뇌 캐릭터 3 집단으로 움직인다. 집단의 일부가 되는 쪽이 더 안전하게 느껴지기 때문이다.

부머 부모식 양육의 의도는 좋았다. 다수의 부머 부모는 어린 밀레니얼 자식이 좌뇌를 개발하고 건강한 경쟁에 참여하길 원했지만, 아이 누구도 소외감이나 자신이 무가치하다는 느낌을 받지 않기를 바랐다. 시합에서 질 때 겪을 수 있는 충격을 보상하고 완화하기 위해 부모와 팀과 학교는 밀레니얼 아이들에게 그저 새로운 일을 시도했다는 이유만으로 참가 기념 리본을 주었다. 집단 전체를 포용하는 우뇌의 방식은 승자와 패자로 구성된 좌뇌식 제로섬 게임과는 다르다. 부머 부모는 밀레니얼 아이가 집단 내에서 몇 번째 순위를 차지했는가와 상관없이 스스로 가치 있는 존재라고 인식하길 바랐다.

모두를 승자로 대접하는 방식으로 인해 밀레니얼 아이는 모두가 평등하고, 모두가 같고, 모두가 우뇌형 인간 집단의 일부라고 인식하게 되었다. 또 자기 모습을 보여주며 등장하기만 하면 보상을 받는다고 배웠다. 애지중지 키워진 밀레니얼은 성공과 실패에 대해 좌뇌 캐릭터 2가 적절한 수준으로 건강하게 반응하는 법을 개발하지 못했다. 동시에 좌뇌 캐릭터 1의 경쟁심 강한 동력은 대부분 상실했는데, 이는 전통적 직장에서 경쟁하길 바란다면 필수적으로 갖춰야 할 요소다.

사실 전통적 직장은 우뇌형 밀레니얼 세대에게 편안한 장소가 아니다. 다수의 나이 든 좌뇌형 캐릭터 1 직장인은 밀레니얼 같은 존재를 한 번도 본 적이 없었다. 솔직히 이들은 밀레니얼에게 어떻게 동기를 부여해야 하는지, 업무 완수를 위해 일에 매달리게 만들려면 어떻게 해야 하는지 거의 알지 못한다. 조직의 나이 든 대표들이 보기에 밀레니얼은 고임금 직업을 가지려고 애쓸 만큼 배고파 보이지 않는다. 부분적으로는 사실이다. 밀레니얼은 돈으로 움직이지 않으며 돈을 벌기 위해 오랫동안 고통스러운 시간을 보내는 일에도 관심이 없다. 일이 행복하지 않다면 이들은 망설임 없이 직장을 떠나 더 좋아하는 뭔가를 찾을 것이다.

직장에서 밀레니얼이 중시하는 것은 일보다는 지금 이 순간의 경험이다. 이들은 창조적인 집단으로, 상사가 무엇을 하라고 명령하는 대신 문제를 알려준 다음 믿고 해결책을 찾는 일을 맡기길 바란다. 밀레니얼은 기술을 다루는 창조적 마법사로 조직적으로 사고한다. 예를 들어, 이전 세대가 운영하는 전통적 직장 환경에서는 10명의 인간 관리자가 인간이 하는 1000가지의 일을 살핀다. 반면에 밀레니얼의 세상에서는 1000개의 기계가 일하고 10명의 관리자 밀레니얼이 컴퓨터 코드를 짠다.

우뇌형 밀레니얼은 회사가 아니라 경험을 중시한다. 그래서 2~3년 동안에는 일에 매달리다가 그다음에는 여행의 경험을 위해 일을 쉬기도 한다. 나이 든 세대가 운영하는 좌뇌형 회사에서는 조직에 대한 헌신이 없으면 회사에 대한 의리나 충성심이 부족한 직원으로 여겨진다. 그렇지만 스스로 커리어를 만들어나가는 밀레니얼의 경우, 예측 가능한 시점에서 계속 이직하는 것이 좋은 발상이다. 이들은 새로운 사람이 회사에 오면 반긴다. 새로운 구성원이 조직에 새로운 통찰과 발상, 재주를 가지고 오기 때문이다. 사람이 떠나면, 또 다른 신선한 발상을 가지고 올 새 구성원을 위한 자리가 생긴다고 여긴다. 밀레니얼은 이렇게 잠시 자리를 채웠다 떠나는 집단의 속성을 긍정적으로 바라본다. 그리고 그런 장점을 확실히 이해한다.

캐릭터 3의 가치에 충실하게, 밀레니얼은 집단으로 일할 때 아주 즐겁고 만족스러운 모습을 보여준다. 이들은 함께 결정 내리기를 좋아한다. 그렇지만 전반적으로 잘 발달하지 않은 캐릭터 2는 아주 민감한 편이다. 그래서 밀레니얼은 비판을 건설적 조언이 아니라 개인적 모욕으로 받아들이는 경향이 있다. 남의 도움 없이 스스로 일어서야 하는 일터에서 건강한 관계를 맺는 일은 연약한 영혼을 가진 밀레니얼들에게 쉽지 않다.

직접 사업을 하는 밀레니얼은 사랑으로 이끌며 다 함께 움직이는 우뇌 지도력을 발휘하며, 이것이 공포를 기반 삼아 지휘와 통제력을 발휘하는 좌뇌 지도력 유형과는 다르다는 사실을 안다. 밀레니얼은 공감하는 마음으로 조직을 이끌며 실수에 관대하다.

구직을 할 때도 밀레니얼은 본인이 바라는 원칙이 있고, 자신의 가치관에 맞는 일을 찾는다. 이전 세대와는 달리 좌뇌 캐릭터 1이 세상을 뒤흔드는 일 같은 것에 끌리지 않으며 우뇌 캐릭터 3의 흥미와 기술에 맞는 직장에 더 끌린다. 모든 세대가 그랬겠지만, 밀레니얼 아이도 성공하고 많은 것을 성취하려면 고생을 해야 한다고 배웠다. 하지만 캐릭터 3 밀레니얼은 이런 체계에 저항하고 좌뇌 캐릭터 1이 내세우는 가치를 거부하는 첫 세대가 되었다. 밀레니얼은 원하는 것을 하고 싶어 하며, 자신만의 방식으로 하길 원한다. 이들은 마음에 들지 않는 직장에 머무를 생각이 없고 이전 세대처럼 스스로 위험을 감당할 뜻이 없다.

밀레니얼은 관계 맺는 법과 타인과 함께 일하는 법을 알고 있으며, 관계는 어떤 사업에서든 핵심이라는 사실을 완벽히 이해한다. 따라서 밀레니얼 팀원들의 경우 지배하는 식으로 지도력을 발휘하면 관계가 약해지지만, 반대로 지지받는 기분을 느끼게 해주면 예상보다 업무를 더 잘해낼 것이다. 밀레니얼은 모두가 번영할 수 있는 환경을 창조함으로써, 심지어 직장에서도 다정한 관계를 유지하며 일에 책임질 수 있음을 안다.

밀레니얼은 우리가 알던 세상과는 완벽히 다른 세상에서 자랐다. 2001년에 어린 밀레니얼은 9·11 테러 사건을 겪었고, 자신들이 사랑하고 존경하는 모든 사람이 슬픔과 우울, 공포에 젖은 모습을 목격했다. 밀레니얼은 어려서부터 세상은 위험한 곳이라는 사실을 알게 됐다. 이런 감각은 2008년에 주식 시장이 폭락하고 여러 가정이 집을 잃고 재정적 안정을 잃는 상황에서 더욱 강화되었다. 부모들의 삶이 불안정하니 밀레니얼들은 훨씬 심한 불안을 느꼈으며, 전례 없는 수가 항불안제나 항우울제, 혹은 두 가지 약을 함께 복용하는 방식으로 대처했다. 이뿐만 아니라 밀레니얼들은 기록적으로 처방약을 남용하고 있는데, 이는 현재의 마약성 진통제 유행을 부채질하고 있다.

밀레니얼 아이들은 불안과 위기를 강하게 느끼며 성장했다. 동시에 자신들이 무엇이든 할 수 있고 무엇이든 될 수 있다고 믿게끔 키워졌다. 이런 믿음이 사회에서는 전혀 통하지 않는다는 사실을 깨닫는 것은 힘든 일이다. 이 집단은 감싸는 부모들에 의해 양육되었고 스스로 세상을 이해할 기회를 갖지 못했을 뿐 아니라 소셜 미디어의 세상 속에서 자랐다. 즉 참여하면 보상받는 상황과 연계하여 한 개인으로서의 가치를 외부에서 승인받는 방식을 학습한 것이다. 부머 부모는 옆집 사람과 자신을 비교하여 자신의 가치를 결정했다. 한편 밀레니얼은 소셜 미디어 플랫폼의 '팔로워', '좋아요', '방문자 수'로 자기 가치를 결정한다.

밀레니얼은 마치 신체 일부처럼 기술을 아주 밀접하게 느끼며, 기술과 떨어지면 금단 증세 같은 기분을 경험하며 불안해한다. 밀레니얼은 소셜 미디어, CNN 앱, 트위터, NPR을 비롯하여 관심 있는 앱 어느 것에서나 뉴스를 접한다. 이들은 휴대폰 문자나 트위터로 간단한 메시지를 보내기 위해 기술을 이용하며, 틱톡TikTok이나 인스타그램

Instagram 같은 여러 앱을 이용하여 단편적 영상을 보낸다. 밀레니얼 손주와 안부를 주고받기 위해 휴대폰을 사용하는 나이 든 미국인이라면, 더 빠르고 쉬운 연결을 위해 페이스타임FaceTime, 줌, 스카이프Skype 등을 써야 할지도 모른다.

윗세대와는 달리 밀레니얼은 기술의 세계에 완전히 녹아들어 자라났기에 휴대폰 앱이 자신을 추적할 뿐만 아니라 자신의 데이터를 취합하여 내다 판다는 발상에도 개의치 않는다. 어디에나 숨겨진 카메라가 있다는 사실에도, 진짜 사생활이 존재하지 않는 사회에서 살고 있다는 사실에도 신경을 쓰지 않는다. 이들이 태어난 세상의 표준이 그러하기에, '언제나 그런 식'이었다며 편안하게 받아들인다.

밀레니얼은 창의력이 뛰어난 아주 매력 있는 집단으로 예술가의 정신을 지니고 있으며 우뇌적 가치에 충실하다. 이들은 예술 작품 같은 커피와 갤러리 같은 카페에 진심으로 관심을 보이는 활기찬 집단이다. 전 세계 상황이 어떠한지 국제적으로 파악하기 위해 다수가 테드 강의를 시청하며, 더 윤리적이고 환경을 위한 일들에 깊은 관심을 보인다. 밀레니얼이 원하는 회사는 함께 일하며 공동체에 관심을 기울이고 직원들에게 하루 휴가를 주어 자선 활동에 시간을 쓸 수 있게 해주는 곳이다. 그렇지만 이들이 가장 큰 보상을 받는 순간은 소셜 미디어에 자신의 선행에 대한 게시물을 올릴 때다. 이들이 어떻게 지내는지 주변 사람들이 아는 것이 중요하기 때문이다. 밀레니얼에게 가장 힘든 일은 혼자라고 느낄 때, 즉 자신이 선택한 그룹에 어울리지 못한다고 느낄 때다. 기술을 친한 벗 삼아 함께 자란 밀레니얼에게 고립감과 소외는 높은 수준의 불안감과 우울감을 불러올 수 있으며, 결국 지금처럼 약물 남용과 자살을 초래할 수 있다. 뉴런에게 다른 뉴런 연결망과 강하게 이어지는 일이 필요하듯, 밀레니얼은 타인과의 건강한 관계 속에서 번영한다.

제트 세대: 기술적인 천성

밀레니얼 세대 다음은 제트 세대로Generation Z(1997-2010), 이들은 아주 독립적인 정신을 지닌 엑스 세대의 자식인 경우가 많다. 제트 세대 젊은이는 여러 이유로 부모보다 훨씬 전뇌적이고 독립적이다. 이유는 다음과 같다. 첫째, 이 아이들은 고도로 기능적인 캐릭터 1을 개발하도록 엑스 세대로부터 배웠다. 둘째, 동시에 우뇌형 교구로 교육받아 그 결과 매우 전뇌적으로 사고하게 되었다. 셋째, 엑스 세대가 기술을 잘 다루는 전뇌적 사고 방식을 가지고 좌뇌 지배적 부머가 확립한 세상 속으로 섞여 들어가야 했듯이, 제트 세대는 전뇌적 사고 방식을 가지고 우뇌 우세적 밀레니얼의 세상 속으로 섞여 들어가고 있다. 이렇게 해서 제트 세대는 생물학적으로나 문화적으로 가장 전뇌적인 최초의 세대가 되었다.

밀레니얼과 비슷하게 제트 세대는 태어나면서부터 기술과 완전히 하나가 되어 자랐다. 이들 중 다수는 모국어로 말하기 전에 구글Google 언어로 말했다. 그렇지만 무리지어 잘 지내며 사회 연결망 속에 들어가길 원하는 밀레니얼과는 달리, 제트 세대는 보다 자율적으로 사교 활동을 하며 타인과 소통하기보다는 기술로 소통하는 쪽을 선호한다.

나아가 제트 세대는 기술을 실제로 자기 자신의 확장으로 인식한다. 이들은 일상의 생체 리듬에 기술 도구들을 의식적으로 적용한다. 어떤 휴대폰 앱은 활력 징후를 확인해준다. 하루에 몇 걸음을 걸었나 세어주고, 분당 호흡을 계산해주고, 수면 활동을 살펴주고, 심박동수를 늦추어주고, 불안 수준을 낮추어준다. 또 상상 가능한 모든 방식으로 머리를 식혀준다. 무엇을 먹을지, 미리 정해둔 소셜 미디어 이용 시간을 얼마나 썼는지, 언제 자러 갈지 알려주는 휴대폰 앱도 있다. 이들은 수면의 질을 올리는 데 도움이 되는 델타파 음악을 틀어주는 앱도 사용한다.

이런 상황 속에서 우리 청년들은 기술에 의해 '자동화'되고 신경이 조절되는 상태에 이르렀고, 자연히 세대차가 생겼다. G. I. 세대와 부머 세대의 전통적 사고와 가치관, 행동 양식과 비교해보면 제트 세대와 그다음의 알파 세대는 신경학적으로 독특하다. 우세한 뇌와 우세한 가치가 100년 만에 바뀌었다. 수십 년 동안 타인과의 연결이 더 건강한 신경 회로망 구축에 도움이 된다고 알아왔는데, 지금 기술은 사람들 사이에 심각한 단절을 만들어내고 있다.

인간이 타인과 더 소통하기 위해 기술을 이용할 수 있긴 해도, 기술이 꼭 인간관계를 촉발하여 뇌를 긍정적으로 자극하지는 않는다. 인간은 사회적 존재로서 서로 연결되어야 한다. 그런데 인간과 기술의 관계가 인간의 건강을 위협하고 있다. 여러 세대에서 외로움을 느끼는 정도를 조사해보면, 기술을 많이 사용할수록 외롭다고 응답하는 수치가 높아진다. 휴대폰이나 태블릿, 노트북 컴퓨터를 가지고 다니며 자라지 않은 G. I. 세대와 부머들은 삶과 기술이 융합된 젊은 세대에 비해 외로움을 보고하는 정도가 낮다. 그 외에 상담을 찾는 커플과 가족의 1순위 문제가 바로 시도 때도 없이 전자 기기를 사용하여 인간관계의 건강한 경계를 잘 지키지 못하는 것이다. 기기가 우리 생체 시스템에 어떤 전자기적 영향을 미치는지 알지 못하는 것도 문제인데, 이런 상황에서 기술이 기관사 없이 폭주하는 열차처럼 굴기 시작한 것이다.

2001년 전뇌적 제트 세대 아이들이 아주 어렸을 때, 혹은 아직 태어나지 않았을 때 미국은 9·11 테러로 인한 사회적 외상 및 외상 후 스트레스 장애를 겪었다. 2008년의 금융 위기까지 합쳐져 디즈니랜드에서 휴일을 보내는 날이 점차 줄어들자, 이 아이들은 세상이 위험한 곳이고 자신들의 캐릭터 2가 공포에 사로잡힐 만하다고 생각하게 되었다. 이제는 일상적 풍경으로 자리 잡은 정치적 양극화도, 약물 남용과 자살의 대유행도 전혀 이상하지 않다. 자신이 인류 연결망의 소중한 일원이라는 기분을 느끼지 못하는 젊은 세대의 경우는 더욱 그렇다.

거기에다 2020년 코로나19 대유행의 중심에 이 아이들이 자리하게 되었으니, 계획 없이 사는 성향이 생길 만하다. 그 결과 밀레니얼과 비슷하게 제트 세대는 투쟁-도피 반응에 더 많은 시간을 쓰게 되었으며, 재산을 많이 축적하지 못하고 있다. 어딘가에 정착하거나 집을 사는 대신 이 젊은 집단은 계속 움직이고 싶어 하는데, 움직이는 표적은 쉽게 잡히지 않기 때문이다.

제트 세대는 부모처럼 독립적이며 좌뇌 캐릭터 1의 개인성을 중시한다. 그렇다 보니 이들은 이미 만들어진 상자 안에 자신들을 집어넣는 일에 관심이 없다. 그래서 제트 세대 다수는 대학에 가지 않는 쪽을 택한다. 이 집단은 어마어마한 양의 정보를 당장 입수할 수 있다. 강한 캐릭터 1로서 기술과 말 그대로 공존하며, 캐릭터 3의 가치를 따라 산다. 뭔가 필요하면 아마존Amazon에서 주문을 하여 위치와는 상관없이 바로 배송받는다. 캐릭터 3은 기술이 응당 제공하는 즉각적 만족을 사랑한다.

제트 세대는 컴퓨터 코딩도 타고난 사람처럼 잘한다. 아주 약간의 돈을 들여 큰돈을 버는 제트 세대가 많은데, 큰 회사들이 인터넷을 통해 이들의 기술을 직접 쓰기 때문이다. 사실 기술이 중요한 세상에 제트 세대의 수요가 워낙 높다 보니 구글과 아마존 같은 거대 회사들은 직원의 학사 학위를 필요로 하지 않는 상황에 이르렀다.

제트 세대들은 높은 임금을 주는 일에 관심이 많다. 아주 멋진 차를 몰며 최신식 모노그램 의상을 입는다. 제트 세대에게 있어 캐릭터 1의 자기 가치란 소유물이 입증한다. 그렇지만 자신이 원하는 일을 할 수 있느냐도 중요하다. 캐릭터 2가 위협을 느끼고 캐릭터 3이 다른 장소로 가야 할 필요가 있는 상황이라면 말이다. 아무튼 이런 점은 전형적 밀레니얼과는 아주 다른데, 밀레니얼들은 집단적으로 빈티지나 중고 의류점에 가며 물건에 돈을 쓰기보다는 기부하는 성향이 크기 때문이다.

밀레니얼들이 소셜 미디어를 잘 활용한다면, 제트 세대들은 소셜 미디어와 함께 살고 소셜 미디어로 호흡한다. 이들의 주요 관계는 바로 휴대폰, 아이패드, 혹은 노트북 컴퓨터와 맺는 관계이고 제2의 천성처럼 문화 트렌드며 세련된 것들, 현재 일어나는 일들을 완전히 파악하려 한다. 강한 우뇌를 가진 이 세대는 문화, 성적 지향, 인종, 종교가 다른 대상에 훨씬 포용적이다. 연장자들이 하는 끊임없는 혐오 발언을 듣고 있을 때조차 말이다. 집단으로서 제트 세대 아이들은 해야할 일을 하는 것보다는 즐기는 일에 시간을 보내며 편안함을 느낀다. 이들은 장인으로 스스로 창조하는 일에서 자존감을 찾는다. 제트 세대의 캐릭터 4는 먹을 수 있는 건강한 식재료가 자라는 아름다운 정원을 가꾸고 싶어 한다. 이들은 깨끗한 공기와 물에 신경을 쓰며 지구를 보호하는 데 관심을 갖는다.

지금 우리는 어디에

우리 사회는 인류와 기술의 융합에서 변환점에 다다랐다. 우리 뇌가 서로 소통하는 수십억 개의 뇌세포로 구성되어 있어도, 그 마법 같은 산물은 바로 인간의 개별적 의식의 발현이다. 이와 비슷하게, 수십억의 뇌가 서로 소통하면서 인류 전체의 집단적 의식을 발현한다. 인터넷이 인간 뇌 의식을 통해 연결된 수십억 개의 컴퓨터로 구성된다는 점을 생각하면 결국 우리는 가장 대담한 SF적 이미지도 넘어서는 전 세계적인 '기술 의식techno-consciousness'을 가지고 있는 셈이다.

인간과 컴퓨터의 긴밀한 관계는 초반에는 인간이 컴퓨터를 만들어 좌지우지하는 것이었다. 그렇지만 밀레니얼과 제트 세대의 출현으로 인터넷은 이제 인간의 온라인 활동, 위치, 행동 패턴, 음식과 제품 구매 내역, 금융과 정치 분야의 관심사, 심지어 얼굴과 친구 및 가족 관계까지 쉽게 추적하게 되었다. 휴대폰 앱은 인간의 생명 상태를 관찰하고 자료를 수집하며, 삶의 방식에 대한 조언까지 제공한다. 이제 우리 생각과 감정과 생리를 좌지우지할 힘을 기술에게 넘기는 정도로는 궁극적 통합이라고 부를 수 없다. 이미 여러 형태의 신경 마이크로 칩 이식이 진행되고 있기 때문이다. 흥분도 되고 겁도 나는 일이다.

생명체는 음성되먹임negative feedback 고리들이 모여서 기능한다. 예를 들어, 내가 심한 배고픔을 느끼면 나는 음식을 먹고, 그럼 배고픔은 가신다. 이런 시스템에서 나는 욕구가 있을 때 그에 맞게 행동을 하고, 그렇게 욕구가 사라지면 나는 만족하고 시스템은 안정 상태로 돌아간다. 음성되먹임 고리에 기반한 시스템은 요구를 창조하고 전달할 수 있으며, 요구가 충족되면 원래의 균형 상태로 돌아가 항상성을 유지할 수 있다는 장점이 있다. 항상성 상태에서 생명체는 휴식을 취하며 스스로 재충전할 수 있다. 이 되먹임 고리는 최소한의 에너지를 사용해서 경보음을 울리기 때문에 생명은 이런 음성되먹임 고리와 함께 건강하게 잘 살 수 있다. 경보음이 울리면 시스템은 전원을 끄고 에너지 보존 상태로 돌아간다.

반면에 기술은 정지하거나 멈추는 일이 없는 양성되먹임positive feedback 고리로 설계되어 있다. 더 많이 굴러갈수록, 즉 우리가 게임이

나 인터넷 서핑을 더 많이 할수록, 마우스 클릭 수와 시간과 관심을 더 많이 늘리는 쪽으로 유도하게끔 시스템이 설정된다. 기술은 일주일 내내 밤낮 없이 작동하며 인간의 신경 회로망을 빨리 돌려 힘 빠지게 한다. 컴퓨터와 인터넷의 세계는 기기가 고장 나서 수리나 교체가 필요할 때까지 작동한다. 그러다 시스템이 재부팅되면 멈춘 지점에서 다시 시작된다. 컴퓨터는 인간으로 하여금 일을 더 열심히, 게임을 더 열정적으로, 생각을 더 빨리 하도록 유도한다. 인지적으로나 감정적으로 기술은 인간의 생명 시스템을 소진시키며 기술 중독에 취약한 상태로 만든다.

틀림없이 기술은 인간에게 편의를 제공하며, 인간이 더 효율적으로 움직이도록 돕는다. 기술을 적절히 사용하면 인간은 더 건강한 삶과 일의 균형을 찾을 수 있다. 그렇지만 기술이 우리를 계속 몰고 갈 경우 뇌 건강뿐만 아니라 주변 환경과 인간관계 또한 심하게 파괴할 수 있다. 인간의 뇌는 기본적으로 삶의 하드 드라이브 역할을 맡고 있다. 삶에는 TV며 휴대폰, 소셜 미디어, 앱이 확인해주는 운동 일정, 작업 중인 컴퓨터까지 수십억 가지의 '기술적 쿠키cookie♦'가 존재하며 우리 뇌는 하루 종일 이 쿠키들을 해석한다.

우리는 최상의 상태로 기능하기 위해, 하루에 여러 번은 아니더라도 적어도 한 번은 휴지통의 파일을 지우고 뇌를 재시작할 의무가 있

♦ 쿠키란 특정 웹사이트에 방문할 때 생성되는 정보를 담은 임시 파일로 사용자와 그 웹사이트를 매개해주는 정보를 말한다.

3부 우리 삶 속 네 가지 캐릭터

다. 음성되먹임 고리로 움직이는 생명 시스템을 회복하기 위해 인간은 정기적으로 멈춤 버튼을 눌러야 한다. 손상을 만회하고 상태를 재측정하고 스스로 재건하여, 백지 상태에서 다시 시작할 기회를 우리 뇌에 주어야 한다. 그래서 수면이 중요한 것이다. 의식적으로 네 가지 캐릭터를 불러 모아 두뇌 회담을 열어도 이런 기회를 얻을 수 있다. 우리는 어떤 모습이 될지, 어떻게 그렇게 될지 선택할 힘을 가지고 있다. 그리고 도움이 필요한 때에도 그저 새롭게 감사하는 마음을 가지고 싶을 때에도, 자기 자신을 도울 힘이 있다.

테드 강연에서 나는 세대 차이와는 상관없는 의견을 내놓았다.

"우리는 하나의 인간 가족으로서 우뇌 반구의 의식을 통해 서로 연결된 에너지적 존재입니다. 바로 지금 이곳에서, 우리는 이 행성 위의 형제자매로서 이 세상을 더 좋은 곳으로 만들기 위해 여기에 있습니다. 이 순간 우리는 완벽하고 온전하며 아름답습니다."

결론
완벽하고 온전하며 아름다운

당신의 네 가지 캐릭터는 지금껏 이 책의 시작과 끝이라는 여정을 함께해주었다. 이 점에 내 네 가지 캐릭터가 정말 고마워한다고 전하고 싶다.

나의 테드 강연은 바람을 타고 날아가듯 순식간에 전 세계로 퍼져나갔다. 하지만, 우리가 완벽하고 온전하며 아름다운 존재라는 메시지가 단 18분간의 비행만으로 사람들의 마음에 온전히 가닿지는 않을 것이다. 나는 이 메시지가 당신의 열린 마음속 비옥한 토양에 정면으로 내려앉길 바란다. 『나는 내가 죽었다고 생각했습니다』를 쓴 뒤 책을 또 쓸 생각이 없었는데, 중요한 할 말이 생겼다는 느낌을 받았다. 우리에겐 편도체, 해마, 전측 띠이랑이 양쪽 반구에 하나씩 있어 감정 체계가 기능적으로 분리되어 있는데, 사람들 대부분이 이 사실을 모른다는 사실을 깨달았다. 그래서 사람들이 자신의 감정적 반응성을 통제하기 힘들어하는 것이다. 우리에게 어떤 선택지도 없다고 믿는다면 우리는 자동적으로 움직인다. 우리가 선택의 기저에 있는 해부학을 알면, 단순히 자극에 반응하지 않을 힘이 생길 뿐 아니라 정보에 근거한 결정을 내릴 능력도 가지게 된다. 작가 마야 앤절로_{Maya Angelou}가 말했듯, 더 잘 알면 더 잘 해낼 수 있다.

나는 읽고 나면 생각에 빠지는 책이 좋다. 책에 관해 더 중요하게 여기는 점은, 내가 좀 더 의식에 관심을 기울이고 최고의 모습으로 진화하도록 도와주어야 한다는 것이다. 네 가지 캐릭터라는 체계에 관한 여러 아름다운 사실들 가운데 하나는, 우리 스스로 네 가지 캐릭터에 마음을 열면 네 가지 캐릭터가 아주 긍정적인 방식으로 삶의 매 순간을 좌지우지하는 힘을 가지게 된다는 것이다. 이 책은 우리 내부의 네 가지 캐릭터뿐 아니라 타인의 네 가지 캐릭터도 함께 사랑하는 법을 다루고 있다. 깊은 탐색을 거쳐 구한 네 가지 캐릭터에 대한 통찰을 삶에 적용한다면 당신은 엄청난 성장을 경험할 것이다.

여기까지 오는 동안 일상에서나 개별적으로나 네 가지 캐릭터가 어떻게 드러나는지 보았으니, 지금쯤 자신과 주변 사람들에게서 이 캐릭터들을 알아챘을 것이다. 두 사람이 서로 상호작용을 할 때마다 여덟 캐릭터가 관여하고 있다는 사실을 알기만 해도, 좀 더 효과적으로 타인과 관계를 맺는 방법을 확실히 선택할 수 있을 것이다.

모든 인간은 네 가지 캐릭터가 있는 굉장한 뇌를 가지고 있으며, 매 순간 네 가지 캐릭터 가운데 어떤 캐릭터를 구현할 것인지 선택할 능력이 있다.

우리가 뇌를 훈련하면 네 가지 캐릭터 사이를 쉽게 이동할 수 있다. 그렇게 되면 여러 뇌세포 모듈 사이에 새로운 연결을 구축하게 된다. 네 가지 캐릭터를 언제든 두뇌 회담에 불러오기 위해 이 회로망을 이용하면, 최고의 모습으로 목적 있는 삶을 살 수 있다. 우리는 아름다운 뇌 양측 반구를 가지고 있으며, 각 반구는 그만의 방식으로 정보를 처리한다. 두 반구를 하나로 모아 전뇌적 삶을 살면 깊은 내적 평화와 세상의 평화 모두를 구하는 길로 갈 수 있다고 나는 믿는다.

삶의 항상적인 요소 가운데 가장 예측하기 쉬운 것이 바로 변화다. 우리는 우뇌를 통해 개방적이고, 팽창하고, 유연하며, 적응을 잘 하고, 회복력 있는 상태로 변화를 맞이하도록 배선되어 있다. 뭔가 소유하고 있으면 그 상태를 즐기고, 감사하는 마음으로 소유물을 놓아주고, 그다음을 축하하는 마음으로 맞이하는 방법을 배우는 것도 인간이 선택할 수 있는 삶의 방식 가운데 하나다. 기쁨과 회복력의 표현을 막는 유일한 장애물은 바로 "아니, 안전한 느낌이 안 드니 그건 싫어"라고 말하는 좌뇌의 배선이다. 위험을 떨쳐내기 위해 이렇게 무릎 반사처럼 자동적 반응을 하니 고마운 일이기는 하다. 그렇지만 캐릭터 2는 삶의 방식이 아니라 경고를 위해 고안된 존재다.

우리가 가진 모든 능력이 해당 기능을 수행하는 세포에 의존하고 있음을 깨달으면, 뇌는 아주 복잡하게 짜인 세포 집단이며 감정과 체험적 느낌과 생각과 행동이 그저 회로망 세포의 작동일 뿐이라는 생각을 더 의식하게 된다. 기쁨을 느끼는 것도 비참함을 느끼는 것도 뇌의 배선 탓이다. 우리에겐 힘을 모아 어떤 회로망을 얼마나 작동시킬지, 또한 그에 대해 어떤 느낌을 가질지 선택할 능력이 있다. 감정을 초기에 끊어내고, 몸에서 해당 회로가 작동하는 것을 느끼며 90초가 지난 후 작동이 끝나도록 선택할 수 있다. 혹은 90초 동안 감정대로 행동에 나설 수도 있다. 아니면, 그 회로를 다시 작동시켜 90분 동안, 혹은 90년 동안 계속 반복해서 그 감정을 느낄 수도 있다.

우리는 좋은 시기에나 힘든 시기에나 어떤 회로망을 작동할지 선택할 힘이 있다. 몇 년 전 나의 가장 친한 친구 중 하나인 캣이 죽었다. 친구는 젊었기에, 친구가 죽어가는 동안 곁을 지킨 우리 열여덟 명은 가슴이 찢어지는 듯했다. 우리 중 누구도 우리 행동을 의식하지 못한 가운데 본능적으로 친구와 함께하기 위해 태피스트리처럼 한데 모였다. 이 아름답고 젊은 영혼이 가능한 한 다정히 자신의 신체를 떠나도록 돕고자 했다.

캣이 떠나기 전날 밤, 우리 중 네 명은 침대에 누운 캣를 바짝 껴안고 있었다. 새벽 2시, 캣의 호흡이 점차 느려지고 가슴도 막히게 되었다. 죽어가는 사람이 내는 소리가 나기 시작했다. 그 순간 나는 여생 동안 이 상황을 가장 충격적인 순간(캐릭터 2), 혹은 가장 아름다운 순간(캐릭터 4)으로 기억하게 되리라는 것을 깨달았다. 나는 가장 아름다운 순간으로 기억하길 택했고, 캐릭터 4로 옮겨간 다음 방 안 사람들에게 속삭였다. "너희는 괜찮아. 우리는 괜찮아. 그저 한 번 죽는 것일 뿐이야. 편히 받아들여." 그 순간 캣의 호흡은 깊이가 바뀌었고 방의 긴장도 사라졌다. 우리 모두 현실을 수용했다. 캐릭터 2의 공포를 떠나 캐릭터 4의 앎을 가지게 되었다. 우리 한 가운데에 캣을 두고서,

모두 캣이 죽는다는 불가피한 현실을 마주했고 다른 세상으로 떠나는 사람을 진실로 사랑하는 힘을 받아들였다. 캣은 평화로운 죽음을 맞이했다. 우리가 선택한 대로 정확히 그렇게 되었으니, 남은 사람들에게 놀라운 은총과도 같은 일이었다.

캐릭터 2의 고통에 사로잡혀 있으면, 캐릭터 4에게 어떻게 힘을 줄까? 때로 캐릭터 사이를 이동하는 일이 정말 힘들 수 있다. 그렇지만 가장 어려운 때에도 우리는 구현하고 싶은 캐릭터를 고를 힘이 있다. 그리고 타인이 우리와 맞서는 대신 우리와 함께 움직이길 기꺼이 선택한다면, 우리 힘은 엄청나게 커진다.

우리 집안은 모계 쪽으로 강력한 장수 유전자가 있기에 나는 언제나 어머니가 적어도 100세까지 살 줄 알았다. 증조할머니는 98세까지 살았고 할머니는 94세까지 살았다. 2015년, 88세의 나이에(아버지가 세상을 떠난 지 3개월 만에) 어머니는 놀랍게도 진행 속도가 빠른 암이라는 진단을 받았고 5개월 만에 세상을 떠나게 되었다. 예상할 수 있겠지만 나의 캐릭터 2인 어린 애비는 '엄마'를 잃는다는 생각만으로도 크나큰 충격을 받았다. 어머니는 나를 두 번 키워주었고, 나의 가장 친한 친구였으며, 내 평생의 오른팔이 되어주었다. 어머니는 나를 구했고 뇌졸중을 겪은 내가 회복하도록 도와주었으니, 어머니를 잃는다는 생각에 내 캐릭터 2가 느낀 고통이란 견딜 수 없을 만큼 깊은 것이었다.

그렇지만 뇌졸중을 경험한 덕분에, 나는 캐릭터 4의 의식과 힘을 깊이 알고 있기도 했다. 비록 어머니는 불가지론자로서 자신이 흙에서 태어나 완전히 사라져 다시 흙으로 돌아간다고 믿고 있었지만 말이다. 네 가지 캐릭터는 내가 마주한 상황에 각자 자기만의 반응을 내보였다. 짐작하는 대로 어린 캐릭터 2 애비는 감정적으로 너무나 흔들렸다. 하지만 캐릭터 1 헬렌은 일정이 예상 가능하여 우리가 계획을 세울 수 있고, 함께 이 길을 걸어갈 수 있다는 점에 만족했다. 캐릭터 3 피그펜은 할 일들을 다 내려놓고 현재의 즐거움을 누릴 수 있다는 데 흥분했다. 캐릭터 4는 내가 어머니를 잃으면 조용히 시간을 보내는 동안 엄청난 공허를 느끼게 되겠지만, 그래도 고독에 젖은 평화로운 순간이면 언제든 어머니와 연결될 수 있으리라고 확신했다. 캐릭터 4는 어머니가 불가지론자이긴 해도 죽을 때는 기분 좋게 놀라며 세상을 떠날 것이라 믿고 있다고 어머니에게 장담했다. 어머니는 나를 멀뚱멀뚱 바라보며 말했다. "곧 알게 되겠지."

어머니의 캐릭터 4는 좌뇌가 잘도 만들어내는 절망과 두려움과 공포 등의 감정을 표현하며 남은 시간을 보내는 대신, 삶을 진심으로 찬양하고 싶다고 결정했다. 내가 계획을 잘 짜긴 하지만 때로 어린 애비는 위로를 구하고 싶어 "엄마"를 찾기도 한다고 어머니에게 알렸다. 우리는 대화로 협상하고 조건에 협의한 뒤 다음 몇 달 동안의 계획을 정했다. 그리고 결국 즐거운 시간을 보내게 되었다. 장례식의 여러 방식 가운데 어머니는 화장을 원했다. 가장 가까운 친구들 서른다섯 명이 음식과 어머니가 한창때 듣던 음악 목록을 준비해서 왔다. 우리는 어머니에게 사랑을 전하며 저녁 시간을 보냈다. 어머니는 지혜의 말을 나누어주었고 그동안 우리는 어머니가 화장 후에 담길 상자를 꾸몄다. 어머니 자신이 화장되어 담길 '사랑의 상자' 곁에서 클라리넷 연주자 베니 굿맨Benny Goodman의 〈사보이에서 춤을Stompin' at the Savoy〉 같은 좋아하는 노래에 맞추어 춤을 췄고, 나는 이 장면을 소중한 영상으로 남겼다.

어머니가 마지막 숨을 거두자 나는 캐릭터 2가 무너져 울 거라고 생각했다. 그렇지만 놀랍게도 캐릭터 4가 이제 세상을 떠난 어머니의 손을 잡고 방을 둘러보며 미소 지으며 큰 소리로 말했다. "어머니, 기분 좋게 놀라셨을 것 같아요." 그다음 기쁜 마음으로 어머니에게 작별의 입맞춤을 했다. 이후 몇 주 동안 나는 상실과 고통에 사로잡히는 대신 의식적으로 내 DNA에 어머니가 지닌 에너지의 정수를 엮었다. 슬픔이 밀려오는 기분이 들면 그냥 울었다. 일상 속 어머니의 존재가 그리웠고 지금도 그렇지만, 어머니와 나의 우주적 연결을 아주 두텁게 했다. 이제 나는 어머니와 잡담을 나누고 싶으면 잠시 멈추고 심호흡을 하며, 어머니가 여기에 나와 함께 있을 뿐 아니라 어머니의 에너지가 내 존재를 힘껏 채워주고 있다고 생각한다.

우리는 각자 다른 방식으로 슬퍼한다. 그렇지만 내 캐릭터 4에게 마음을 열면, 먼저 떠난 사람들의 캐릭터 4의 존재에 의식적으로 정신과 마음을 열어, 그들과 쉽게 연결될 수 있음을 안다. 캐릭터 2의 고통에 사로잡혀 어찌할 바를 모르는 드문 순간이면, 감정적 고통이 상대의 존재를 느끼는 내 능력을 실제로 막는 것 마냥 상대와 이어지기 어렵다. 이런 식으로 캐릭터 2는 캐릭터 4가 물리적 형태를 넘어서서 상대와 연결되는 능력을 저해한다. 캐릭터 2의 감정을 느끼는 것은 나쁜 일도 아니고 그릇된 일도 아니다. 그렇지만 그 과정에서, 설령 고통스러운 감정이라 해도 깊은 감정들을 느끼고 음미하는 법을 잊는다면 시간과 에너지를 크게 낭비하는 일이 된다.

이제 여기서 어디로 가는가

네 가지 캐릭터를 옮겨 다니는 전략에 통달하는 것은 우리가 개인의 힘을 소유하는 일이다. 네 가지 캐릭터를 알고 패턴화된 반응을 배우면, 한 캐릭터에서 다른 캐릭터로 옮겨가는 법을 단계별로 학습할 수 있다.

일상적으로 머릿속에서 어떤 일이 일어나는지 하루에 몇 차례씩 마음먹고 살펴본다면 삶과 인간관계, 나아가 세계를 바꿀 수 있을 것이다.

다음은 일상에서 바로 적용해볼 수 있는 방법이다. 작동하고 싶은 회로망을 선택하는 첫 단계는 현재의 사고, 감정, 행동의 패턴을 관찰하는 것이다. 전체적으로 볼 때 네 가지 캐릭터 가운데 어떤 캐릭터가 강하며 벌써 자동적으로 작동하고 있는가? 그리고 어떤 캐릭터를 강화하고 싶은가? 현재 패턴에 관심을 기울이는 일이 가장 좋은 시작점이다.

1. 잠에서 깨어날 때와 잠자리에 들 때

나는 아침에 일단 깨어나면 뇌세포에게 일해주고 나를 깨워줘서 고맙다고 말한다. 그다음 눈을 감고 내 몸이 살아 있다는 것이 어떤 느낌인지 살핀다. 그냥 누워서 몸이 어떤 자세인지 느낀 다음 그게 어떤 느낌인지 가늠한다. 뇌가 수면 주기를 마친 후 자기 일정에 맞게 나를 깨웠는가? 그래서 피로가 풀리고 만족스러운 기분인가? 아니면, 요리의 마무리를 못 한 것처럼 수면 주기를 마치지 못하고 일찍 깨어났는가?

눈을 계속 감고 있으면 내면에 더 쉽게 귀 기울일 수 있다. 나는 네 가지 캐릭터를 확인한다. 침대 밖으로 뛰쳐나가 오늘 해야 할 일을 시작하고 싶은가? 애비가 하루를 시작하지 않고 그냥 다시 자고 싶어 하는가? 여왕 두꺼비가 우리가 감사하는 것들에 대해 생각하고 싶어 하는가? 피그펜은 아직 잠들어 있거나 아니면 돌로 만든 조각 이미지에 빠져 있을지도 모른다. 뇌는 한 번에 다 같이 깨어나지 않는다(물론 한 번에 잠들지도 않는다). 그러니 어느 캐릭터가 맨 먼저 깨어나 아침의 분위기를 결정하는지 관심을 기울이자.

아침 시간을 이렇게 체계적으로 보내도록 의식적으로 단련하는 일은 우리가 자신에게 쉽게 줄 수 있는 가장 중요한 선물 가운데 하나다. 아침에 깨어난 나는 내 몸을 구성하는 모든 세포가 뇌 속에서 오가는 말을 듣고 있다는 사실을 안다. 캐릭터 2가 먼저 기운을 차리고 무엇이 불만인지 고하면, 몸의 모든 세포는 이에 집중하여 출석 확인을 하듯 통증과 고통을 하나씩 짚는 경향이 있다. 캐릭터 3이 아침의 마이크를 잡으면 통증과 고통을 전달하는 신경 메시지는 자신의 존재를 표현할 수 있긴 하지만 존재의 평범한 일부로서 배경으로 물러난다. 네 가지 캐릭터마다 고통의 선언에 관심을 보이겠지만, 각각의 신경 모듈에 따라 예상 가능한 방식으로 처리한다.

예를 들어, 캐릭터 2는 고통에 집중하는 쪽을 택할 수 있다. 아마 얼마나 불편한지에 관심을 쏟다가, 의도치 않게 더 불편해질 것이다. 반대로 캐릭터 3과 4는 고통을 에너지 공의 형태로 시각화한다. 단단히 뭉친 공이 천천히 팽창하는 모습을 의식적으로 그려나가는데, 그러면 고통이 그 고삐를 느슨히 풀면서 아픔이 줄어든다. 우뇌는 우리가 살아 있다는 사실에 무척 고마워하기에, 캐릭터 3은 이렇게 말할 것이다. "고마워, 고통아. 내가 살아 있음을 환기해주어서. 내가 몸을 어떻게 하면 기분이 더 좋아질까?" 캐릭터 4는 이렇게 말할 것이다. "고마워, 고통아. 내가 살아 있음을 환기해주어서. 나는 살아 있고 이 고통을 느낄 수 있다는 사실에 감사해. 왜냐면 그건 내가 아직 생명을 지니고 있다는 뜻이니까." 네 가지 캐릭터가 각자 한마디씩 하며 끼어들면, 나는 두뇌 회담을 열고 그날을 어떻게 시작할지 의식적으로 결정한다.

이런 두뇌 회담을 밤에 잠자러 가기 전에 여는 것은 네 가지 캐릭터 각각 조용히 안정을 찾아 잠자는 상태로 옮겨갈 수 있는 좋은 방법이다. 만일 수다스러운 캐릭터 1이나 겁에 질린 캐릭터 2를 진정시킬 수 없는 상황이면, 캐릭터 4의 크게 뻗어나가며 모든 것을 감싸는 의식을 선택하는 것이 좋다. 캐릭터 4는 언제나 그 자리에, 다가갈 수 있는 곳에 있다. 캐릭터 4의 의식으로 들어가서 깊은 수면을 위한 델타

파를 켜도록 하자.

2. 감정으로 북받치는 순간을 주목하자

하루를 시작하면, 감정을 자극하는 대상을 언제 마주하게 되는지 주의를 기울인다. 나는 생각하는 감정형 생명체이므로, 반응이 촉발되기 바로 직전에 그런 감정의 추이를 잘 지켜본다. 기분이 곤두서기 시작할 때 감정의 격발에 대해 궁금해하며 그 궁금증에 매료되는 쪽을 택하기만 해도 종종 그 회로가 비활성화된다. 첫 번째로 먼저 상태를 의식하고, 두 번째로 뒤로 물러나 의식적으로 거리를 두는 쪽을 선택하는 두 단계를 연습할 수 있다.

관찰해보니, 내가 감정적으로 발끈하는 순간에는 여러 가지 생리학적, 해부학적 반응이 바로 나타난다. 순식간에 눈살이 찌푸려지고 턱은 앞으로 나가고 입술은 오므라들며 눈은 왼쪽으로 움직인다. 머리는 오른쪽으로 기울어지는데, 나를 자극한 대상이 오른쪽에 있어도 그렇다. 대단히 흥미로웠다. 감정적으로 발끈하는 순간 자신이 생리학적으로 어떻게 반응하는지에 관심을 기울여보자. 자신의 패턴을 알면, 자극에 대해 맨 처음 자동으로 드러나는 반응성을 알아챈 다음 나머지 회로(고함지르기, 업신여기기, 방어하기, 가격하기)의 싹을 자르는 연습을 할 수 있다. 자신의 고유한 반응성 패턴을 잘 안다면, 특히 특정 상대와의 관계에서 짜증이 솟구치는 패턴을 파악한다면, 오래된 친숙한 음악이 재생되기 시작해도 다른 스텝을 밟으며 춤추는 쪽을 쉽게 선택할 수 있다. 물론 고함치고 악을 쓰는 그 달콤한 회로를 작동하고 싶지 않다면 말이다. 고함지르는 쪽을 선택한다면 그것은 장기간 관계가 끊어질 수도 있다는 사실을 알면서도 당신이 의식적으로 선택하는 것이다.

3. 네 가지 캐릭터의 틀에 박힌 모습에 주목하자

나는 하루를 틀에 박힌 순간들로 꾸리는 경향이 있다. 캐릭터 1은 아주 조직적이고 체계적이므로 일부러 물건들을 챙기고, 질서 정연함을 유지하며, 부엌을 깨끗이 한다. 우뇌 캐릭터들은 주변이 엉망이어도 아예 모른다. 헬렌은 업무 완수만이 관심사다. 그래서 헬렌이 나타나서 바삐 움직이는 때를 알아채기란 매우 쉽다. 심지어 헬렌이 배경에만 있을 때도 그렇다.

만일 내가 외따로 떨어진 기분이거나 무거운 감정에 사로잡혀 있다면, 내 어린 캐릭터 2가 아프거나 발끈한 상태다. 캐릭터 2가 나타나 고삐를 잡는 순간은 확실하다. 그래서 캐릭터 2를 처음에 촉발하는 계기들을 인지하는 연습을 하면 캐릭터 2를 달래거나, 캐릭터 2가 멋대로 행동하게 내버려두거나, 캐릭터2를 완전히 피하는 것 중에서 선택을 할 수 있다. 이때 캐릭터 2가 멋대로 행동하게 놔둔다면, 주변에 상처나 자극을 줄 수 있다는 사실을 잘 알고 있어야 한다.

내가 잔뜩 신이 나서 대단한 모험을 떠나고 싶거나 마구 어질러 놓고 싶거나 그냥 소리 내어 크게 웃고 싶으면, 내 어린 캐릭터 3에게 인사를 건네야 할 때다. 가슴이 벅차오르는 기분이 들면서 그 어떤 존재에게도 깊은 고마움을 느끼는 상태로 의식이 옮겨간다면 나는 캐릭터 4에 있는 것이다.

틀에 박힌 순간을 포착하자. 그 순간을 느끼고 즐기고 각각 기억해두자. 이렇게 하면 그 해당 회로망이 강화되고, 필요할 때 해당 모듈로의 이동을 선택하는 일에 도움이 될 것이다.

4. 하루에 어느 때든 관심을 기울이자

네 가지 캐릭터의 틀에 박힌 패턴에 주목하는 일과 하루에 어느 때든 의식적으로 관심을 기울여 자신이 어떤 캐릭터에 있는지 알아내는 일은 다른 문제다. 관심을 기울이면 네 가지 캐릭터가 의식의 전면에 계속 나서게 될 뿐 아니라, 좀 더 관찰자에 가까운 관점에서 네 가지 캐릭터의 행동을 평가하게 된다.

5. 매일 두뇌 회담 일정을 잡자

네 가지 캐릭터가 두뇌 회담을 열도록 연습하는 일은 일종의 예술이다. 각 캐릭터는 기꺼이 참여해야 한다. 회담이 필요하지 않은 순간에 연습을 해두면 습관이 되어 정말 필요한 순간을 대비하게 될 것이다. 연습이 완벽을 만든다. 두뇌 회담을 일정에 잡아두면 기저의 회로망을 창조하고 강화하는 데 도움이 되고, 그렇게 두뇌 회담은 습관이 될 것이다.

6. 패턴에 관심을 기울이자

네 가지 캐릭터 가운데 어떤 캐릭터가 언제 나오는가? 춥고 비오는 날에는 누가 나오는가? 따뜻하고 화창한 날에는 누가 등장하는가? 누가 카페인이나 설탕에 흥분하는가? 우유 한잔을 마신 뒤의 기분은 어떤가? 혹은 고기 위주의 든든한 식사를 하고 나면 기분이 어떤가? 영화를 보러 가거나 친구와 산책하기를 좋아하는 캐릭터는 누구인가? 심야 TV 방송을 고르는 캐릭터는 누구인가? 시어머니가 전화하면 어떤 캐릭터가 나오는가? 이런 패턴에 관심을 기울이기만 해도 자신의 네 가지 캐릭터에 대해 많이 알 수 있다.

7. 캐릭터 일지를 작성하자

캐릭터 관찰 결과를 기록하면 어느 캐릭터가 언제 우세한지, 어떤 방식으로 등장하는지, 심지어 각각의 캐릭터가 하루의 어느 시간에 나타날 가능성이 있는지 알 수 있다. 네 가지 캐릭터는 돌아가며 나타날 수도 있고, 그렇지 않을 수도 있다. 예측 가능한 패턴에 대해 더 잘 알수록, 우리는 자신을 더 잘 알게 된다. 그리고 패턴화된 반응을 내보이고 싶은지, 아니면 새로운 반응을 창조하고 싶은지 선택하고 결정하는 일이 더 쉬워질 것이다.

8. 타인의 캐릭터 2를 만날 때를 대비해 전략을 짜자

예전에는 공적인 환경에서 캐릭터 2를 다 드러내는 일이 사회적으로 받아들여지지 않았다. 그래서 의견이 다를 때 우리는 좀 더 사회화된 캐릭터 1들이 상호작용하도록 연습했다. 그렇게 우리 캐릭터 1은 캐릭터 2의 감정적 반응을 회피했고, 잠깐 쉬거나 90초 동안 진정한 후에 심사숙고하여 대화와 협상을 했다.

그렇지만 시대와 사회적 규범이 변했고, 타인의 캐릭터 2를 공개적으로 마주하는 일이 흔해졌다. 그러므로 이런 상황에 어떤 전략을 쓸 것인지 계획을 세워두는 것이 좋다. 먼저 우리 캐릭터 2가, 감정적으로 촉발된 타인의 캐릭터 2에 어떤 본능적 반응을 보이는지 알아두자. 그다음 자신의 자동화된 반응을 알아내고 관찰하여 변화시키자. 과거 행동은 미래 반응성을 가장 잘 예언할 수 있다. 그렇지만 우리에겐 두뇌가소성이 있다. 의식적으로 새로운 행동을 연습하고, 신경해부학적 차원에서 새로운 습관적 반응을 창조할 힘이 있는 것이다.

두 명의 캐릭터 2는 평화로운 해결책에 절대 다다르지 못한다는 사실을 기억하자. 누군가 분노, 적대, 괴롭힘, 혹은 공격적인 모습으로 자신의 캐릭터 2를 열심히 표현하고 있으면 역시 캐릭터 2로서 상대와 얽히기를 원치 않는 한, 우리가 할 수 있는 일은 거의 없다. 일단 당연하지만 차분한 상태를 유지하자. 이렇게 하기 위해 우리는 올바른 상태(캐릭터 1)에 대한 욕구보다 내면의 평화(캐릭터 4)를 유지하는 일에 더 애써야 한다. 문제를 해결하고 싶어 하거나 올바르게 굴고 싶어 하는 캐릭터 1로서 화난 캐릭터 2에 접근할 경우 캐릭터 2의 저항이 더 커질 것이다.

화난 캐릭터 2에 캐릭터 3이나 4로 접근한다면, 캐릭터 2는 90초 동안 부정적 감정을 흘려보낸 다음 평화롭게 소통할 준비를 할 것이다. 물론 그렇게 하지 않고 부정적 회로를 계속 작동할 수도 있다. 우리에게는 상대의 캐릭터 2의 표현을 막을 힘이 없다는 사실을 깨달아야 한다. 상대가 심한 감정적 고통에 처해 있음을 인식한다면, 우리 자신의 공포가 촉발되는 상황을 더 잘 피할 수 있다. 물론 상대의 캐릭터 2로 인해 공포가 촉발되는 것은 자연스러운 반응이다. 우리 캐릭터 1이나 2가 나타나 상대의 캐릭터 2에 창피나 죄책감을 주거나 괴롭힌다면, 당연히 불을 끄는 일이 아니라 불에 부채질하는 일이 될 것이다. 상대의 캐릭터 2가 그 순간에는 가만히 있거나 침묵을 지킨다 해도 그 상처는 깊다. 상황에 어울리지 않아도 캐릭터 2가 우세한 때면, 캐릭터 2의 상처 회로가 지닌 에너지는 사라지지 않고 강화되며 속상함은 치유되지 않고 곪을 것이다.

누군가 자신의 캐릭터 2를 표현하는 일에 매달리면서 해당 회로를 계속해서 작동한다면 그를 혼자 남겨두는 것도 좋은 생각이다. 그러면 그는 나름의 평정을 찾을 수 있다. 물론 우리는 사랑하는 사람들의 캐릭터 2을 저버리기를 원치 않는다. 그렇지만 캐릭터 2가 훨씬 성숙한 캐릭터 1, 혹은 캐릭터 4가 지닌 스스로 달래는 천성을 통해 자신의 욕구를 보살피는 법을 배우는 일은 아주 중요하다. 캐릭터 2가 활성화되어 완전히 흥분하면, 같이 있는 성인은 성숙한 상태를 유지해야 한다.

실로 평화는 그저 생각의 흐름일 뿐이다. 그렇지만 신경 차원에서 습관을 만들려면 노력이 필요하다. 미국계 티벳인으로 불교계를 대표하는 승려 중 하나인 페마 초드론_{Pema Chödrön}은 이렇게 말했다. "만일 세상에 평화가 있기를 원한다면 (…) 우리는 딱딱한 것을 부드럽게 할 만큼, 부드러운 장소를 찾아서 그 상태를 유지할 만큼 용감해져야 한다. 우리는 그런 용기를 품고 그런 책임감을 지녀야 한다. (…) 그것이 진정한 평화의 실천이다." 나는 이 말을 좋아한다. 캐릭터 4의 깊은 내적 평화는 바로 우뇌 사고형 뇌에 배선되어 있다. 다른 캐릭터를 조용히 달래면서 우리는 그 부드러운 장소를 찾기 위해 우리 마음을 달래게 된다.

완벽하고 온전하며 아름다운

건강한 뇌는 서로 소통하는 수십억 개의 건강한 뉴런으로 구성된다. 건강한 사회가 서로 소통하는 수십억 명의 건강한 사람들로 구성되는 것과 비슷하다. 우리 사회가 지난 수십 년간 명상, 요가, 마음챙김을 받아들인 모습을 보면 사람들이 감정 회로망의 즉각적 반응성을 얼마나 통제하고 싶어 하는지 알 수 있다. 이제 우리에게는 사용할 수 있는 또 다른 도구, 즉 네 가지 캐릭터가 있다.

계속 강조하지만 우리는 사고 능력이 있는 감정형 생명체이다. 따라서 자동적이고 대응적인 반응성에 근거하여 감정적 회로망을 작동하는 대신, 정지 버튼을 누르고 90초 동안 감정의 생리적 반응이 신체 밖으로 흘러나갈 때까지 기다린 다음 원하는 삶을 선택할 힘이 있다. 삶의 균형을 원한다면 우리는 뇌의 균형을 잡아야 한다. 두뇌 회담을 습관으로 들이면 이를 위한 좋은 도구를 얻을 수 있다.

뇌는 살아 있는 생체 연결망으로 존재의 힘의 원천으로서 기능한다. 그런데 우리 사회는 좌뇌의 가치에 치우쳐 있다. 좌뇌는 전체로서의 우리보다 외부 세계의 가치들을 중시하기 때문에 우리 다수가 삶의 진정한 목적과 의미를 찾을 수 없다. 뇌졸중을 겪은 나는 삶의 목적을 찾았다. 나도 모르게 나만의 영웅의 여정을 떠나라는 외침에 귀 기울이게 되었다. 좌뇌 자아를 버리고 나의 괴물과 싸웠으며 우뇌의 영역으로 들어갔다. 우주적 의식이 내 회복에 힘을 실어주도록 한 것이다. 이제 내가 얻은 통찰의 핵심을 나누면서, 당신이 자신만의 영웅의 여정에서 어디쯤 서 있는지 생각해보기 바란다.

이 책을 시작하며 나는 당신의 네 가지 캐릭터 각각에 보내는 아주 구체적인 메시지를 공유했다. 이제 당신의 네 가지 캐릭터가 서로에게 해야 할 말을 살펴보자.

• 당신의 캐릭터 1에 다른 캐릭터들이 보내는 메시지

넌 해냈어. 고마워. 넌 과감히 도전한 끝에 우리 세 캐릭터들에 대해 아주 많은 정보를 모았어. 넌 너의 머릿속에서나 이 세상에서나 우리를 열심히 끌어 모으고 있지. 너는 알아차리지 못할 수도 있지만, 우리들은 네가 천성으로 수행하는 일들을 기꺼이 해내서 정말로 고맙게 생각해. 우리를 보호하고 위하는 일들이니까. 넌 어른의 권위를 가지고 우리 삶으로 들어오지. 믿어줘. 너 없이는 우리 삶이나 이 세상에 질서가 없으리라는 사실을 알고 있어. 너, 캐릭터 1이 맡은 일을 잘 해주어야 해. 네 규율로 우리의 집에는 질서가, 학교에는 안전이, 정부에는 시민 의식이 자리 잡도록 도움을 주어야 해. 너의 규율, 판단, 규칙, 질서가 우리의 세상을 돌아가게 하지.

네가 업무에 충실해서 고마워. 혹시 지루하거나 괴로우면 우선 잠을 자도록 해. 네가 깨어나서 활기를 되찾아 일을 다시 할 만큼 좋아지면 부디 우리 나머지 캐릭터들에게도 잠깐 시간을 줘. 우리가 하나의 뇌를 구성하고 있다는 사실을 기억해줘. 네가 기꺼이 우리와 함께 제 모습을 드러낸다면, 우리는 뒤뜰을 산책하듯 세상을 걸을 수 있고, 행복하고 온전하게 하나 된 모습일 수 있어. 우리는 네 노력을 소중하게 여기며 너를 응원해. 우리는 함께 환상적인 팀을 만들어. 두뇌 회담을 여는 건 언제나 좋은 일이야. 훌륭한 계획이지.

- **당신의 캐릭터 2에 다른 캐릭터들이 보내는 메시지**

너를 봐. 네가 해냈어. 꿋꿋이 버티면서 나머지 캐릭터들에 대해 알고자 하는 너의 의지를 사랑해. 우리가 네 모습을 보고, 네 소리를 듣고, 너를 소중히 여긴다는 것을 알았으면 좋겠어. 너의 희생, 우주적 흐름 밖으로 나오고자 한 너의 의지 때문에 너는 우리를 위한 보호와 방어와 공격의 최전선 노릇을 하지. 우리는 네가 필요해. 우리는 너를 사랑해. 너는 우리의 성장 경계선이야. 네 말에 귀를 기울이면 우리는 가장 깊은 공포를 마주하고 가장 신비로운 자신에 대한 위대한 앎을 얻게 돼.

너, 우리 어린 캐릭터 2는 선물과도 같아. 너는 우리의 가장 취약하고 순수한 존재야. 단언할게. 너는 더없이 소중해. 우리는 네 경고에 주의하고 최선의 삶을 살려고 정말 최선을 다하고 있어. 나머지 캐릭터들이 언제나 너를 지지하고 있다는 기분을 느끼길 바라. 캐릭터 1은 너를 보호할 준비가 되어 있어. 캐릭터 4는 언제나 너를 사랑하는 모습을 보여줄 거야. 캐릭터 3은 너와 놀 준비가 되어 있어. 네가 고립된 느낌이 드는 순간에도 너는 혼자가 아니야. 우리는 언제나 여기에, 혼란 너머 네 곁에 서 있어.

• 당신의 캐릭터 3에 다른 캐릭터들이 보내는 메시지

야, 정말 재미있네. 우린 거의 다 해냈어. 축하해! 넌 진정 우리 삶의 기쁨이야. 너는 우리의 모든 상상을 훌쩍 뛰어넘는 아름다움을 끌어오지. 너의 호기심, 재미난 천성, 관대한 영혼 덕분에 우리 내부에서나 타인과의 관계에서나 마음과 마음이 이어지고 번성해.

크고 아름답고 빛나고 밝은 뉴런처럼 너는 당당하고 열정적으로 뻗어나가지. 인류의 의식 속에서 대담하게 네 자리를 잡아. 너는 삶의 불꽃을 일으키고, 충동적으로 움직이게 하고, 우리와 타인의 친밀한 관계를 맡지. 네가 이 책을 읽어주어 고마워. 너의 존재만으로 우리가 얼마나 아름다운지 삶이 얼마나 선물 같은 것인지 환기해주어 고마워. 네가 통찰을 다른 캐릭터들과 나누어주기에 우리는 집단적 뇌로서 세상에 평화를 가져올 수 있어. 그러면 세상은 그저 우리가 있다는 이유만으로 더 좋은 장소가 되지.

• 당신의 캐릭터 4에 다른 캐릭터들이 보내는 메시지

우리가 너라는 의식과 통한다는 특권을 가지고 있어서 너무나 감사해. 너의 통찰, 존재하는 모든 것과의 연결 덕분에 우리는 우리가 완벽하고 온전하며 그저 있는 그대로 아름답다는 것을 가장 깊은 차원에서 알고 있어.

이제 차례를 바꾸어 나의 네 가지 캐릭터가 당신에게 말한다.

• 나의 캐릭터 1 헬렌이 보내는 메시지

당신의 네 가지 캐릭터 모두에 고맙습니다. 당신의 삶과 주변 사람들의 삶을 더 적절하고 서로 화합할 수 있게 만들어나가고자 하는 모습에 감사합니다. 평화는 진실로 생각의 흐름입니다. 우리에겐 이 사회를 바꿀 힘이 있을 뿐 아니라 세상의 전체 상태를 바꿀 힘도 있습니다. 외부 세계는 우리 내부 소우주 세계의 확장판인 대우주이기 때문입니다. 우리가 평화를 느낄 때 세상에 평화를 비추게 되고 그 평화가 자라납니다. 온전한 우리 자신으로서 기꺼이 나설 때 우리는 살고 싶은 세상을 만들 수 있습니다. 우리에게 도움이 필요할 때 두뇌 회담은 효과적인 도구가 됩니다. 그러니 두뇌 회담을 사용하여 우리가 원하는 모습으로 존재합시다.

• 나의 캐릭터 2 애비가 보내는 메시지

나는 할 말이 많습니다. 우리가(모든 캐릭터 2가) 외롭고 침해받은 기분이 들거나 반응적으로 촉발된 상태일 때, 당신이 이 책의 도움을 받아 기분을 더 낫게 만들고 안정된 느낌을 받았으면 해요. 우리 세계는 혼란스러운데, 우리(캐릭터 2)가 너무나 강력하면서 타인을 두려워하기 때문입니다. 최소한의 정보에 근거하여 바로 상처받고, 기분이 상하거나 화가 나는 것이 우리 천성입니다. 시끄럽게 공격적으로 힘들게 굴면서 상황을 교묘하게 조작하는 일도 우리에겐 자연스럽습니다. 때로 우리는 공격에 나서서 당신의 버튼을 눌러 당신을 멀리 떠나게 할 것입니다. 우리는 힘을 유지하고 자신을 보호하기 위해 이렇게 합니다.

다른 모든 캐릭터들이 꼭 기억해주었으면 합니다. 우리 캐릭터 2는 감정적으로 촉발되면 바로 투쟁, 도피, 혹은 경직 반응을 보이도록 프로그램되어 있습니다. 그 결과 우리는 내부의 캐릭터들뿐만 아니라 타인들과도 의도치 않게 단절될 수 있습니다. 믿어주세요. 반응이 자동적으로 촉발된 순간에 우리가 보이는 자연스런 모습이 관계를 파괴하고, 진실로 관계를 맺고 싶은 사람들을 밀어내게 된다니 정말 화가 날 뿐입니다. 우리가 뇌 속의 다른 캐릭터와 강하게 연결되어 있지 않으면 이런 식으로 자동적으로 반응하기가 더 쉽습니다. 이런 우리라도 당신이 사랑해주어야 합니다. 부탁해요.

나는 내 생각과 감정, 혹은 화가 난 상태에서 저지르는 행동에 스스로 책임을 저야 한다는 생각은 반기지 않아요. 나는 상처받은 아이이기 때문입니다. 감정적으로, 인지적으로 책임을 진다는 생각 자체가 나를 아주 불편하게 합니다. 내가 뭔가를 할 수 있거나 좋아질 수 있다고 믿을 수가 없게 되어요. 그래서 나는 이 책에 분노하고 타당성을 믿지 못할 수 있어요. 다들 알잖아요. 자동적으로 반응하면서 적대감을 나타내고 부정적인 상태로 다투는 일이 얼마나 달콤한지. 특히 익명 상태일 때 더 그렇죠.

두뇌 회담을 연습하면, 우리(캐릭터 2)가 자동적으로 반응하는 일이 줄어듭니다. 보다 의식적인 상태가 되는 능력이 강화되기 때문입니다. 우리는 다른 캐릭터가 우리를 지지하고 사랑해준다는 사실을 알면 더 건강해지고 다른 캐릭터와 더 연결된 기분을 느낍니다. 내가 투덜거리거나 당신에게 싸움을 걸면, 내겐 성숙해질 능력이 없다는 사실을 부디 기억해주세요. 나는 연약한 아이이고 고통스럽습니다. 부디 일부러 내게 반감을 사거나 창피를 주거나, 혹은 죄책감을 일으키지 말아주세요. 부디 순탄한 길로 가주시고, 내가 당신과 싸우도록 내버려두지 마세요. 대신 어른다운 모습으로 차분함을 유지해주세요. 멀리서 내게 사랑을 보내주세요. 그럼 나는 나머지 캐릭터들과 두뇌 회담을 열 것이고, 그들이 나를 구할 수 있을 것입니다. 그렇게 해주세요. 그럼 나는 당신을 위해 최선을 다하겠어요. 우리가 서로 마음 상하게 하는 일을 그만두고 대신 서로를 치유하는 시간이 늘어나도록 노력해요. 그러면 좋겠습니다.

- **나의 캐릭터 3 피그펜이 보내는 외침**

  당신은 진짜 죽여주게 멋져요! 하나를 위한 모두 그리고 모두를
  위한 하나!

- **나의 캐릭터 4 두꺼비 여왕이 보내는 지혜**

  우리는 진정 축복받은 존재입니다. 물질과 에너지가 마법적으
  로 결합하고 생명이 깃들 수 있는 의식 있는 구조로 변화하여,
  살아가고 움직이고 느끼고 겪고 사고하는 경험을 누립니다. 우
  리 삶은 인간의 경험이 준 선물입니다. 우리 의식의 에너지가 세
  포적 형태에서 떠날 때가 되면 삶이 사라지고 뇌가 멈추겠지요.
  하지만 이것과 저것, 여기와 저기, 삶과 죽음, 호흡과 마지막 숨
  사이의 귀중한 순간에, 우리는 자신이 진정 완벽하고 온전하며
  아름다운 모습이며 그런 모습으로 쭉 살아왔음을 알게 될 것입
  니다.

수년 전, 테드 강의는 나에 대한 이야기였다. 지금 이것은 당신에
대한 이야기다.

우리는 누구인가?

우리는 소근육 운동 기능과 두 종류의 인지적 정신을 지닌 우주의
생명력이다. 우리는 매 순간 이 세상에서 어떤 사람이 되고, 또 어
떤 방식으로 그렇게 될지 선택할 힘을 가지고 있다.

바로 여기, 바로 지금, 나는 우뇌 반구의 의식으로 들어갈 수 있다. 우뇌 반구에서 나는 우주의 생명력이다. 내 형상을 구성하는 50조 개의 아름답고 천재적인 분자로 이루어진 우주의 생명력으로, 모든 것과 함께하는 일자一者적 존재다.

또한, 나는 좌뇌 반구의 의식으로 들어갈 수 있다. 좌뇌 반구에서 나는 개별적 인간으로서 단단하고, 우주의 흐름에서 분리되어 있고, 당신과도 분리되어 있다.

이것들이 모여서 내 안의 '우리'가 된다.

당신은 어떤 캐릭터를 선택하겠는가? 그리고 언제 선택하겠는가? 우뇌 반구에 있는 깊은 내면의 평화 회로망을 작동시키는 데 시간을 더 많이 쏟을수록, 우리는 세상을 더 많은 평화로 비추고 우리 행성이 더 평화로워진다고 나는 믿는다.

그리고 나는 이 생각이 널리 퍼질 가치가 있다고 생각한다.

감사의 말

서로 멋지게 연결된 내 사람들, 테드 커뮤니티에 감사의 말을 전한다. 네 가지 캐릭터라는 기본 아이디어에서 출발하여 지난 몇 년의 시간 동안 인간 심리와 의식, 인간 심리가 그 기저의 뇌 구조와 연관된 방식을 완전히 새로운 관점에서 바라보게 되었다. 그동안 여러분이 나를 아끼고 지지해주었다. 여러분 모두의 통찰과 솔직한 지지에 진심으로 감사한다.

패티 린 포크Patti Lynn Polk에게 가장 깊은 감사의 말을 전한다. 나 혼자 책을 썼다면 이처럼 통찰력 있고 다채로운 내용을 담을 수 없었을 것이다. 패티의 도움과 유머 감각, 주요 캐릭터 1의 시선으로 주제를 다루는 솜씨 덕분에 네 가지 캐릭터의 역학에 대해 더 잘 이해하게 되었다. 그뿐만 아니라 패티 덕분에 나 혼자서는 시도하지 못했을, 우리 사회의 멀리 떨어진 곳에 있는 중요한 부분까지 다룰 수 있었다. 패티는 곁에서 자문 역할을 하면서 추진력도 보태주었다. 이런 패티의 지식이며 경험, 패티의 네 가지 캐릭터와 옥신각신하며 함께한 시간

388

덕분에 책에서 다룬 내용을 의미 있는 방식으로 더 깊이 이해하게 되었다. 패티의 지지, 사랑, 시간, 에너지, 내가 이 모든 내용을 머릿속에서 끄집어내어 책에 담아 세상으로 보내도록 도운 헌신에 마음 깊이 감사하고 있다.

헤이 하우스Hay House의 편집자 앤 바텔Anne Barthel이 내 원고를 맡은 것은 정말 축복 같은 일이었다. 우리는 코로나19가 맹위를 떨쳐 위험한 상황 속에서도 일에 함께 집중했다. 이 작업에 딱 적절한 양의 우아함과 명료함을 더해주어 고맙다. 내가 검토해야 했던 부분을 이리저리 살피도록 두면서 일이 잘 진행되도록 나를 이끌어준 점도 감사하다. 앤은 나와도 이 책 내용과도 승강이를 하며 훌륭하게 일을 마쳤다. 줌으로 함께했던 시간은 진정 기쁨이었다.

미셸 징그러스Michele Gingras에게도 고마운 마음이다. 원고를 자세히 살펴준 덕분에 나는 문장의 의미에 집중하게 되었다. 반대로 헬렌 티버마크Helene Tivemark는 폭이 아주 넓은 이 책의 내용을 거시적 관점에서 볼 수 있도록 내 시선을 끌어올려주어 환상적으로 균형을 잡아주었다.

엘런 스티에플러Ellen Stiefler는 내 에이전트 겸 변호사로서 큰 감동을 주었다. 다음번에도 함께하길 기대한다.

마지막으로 리드 트레이시Reid Tracy, 패티 기프트Patty Gift, 헤이 하우스의 모든 팀원에게 정말 감사의 말을 전한다. 여러분의 인내와 지원, 이 책에 대한 모든 헌신에 깊이 감사한다.

지은이 **질 볼트 테일러** Jill Bolte Taylor

인디애나대학 의과대학에서 신경해부학을 전공했다. 하버드대학에서 연구원으로
활동하던 중 37세의 나이로 뇌졸중에 걸린다. 좌뇌 반구에 심각한 출혈을 경험했
고 그 결과 걷고 말하고 읽고 쓰는 능력을 잃었으며 자신의 삶에 대해 하나도 기억
할 수 없게 되었다.

뇌 기능이 하나둘 무너지는 과정을 몸소 관찰한 최초의 뇌과학자인 그는, 개두 수
술과 8년간의 회복기를 거치며 뇌에 대한 깊이 있는 자각을 얻는다. 회복 후 그는
이 특별한 경험을 TED 강연으로 공개했고 조회 수 2500만 건을 넘는 역대 최고의
인기를 누렸다. 이후 오프라 윈프리 쇼에 출연해 감동을 전해주었으며, 《타임》에
서 뽑은 '세계에서 가장 영향력 있는 100인'에 선정된 바 있다.

그는 이 뇌졸중 경험과 이후 8년간의 회복 여정을 첫 책 『나는 내가 죽었다고 생각
했습니다』에 기록했다. 이 책은 《뉴욕 타임스》 논픽션 베스트셀러 목록에 63주 동
안 올랐으며 아마존에서는 지금도 여전히 뇌졸중 분야 1위를 기록하고 있다.

이 두 번째 책에서 그는 좌뇌와 우뇌의 해부학적인 차이에서 오는 우리 마음의 네
가지 캐릭터에 대해 이야기한다. 뇌과학, 신경해부학, 심리학이 결합된 이 독특한
책에서 독자들은 과학자의 지성으로 고통을 이겨내며 발견한 한 인간의 놀라운
통찰력을 만나게 된다.

drjilltaylor.com

옮긴이 **진영인**

서울대학교 심리학과와 비교문학 협동과정을 졸업했다. 『퍼스트 셀』, 『일의 감
각』, 『고독사를 피하는 법』, 『우리가 사랑한 세상의 모든 책들』 등을 번역했다.

뇌가 멈춘 순간, 삶이 시작되었다

나를 알고 싶을 때
뇌과학을 공부합니다

펴낸날 초판 1쇄 2022년 3월 30일
　　　초판 6쇄 2022년 12월 1일
지은이 질 볼트 테일러
옮긴이 진영인
펴낸이 이주애, 홍영완
편집1팀 양혜영, 문주영, 강민우
편집 박효주, 최혜리, 유승재, 장종철, 홍은비, 김애리, 김혜원
디자인 윤신혜, 박아형, 김주연, 기조숙
마케팅 김태윤, 김송이, 박진희, 김미소, 김예인, 김슬기
해외기획 정미현
경영지원 박소현
도움교정 유지현
펴낸곳 (주)윌북 **출판등록** 제2006-000017호
주소 10881 경기도 파주시 회동길 337-20
전자우편 willbooks@naver.com **전화** 031-955-3777 **팩스** 031-955-3778
블로그 blog.naver.com/willbooks **포스트** post.naver.com/willbooks
페이스북 @willbooks **트위터** @onwillbooks **인스타그램** @willbooks_pub
ISBN 979-11-5581-451-2 03400

· 책값은 뒤표지에 있습니다.
· 잘못 만들어진 책은 구입하신 서점에서 바꿔드립니다.

Whole Brain Living